胡自山 等 —— —— 编著

中国饮食文化

时事出版社
北京

图书在版编目（CIP）数据

中国饮食文化/胡自山等编著.—北京：时事出版社，2022.10
ISBN 978-7-5195-0512-7

Ⅰ.①中… Ⅱ.①胡… Ⅲ.①饮食—文化—中国 Ⅳ.①TS971.2

中国版本图书馆 CIP 数据核字（2022）第 162923 号

出 版 发 行：时事出版社
地　　　址：北京市海淀区彰化路 138 号西荣阁 B 座 G2 层
邮　　　编：100097
发 行 热 线：(010) 88869831　88869832
传　　　真：(010) 88869875
电 子 邮 箱：shishichubanshe@ sina. com
网　　　址：www. shishishe. com
印　　　刷：北京良义印刷科技有限公司

开本：787×1092　1/16　印张：18.5　字数：290 千字
2022 年 10 月第 1 版　2022 年 10 月第 1 次印刷
定价：60.00 元
（如有印装质量问题，请与本社发行部联系调换）

前 言

中国俗话说"民以食为天",这句话就证明了饮食在我们日常生活里占有极重要的地位。世界上凡是讲究饮食、精于烹饪的国家,溯及以往,必定是拥有高度文化背景的大国。它们一般社会经济繁荣、资源充裕、国富民强,因而才有闲情逸致在饮食方面下功夫。

中国饮食文化历史悠久、源远流长,地方菜在各流派中更是各树一帜,经过长期的积累与发展形成了一大批著名菜系,具有典型的地方代表的派系当属中国的"八大菜系"。

"八大菜系"的产生与发展,是由地理环境、气候物产条件的差异而决定的。《博物志》说:"土地所有者,有饮食之异。"清人徐珂曾指出:"人类所用之食物,要视气候为标准,视寒暖为标准。"菜肴风味的形成,受到历史、政治、经济、文化乃至军事战争等诸多因素的影响。地理环境与历史原因形成了独特的地方风格,为"八大菜系"的形成提供了极有利的发展条件。

所以,中国"八大菜系"在饮食文化上具有浓厚的东方情调。在广袤无垠的中华大地上,在漫长的历史岁月中,以中华"八大菜系"为代表的美味食品产生了丰富多彩的饮食文化,其中更不乏美丽动人的饮食趣闻和典故。

作为一席盛大豪奢的御膳,如今满汉全席已很少有机会在餐桌上作为主角上演曾经的辉煌了。但作为一个代名词,其却有着很高的使用率,并在现代生活中发展变化,衍生出丰富的含义。满汉全席延续至今,依旧是排场豪华、精品荟萃,但菜肴烹制方面已做了相应调整。古为今用,人们不再追求"满汉全席"的奢靡豪华,而更多是当作一种饮食文化来享受。"紫驼文峰山翠釜,水晶之盘行素鳞,犀箸厌饮久未下,鸾刀缕切空纷纶,黄门飞革空动尘,御厨络绎送八珍。"杜甫的诗句显然帮我们勾勒出了"满汉全席"的"全"和吃起来的"排场"。

从某种意义上来讲，"饮食学"是仅次于孔孟之道的学问。如果向不了解中国国情的外国人了解一下，"饮食学"可能还会盖过了孔孟之学。既然成了一门"学问"，内容就不仅包括烹饪的技巧，更要知道如何去欣赏，要知道饮食的好和坏，以至于吃出品位、吃出礼仪。中国古代谈吃的书极少，较早的要算元朝忽思慧的《饮膳正要》。该书一方面配合蒙古人的饮食习惯，另一方面由太医院太医所编，可以说是一本最早的营养保健图书。

饮食作为华夏文化的一朵奇葩，其实是考察中国文化的一个极好窗口，因为饮食是非常具体的生活方式。中国人的好吃、中国文化的林林总总，在这个文化的窗口里都显示得特别清晰。因而，中国的文明史，其实很大部分体现在这些看起来"简单"的饮食之中。

泱泱中华，文明五千年。在中华民族浩瀚的文化宝库中，"饮食文化"这颗明珠璀璨耀人、光惠众一、历久弥新。中国饮食文化源远流长、内涵丰富，以其工艺精湛、工序完整、流程严谨、烹调方法复杂多变等特点在世界烹饪史上独树一帜，形成了独具特色的饮食文化。中华菜肴已经历了五千年的发展历史。它由历代宫廷菜、官府及各地方菜系所组成，主体是各地方风味菜。其高超的烹饪技艺和丰富的文化内涵，堪称世界一流。孙中山先生在《建国方略》中曾说："昔日中西未通市以前，西人只知烹饪一道法国为世界之冠，及一尝中国之味，莫不以中国为冠矣。"

有多少人面对垂涎欲滴的美食能够忍住诱惑？如果没有福分品尝满汉全席乃至燕窝、熊掌，那么我们起码应该对鲁菜、川菜、粤菜、湘菜……这样的地方菜不会感到陌生。即使未能亲品，也应有所耳闻。中华饮食之所以让人惊叹，就在于最平常的原料也能在中国人手中变成可口的美味，再普通的一粥一饭也能在华夏人的调和中散发出异香。这或许就是中华饮食的精髓所在吧——用最简单的载体展现最深刻的文化。在感叹国人奢侈于饮食大餐的同时，我们更对源远流长的中国饮食文化感到无比自豪，祖先真是留给我们子孙后代太多的口福……

本书是心灵和食谱的交流、肠胃和品位的贯通、文化和历史的追述。为了让更多的读者了解中国饮食文化、了解中国和世界的经典文化，我们特地编撰了这套经典文化系列丛书，以飨读者。本书作为其中的重要组成部分，以中华八大菜系为主线，以生动朴实的语言详尽介绍了中国菜肴的美食趣闻，其涉猎美食溯源、传说、典故、制作方法等诸多方面，集趣味性、知识性与实用性于一体。饱览此书，犹如畅游浩瀚的中华饮食文化长河，乐哉、悠哉！

编　者

2016 年 7 月

目 录

第 一 章
中国饮食文化漫谈

中国是一个崇尚饮食文化的国家，没有任何一个国家的美食像中国那样品类繁多，让人目不暇接。而且，每个地区的饮食皆风味独特、自成一家，每个菜系都有数不胜数的品种花样。几千年来，中华美食调味精益、肴器华贵、膳食繁盛、烹饪技艺巧妙，堪称举世无双。可以说，中国饮食处处闪烁着中华文化的精要，中国文化又时时包含着中国饮食的无限魅力。

第一节　中国饮食文化的类型

中国历史悠久、幅员辽阔、人口众多，因而形成了丰富多彩的饮食文化。下面，我们就从食者这个角度来认识一下中国饮食文化的类型。

一、宫廷、贵族饮食

在任何社会中，统治阶级的思想就是占统治地位的思想。作为统治阶级，封建帝王不仅将自己的意识形态强加于其统治下的臣民，以显示自己的至高无上，而且还将自己的日常生活行为方式标新立异，以示自己的绝对权威。同样，饮食行为也无不渗透着统治者的思想和意识，表现出其修养和爱好，并由此形成了具有鲜明特点的宫廷饮食。

首先，宫廷饮食的特点是选料、用料严格。"普天之下，莫非王土；率土之滨，莫非王臣。"帝王权力的无限扩大，使其轻易荟萃了天下技艺高超的厨师，拥有了人间所有的珍稀原料。例如：早在周代，帝王宫廷就已有职责分得细密而又繁琐的专人负责皇帝的饮食。《周礼注疏·

天官冢宰》中就有"膳夫、庖人、外饔、亨人、甸师、兽人、渔人、腊人、食医、疾医、疡医、酒正、酒人、凌人、笾人、醯人、盐人"等条目，条目下分述职掌范围。居然有这么多专职人员负责皇家的饮食，可以想见当时宫廷饮食选材备料的严格。不仅选料严格，宫廷饮食用料也很精细。早在周朝时，统治者就食用"八珍"，且越到后来，统治者的饮食分工越精细、选料越珍贵。如信修明在《宫廷琐记》中记录的慈禧太后的一个食单，其中仅涉及燕窝的菜肴就有六道：燕窝鸡皮鱼丸子、燕窝万字全银鸭子、燕窝寿字五柳鸡丝、燕窝无字白鸭丝、燕窝疆字口蘑鸭汤、燕窝炒炉鸡丝。

其次，烹饪精细。一统天下的政治势力为统治者提供了享用各种美食佳肴的可能性，也要求宫廷饮食在烹饪上要尽量精细。而单调无聊的宫廷生活又使历代帝王多数都比较体弱，这就又要求宫廷饮食在加工制作上应更加精益求精。如清宫中的"清汤虎丹"这道菜，原料就要求选用小兴安岭雄虎的睾丸，其状如小碗口大小，制作时先在微开不沸的鸡汤中煮3个小时，然后小心地剥皮去膜，将其放入调有佐料的汁水中腌渍透彻，再用专门特制的钢刀、银刀片成纸一样的薄片，然后在盘中摆成牡丹花的形状，佐以蒜泥、香菜末而食。由此，对宫廷饮食烹饪的精细可见一斑。

再次，花色品种繁杂多样。慈禧的"女官"德龄所著的《御香飘渺录》中说：在慈禧从北京至奉天的火车上，临时的"御膳房"就占四节车厢。上有"炉灶五十座""厨子下手五十人"，每餐"共备正菜一百种"，同时还要供"糕点、水果、粮食、干果等亦一百种"，因为"太后或皇后每一次正餐必须齐齐整整地端上一百碗不同的菜来"。除了正餐，"还有两次小吃"，"每次小吃，至少也有二十碗菜，平常总在四五十碗左右"，且所有这些菜肴都是不能重复的，由此可以想象宫廷饮食花色品种的繁多。

宫廷饮食规模的庞大、种类的繁杂、选料的珍贵及厨役的众多，必然带来人力、物力和财力上极大的铺张浪费，但仍不可否认其在客观上促进了中国饮食文化的发展。

官府贵族饮食虽没有宫廷饮食的铺张、刻板和奢侈，但也是竞相斗富，多有讲究"芳饪标奇""庖膳穷水陆之珍"的特点。

众所周知，贵族饮食以孔府菜和谭家菜最为著名。孔府历代都设有专门的内厨和外厨。在长期的发展过程中，其形成了饮食精美、注重营养、风味独特的饮食菜肴。这无异是受孔老夫子"食不厌精，脍不厌细"祖训的影响。

孔府宴的另一个特点是：无论菜名还是食器，都具有浓郁的文化气息。如"玉带虾仁"表明了孔府地位的尊荣。在食器上，除了特意制作一些富于艺术造型的食具外，还镌刻了与器形相应的古诗句，如在琵琶形碗上镌有"碧纱待月春调珍，红袖添香夜读书"的诗句。所有这些，都传达了天下第一食府饮食的文化品位。

另一久负盛名、保存完整的贵族饮食当属谭家菜。谭家祖籍广东，又久居北京，故其肴馔集南北烹饪之大成，既属广东系列，又具有浓郁的北京风味，在清末民初的北京享有很高的声誉。谭家菜的主要特点是：选材用料范围广、制作技艺奇异巧妙，而尤以烹饪各种海味见长。其主要制作要领是：调味讲究原料的原汁原味，以甜提鲜、以咸引香；讲究下料狠、火候足，故菜肴烹时易于软烂，入口口感好，易于消化；选料加工比较精细，烹饪方法上常用烧、熘、烩、焖、蒸、扒、煎、烤诸法。因此，贵族饮食在长期的发展中形成了各自独特的风格和极具个性化的制作方法，同时也促进了中国饮食的精进。

二、市井、百姓饮食

市井饮食是随着城市贸易的发展而发展的，所以其首先是在大、中、小城市、州府、商埠以及各水陆交通要道发展起来的。这些地方发达的经济、便利的交通、云集的商贾、众多的市民，以及南来北往的食物原料、四通八达的信息交流，都为市井饮食的发展提供了充分的条件。如唐代的洛阳和长安，两宋的汴京、临安，清代的北京，都汇集了当时的饮食精品。

一般而言，市井饮食有技法各异、品种繁多的特点。如《梦粱录》中记有南宋临安当时的各种熟食839种。而烹饪方法上，仅《梦粱录》所录就有蒸、煮、熬、酿、煎、炸、焙、炒、熯、炙、鲊、脯、腊、烧、冻、酱、煸等十九类，而每一类下又有若干种。当时的饮食不仅要满足不同阶层人士的饮食需要，还考虑到不同时间的饮食需要。因为市井饮食的对象主要是当时坐贾行商、贩夫走卒的人，而这些人来去匆

匆、行止不定，所以随来随吃、携带方便的各种大众化小吃极受欢迎。

其实，中国老百姓日常家居所烹饪的菜肴，即民间菜才是中国饮食文化的渊源，多少豪宴盛馔如追本溯源，皆源于民间菜肴。民间饮食首先是取材方便随意，或入山林采鲜菇嫩叶、捕飞禽走兽，或就河湖网鱼鳖蟹虾、捞莲子菱藕，或居家烹宰牛羊猪狗鸡鹅鸭，或下地择禾黍麦粱野菜地瓜，随见随取、随食随用。选材的方便随意，必然带来制作方法的简单易行。一般是因材施烹，煎炒蒸煮、烧烩拌泡、脯腊渍炖，皆因时因地。如北方常见的玉米成熟后可以磨成面粉，然后烙成饼、蒸成馍、压成面、熬成粥、掺成饭，也可以整颗粒地炒了吃，还可以连芯煮食、烤食。民间菜的日常食用性和各地口味的差异性，决定了民间菜的味道以适口实惠、朴实无华为特点。任何菜肴只要首先能够满足人生理的需要，就成为"美味佳肴"。清代郑板桥在家书中描绘了自己对日常饮食的感悟：天寒冰冻时，穷亲戚朋友到门，先泡一大碗炒米送至手中，佐以酱姜一小碟，最是暖老温贫之具。暇日咽碎米饼，煮糊涂粥，双手捧碗，缩颈而啜之，霜晨雪早，得此周身俱暖。嗟乎！嗟呼！吾其长为农夫以没世乎！

如此寒酸清苦的饮食竟如此美妙，就是因为它能够满足人的基本需求。

三、民族饮食

民族饮食指的是除汉族之外各少数民族的菜肴。由于各少数民族所处的社会历史发展阶级不同，所处的地域、环境、物产、宗教信仰等不同，所以几乎每一个少数民族都具有自己独特的饮食习俗和爱好，并最终形成了与本民族文化相应的、独具品位的饮食文化。

生活于东北地区白山黑水之间、三江平原一带的少数民族，主要包括满族、赫哲族、鄂伦春族、鄂温克族等。满族以定居耕作农业为主，以狩猎为副。满族人最喜欢食用的是"福肉"（清水煮白肉），过年时主要吃饺子和"年饽饽"，冬季的美味是白肉酸菜火锅。赫哲族以狩猎为主，由于气候寒冷，故以鱼、兽为主要饮食，而最突出的则是将生鱼拌以佐料而食的"杀生鱼"。而生活于大小兴安岭的鄂伦春族和鄂温克族以狩猎为获取食物来源的主要途径。

北方的蒙古族由于地处沙漠和草原，他们的饮食以羊肉和各种奶制品为主。羊肉一般不加调味品，以原汁煮熟，手扒为主，宴客或喜庆的宴会则以全羊席为最珍贵。而生活于西北地区的哈萨克族、乌兹别克族、塔吉克族、柯尔克孜族等，其饮食原料上与蒙古族没有多大区别，只不过他们的面食要稍微丰富一些，并多以油炸为主。

西北的少数民族主要有维吾尔族、回族和藏族等。维吾尔族日常饮食主要以牛乳、羊肉、奶皮、酥油、馕、水果、红茶为主。藏族居住于青藏高原，以畜牧业为主，兼营农业。其饮食以牛、羊、马、骆驼、牦牛的肉和乳为主，并大量食用青稞、小麦以及少量的玉米、豌豆。平常饮食称之为糌粑、青稞酒。

西南少数民族多居位于深山密林之中，因而形成了自己的独特饮食，即：肉食以猪和鱼为主，加有各种昆虫和蛆虫；主食以米为主；喜欢腊干或腌熏的肉；喜欢各种腌制的菜；有各种植物或粮食作物为原料酿制的酒可供饮用。

四、宗教饮食

许多民族都有自己的宗教信仰，而每一种宗教在传播的初始阶段除了宣传其既定的教理之外，还要通过一定的建筑、服饰、仪式以及饮食将人们从日常状态下标识出来。单从饮食来看，通过长期的发展，不同民族和地区也逐渐形成了独具特色的宗教饮食风格。在中国文化中，宗教饮食主要指的是道教、佛教和伊斯兰教三大教的饮食。

道教起源于原始巫术和道家学说，所以道教饮食深受道家学说的影响。道家认为：人是禀天地之气而生，所以应"先除欲以养精、后禁食以存命"。在日常饮食中，他们禁食鱼羊荤腥及辛辣刺激之食物，以素食为主，并尽量少食粮食等，以免使人的先天元气变得混浊污秽，而且应多食水果，因为"日啖百果能成仙"。总之，道家饮食烹饪上的特点就是：尽量保持食物原料的本色本性。如被称为"道家四绝"之一的青城山的"白果炖鸡",不仅清淡新鲜,且很少放佐料,保持了其原汁原味。

佛教在印度本土并不食素,传入中国后与中国的民情风俗、饮食传统相结合便形成了其独特的风格。其特点首先是提倡素食,这与佛教提倡慈善、反对杀生的教义是相一致的。其次,茶在佛教饮食中占有重要地位。由于佛教寺院多在名山大川,这些地方一般适于种茶、饮茶,而茶本性又清淡醇雅,具有镇静清心、醒脑宁神的功效。于是,种茶不仅成为僧人们体力劳动、调节日常生活的重要内容,也成为培育其对自然、生命热爱之情的重要手段。饮茶也就成为历代僧侣漫漫青灯下面壁参禅、悟心见性的重要方式。再次,佛教饮食的特点是就地取材。佛寺善于运用各种蔬菜、瓜果及豆制品为原料制作菜肴。

伊斯兰教教义中强调"清净无染""真乃独一",所以其饮食形成了自成一格的局面,称之为"清真菜"。而且,清真菜以对牛羊肉丰富多彩的烹饪而著名,光是羊肉,就有烧羊肉、烤羊肉、涮羊肉、焖羊肉、腊羊肉、手抓羊肉、爆炒羊肉、烤羊肉串、汤爆肚仁、炸羊尾、烤全羊等。清真系列中还有一些小吃也颇具特色,如牛羊肉锅贴、羊肉水饺、羊肉泡馍、牛肉面、酿皮、烤馕、烤包子等。

第二节   佛教与中国的饮食文化

饮食对于一切生命来说,都是最基本、最重要的需求之一。对于一般动物而言,饮食不过是一种本能的需求——填饱肚子而已。但对于人——有着独立的双手、发明了火和工具、具有高度社会文明——这种高等动物来说,饮食就不仅限于填饱肚子了。尽管它仍是第一需求,但已成为一种文化。人类在长期的社会发展过程中,使饮食不仅在数量、质量上有了极大的飞跃,而且形成了特有的饮食观念,并赋予了饮食重要的社会职能,使其升华为一种特殊的文化形态。

中国作为一个文明古国,很早就进入农耕时代,数千年来创造了光辉灿烂的饮食文化。随着近代中西文化的交流,中国的饮食文化在世界各国大放异彩,一直享有盛誉,这是值得所有中华民族的子孙后代都引以为傲的。如果我们回顾历史，对饮食文化稍做研究，就会发现佛教传入我国两千年来，给予了中国饮食文化很大的影响，下面就让我们来做一番了解。

一、中国固有的饮食文化

在蛮荒时代，人类山居野处，与一般灵长类动物没有什么区别。后来，随着生产力的发展，食物丰富了，人们也开始讲究饮食的质量和品味了。而且，由于氏族社会乃至阶级和国家的形成以及敬鬼神、祭祖先的需要，饮食更被赋予了社会的功能和宗教的意义，因此构成了人类早期的饮食文化。例如：在公元前2200年至公元前1100年的夏、商时期，考古发现当时已出现五谷、家畜，已能酿酒，并能生产一些陶瓷器皿和青铜酒具等。它们既是社会发展的产物，反过来又极大地促进了社会的进步。《礼记》认为："礼制的产生是从饮食开始的。"

我国春秋战国时期是一个百家争鸣、百花齐放的时代。此时的饮食文化可以说已相当发达，并出现了许多重要的饮食理论。例如：《论语》中有"食不言，寝不语"，"食不厌精，脍不厌细"，强调"吃饭不可过饱"，饮酒须有节制，不可喝到神志昏乱。儒家还充分肯定食欲的客观性："食色，性也，人之大欲存焉。"（《孟子·告子上》）。同时，又要求有所节制，要合乎礼："欲虽不可尽，求者犹近尽；欲虽不可尽，求可节也。"（《荀子》）。这些论述充分表明：儒家的饮食观是节欲合礼、讲求实际的饮食观。汉代以后随着儒家正统地位的确立，上述饮食观成为我国饮食观念的主流。

伟大的哲学家老子、庄子主张清净无为、修身养性，也对我国饮食理论的形成产生了巨大的影响。老子说："五色令人目盲；五味令人口爽；驰骋畋猎令人心发狂；难得之货，令人行妨。是以圣人为腹不为目，故去彼取此。"其饮食观的精髓在于顺乎自然，以果腹、怡神、延寿为目的。道家的饮食观属于寡欲养生型的饮食观，它对于后世道教饮

食文化的形成及方士、医家对饮食理论的研究起到了奠基和指导性的作用。那么佛教传入之后，带有印度和西域特点的佛教饮食文化与我国传统的饮食文化发生了怎样的联系，对其又产生了怎样的影响呢？在回答这一问题之前，让我们先来看一看什么是佛教的饮食文化。

二、佛教的饮食文化及其特点

佛教产生于 2500 多年前的古印度。它对人的食欲以及饮食与修行、传教的关系有着许多独到的研究和规定。佛陀为沙弥说十数法，第一句即"一切众生皆依食住"。住有生存、安住之义，也就是说一切众生必需依食而得生存。因此，佛教将食从欲望、摄取、执着的角度分为四种：

段食。指人体由于对食物营养及色香味的生理需求而进行的摄取行为，又因为饮食有粗细、餐次的不同，所以名为段食。

触食。众生以眼、耳、鼻、舌、身、意六种官能（六根）去接触色、声、香、味、触、法六种境界（六尘），由于根境相结合而生起欲乐、适意的感觉，即为触食。

思食。即各种思虑、思考、意欲，使意识活动得以进行，是为思食。

识食。与爱欲相应，执着身心为我的潜意识活动，即为识食。

这四种食一个比一个细，且后三种食基本属于精神活动范畴。佛教通过这种划分将"食"的概念扩展到精神领域，认为一切能满足人的物质需要和精神需求的东西都可称为食。而且，它直接增益着众生的现前生命，同时关系着未来生命的再创。如《杂阿含经》卷 33 中说："若于四食，无贪无喜，无贪无喜故……于未来世，生老病死忧悲苦恼不起。（须知）于四食有贪有喜，则有忧悲有尘垢……"显然，佛教对四食的划分是出于修行的需要，是为了彻底解脱对"食"的渴求，但客观上却深化和丰富了我国的饮食理论，实际上也是十分科学的。我们今天也常把知识比作精神食粮。

佛教还认为："食"是众生生死症结的根本所在，若调适不当则不能与道相应。当年释迦牟尼佛在雪山修苦行6年，有时一日仅食一粟一麦，饿得骨瘦如柴，却始终未能与解脱境界相应。于是，他放弃苦行，接受牧牛女供养的奶酪，身体得到滋养，于菩提树下很快进入禅定境界，相传在腊月初八日晨睹明星而悟道。由此可见，适当的食物和营养对禅修的重要性。后世佛教徒为了纪念释迦牟尼佛的成道日，每年腊月初八都要熬粥供众，称为腊八粥。千百年来，吃"腊八粥"已成为我国民间的一种习俗。

人的身体作为一种活的物质存在形式，是离不开饮食滋养、能量补充的，因此佛教将饮食列为必备的四种供养之一（其余三种为衣服、卧具、汤药）。不过佛教不把饮食当作目的，而是当作一种手段，所谓借假以修真。所以，其在饮食问题上奉行的是中道哲学，既不自苦也不纵欲。因此在我国的寺院常可听见"法轮未转，食轮先转""身安则道隆"的说法。

作为一种宗教，佛教也有着庞大的僧团组织。而且，为了修行自律、传教度人，释迦牟尼佛根据当时的环境和修行的需要，相应地制定了许多饮食仪轨和戒律，主要表现在以下几个方面：

托钵乞食制度。这基本上沿袭了当时印度出家隐修者的习惯，不过在其目的及某些要求上有些不同。主要是为了便于专心修行，磨练身心，要求不择贫富、好坏，与施者结缘，使施者得种福田。这种制度不符合我国国情，基本上未得到实行，转而形成了我国独具特色的农禅并重的佛寺传统。

过午不食戒。佛教认为：早晨为天人食时、中午为法食时、下午为畜生食时、夜晚为鬼神食时。因而规定日过正午即不许进食，仅可饮水或浆，称之为持午或吃斋。从修行角度来看，这既可避免过于扰民，以节制食欲，又有利于节省时间，有助于禅修。它被列为最基本的十种戒规之一，过去一般都得到遵行。近代我国佛寺事务较忙，此戒稍见松弛。

素食规定。这分为两种情况：一种是禁断五辛，如葱、蒜、韭、薤、兴渠，佛教认为这五种辛臭植物熟食生淫、生食发嗔，不利修行，因而禁食；另一种则是基于佛教的慈悲教义，禁食各种动物之肉。在上座部佛教国家（上座部佛教，又称南传佛教），由于实行托钵乞食制度，施主给什么就吃什么，因而仅仅要求食三种净肉，即未见到屠宰、未听见惨叫且不是专为自己宰杀的动物之肉。但在我国汉族地区，由于奉行大乘教义，自梁武帝大力倡导素食之后，僧人均忌食一切形式的肉食和五辛，影响至今，成为汉传佛教的一大特色。

酒戒。酒能令人乱性丧智、危害社会，更是修行之大忌。传说：佛陀时代有一位具神通的弟子因误饮酒，醉卧于途、神通尽失、威仪扫地，佛陀当即率众弟子现场说法，制定了酒戒。此戒被列为出家在家佛弟子的五大戒之一，可见其重视程度。不过，若因病须饮酒也是可以的。

进食仪轨。佛教将进食视为一种重要的修行方式，各地僧团或佛寺根据有关戒规制定了相应的仪轨，并衍生为每日的一大佛事活动。每日早晨和午前进食时，全体僧众闻号令穿袍搭衣齐集斋堂，奉诵偈咒，首先奉请十方诸佛菩萨临斋；其次取出少许食物，通过念诵变食真言等施予"大鹏金翅鸟""罗刹鬼子母"及旷野鬼神众；最后食存五观、进食，用斋毕还须为施主回向祈福。若逢佛、菩萨圣诞和大的节日，还须到佛祖像前举行上供仪式。值得一提的是，在进食的过程中根据戒律还须遵行一定的规矩。这在250条比丘戒（比丘尼戒348条）中都有很具体的规定。著名的《百丈清规》在《日用规范》篇中说："吃食之法，不得将口就食，不得将食就口，取钵放钵，并匙箸不得有声。不得咳嗽，不得搐鼻喷嚏。若自喷嚏，当以衣袖掩鼻。不得抓头，恐风屑落邻单钵中。不得以手挑牙，不得嚼饭啜羹作声，不得钵中央挑饭，不得大抟食，不得张口待食，不得遗落饭食，不得手把散饭。食如有菜滓，安钵后屏处……不得将头钵盛湿食，不得将羹汁放头钵内淘饭吃，不得挑菜头钵内和饭吃。食时须看上下肩，不得太缓。"规定真可谓细致入微。宋明理学家常憧憬一种约束身心、进退有序而生机盎然的"礼乐"生活，而当他们到禅堂参观僧人的"过堂"（即就餐）等仪式后，竟也由衷地称赞说："三代礼乐，尽在其中"，悲叹"儒门淡泊，收拾不住，尽归佛门"。由此可见，佛教饮食文化的作用与影响之深、之大。

综上所述，佛教的饮食文化实属一种修行教化型的饮食文化。

三、佛教对我国饮食文化的影响

首先，我们从饮食的理论、观念、道德修养来看佛教对我国饮食文化的影响：

佛教认为：一切有益于人，能令人生起执著、意乐的对象皆可名为食，并将其分为段食、触食、思食、识食四类，同时指出一切形式的生命无不依食而生存。这在我国是前所未有的，因而扩大和深化了我国对"食"的认识。

佛教要求僧人在进食前做五种观想：（1）计功多少，量彼来处；（2）忖己德行，全缺应供；（3）防心离过，贪等为宗；（4）正事良药，为疗形枯；（5）为成道业，应受此食。这较好地反映了佛教对饮食的态度及对饮食的作用与目的的看法。宋代著名学者黄庭坚有鉴于此撰写了《士大夫食时五观》，将佛教的上述思想融入到儒家的理念之中，表明它对于引起世人反省自律，养成珍视他人劳动、爱惜粮食的习惯，进而增进德行，有着启发、借鉴的作用。

佛教关于进食方面的戒律、仪轨拓展了我国饮食行为方面的功能，即除了通常的疗饥、求营养、求滋味、交谊应酬、养生之外，还被赋予了祭祀、修身养性及教化的功能，文化韵味浓厚。难怪理学大师程颢游定林寺时，目睹僧人威仪济济、进退合度，以为"三代礼乐，尽在其中"。

其次，我们从饮食的结构和风俗习惯来看：

关于素食。苏东坡曾撰有《菜羹赋》，把吃素食与安贫乐道、好仁不杀及向大自然回归联系起来，极力提倡。一般来说，素食清淡、鲜美、营养丰富、不易伤脾胃，的确是一类有益健康长寿的理想食品。目前，我国的素菜已发展到数千种，成为人民群众饮食中的一个重要组成部分。大家都知道：佛教是讲慈悲戒杀生的，但佛教在传入我国初期，僧人还允许吃三净肉。到了南北朝时期，由于梁武帝笃信佛教，严禁僧人食一切肉，从此全国成千上万的佛寺一律素食，广大的在家信众亦竭力效仿，于是在全社会形成了素食的风气。这种风气在宋代以后更是盛行，以至于全国许多寺院都能做出一些色香味俱佳的素食名菜。社会上也出现了专营素菜的素食店，以满足广大佛教徒和素食爱好者的需要。

甚至在皇宫中也专设有"素局"，以供皇帝、皇后斋戒之日用。可以说正是由于佛教对素食的提倡与需要，才使中华素食体系得以形成并大放异彩。

关于茶。茶早在我国的周代即已出现，不过在晋代以前多用作药品或煮茶粥。魏晋以后，一些佛教禅师发现茶有提神、益思、解乏的作用，正好解决因午后不食及夜晚参禅出现的精力不够、又乏又困的问题，因而多方搜求或四处种植，大量饮用，推动了社会上饮茶风气的形成。尤其在唐代禅宗创立之后，许多禅寺奉行农禅并重，种植、培育、制作了一些茶叶精品，久而久之就成为名茶。而且由于佛教戒酒，茶就成为佛寺最重要的饮料。佛寺对茶的提倡、种植和需求，自然也影响到广大在家信众及各界人士。在长期品茗、交流的过程中，人们发现茶还能预防或治疗许多疾病，能生津止渴、解酒去腻，利多弊少，老少咸宜，于是争相饮用，创造出丰富多采的茶文化，使茶成为老百姓家中的必备饮料。

值得一提的是：通过"茶马互市"和各国间的交往，茶还流传到了各少数民族地区和世界各国，成为世界三大饮料之一。尤其是在日本，僧人们将饮茶与修身养性、人际交往等结合起来，创造了举世闻名的"茶道"，体现了茶与佛教特有的"血缘"关系。

四、关于我国饮食文化的几点思考

我国的饮食文化历史悠久，而且经久不衰、内容丰富，可谓异彩纷呈，在世界上一直享有盛誉。究其原因，主要有以下三点：

我国很早就进入农耕时代，而且历代统治阶级基本上都是重农轻商，使国家始终以农业为中心。由于社会人口相对较多，历史上天灾人祸频仍，老百姓不得不对饮食温饱问题给予更多关注，正如《汉书》中强调的那样"民以食为天"。

从老百姓常说的"吃香、吃亏、吃得开、吃耳光、吃闭门羹、吃到了甜头、你吃了吗"等口语中也可发现，吃对于中国人的文化心理结构有着深刻的影响。这是我国饮食文化得以发展的心理原因。

我国历史悠久、文化传承延续未断、地域广大、物产丰富，这是我国饮食文化得以发展的客观原因。

我国人民善于学习、借鉴，在几千年的饮食实践中不仅创造和融汇了儒、释、道、医等各家饮食文化，而且广泛吸取了国内各民族饮食文化之长。这是我国饮食文化享誉世界、魅力无穷的文化原因。

上述三大原因同时也是我们今后不断发展的中华饮食文化的三大优势。尤其特别的是，我国传统的以儒、释、道、医等相结合的饮食文化在当代仍有着十分积极的意义。例如：佛教将食划分为段食、触食、思食、识食四类，可以启发我们更多地注意食的精神因素；祖国医食同源的理论，佛教素食和茶所体现的自然、宁静、高雅的风格及其有益健康、长寿的功能，在世界上为越来越多的人所认识和称道；佛教的食存五观与进餐的"礼乐"蕴含着许多有价值的东西：一是它的分餐形式等符合卫生原则，二是它体现着节俭、平等、感恩乃至慈悲的精神。

同时也应当指出：我国的饮食文化虽有着文明、光辉、灿烂的一面，但也有着某些落后、不尽如人意的地方。例如：随处可见的合餐形式，极易传播各种疾病；暴食豪饮现象不少，过分重视饮食的味道、数量和排场，忽视了饮食的色香、营养和情调；烟酒强劝强饮，反招损害；大小"公"宴不断，形式单一，浪费太多的时间、精力和资源，形成了公害等等。其主要表现在以下几个方面：

奢靡。奢靡似乎是传统饮食文化中的痼疾，历代达官贵族经常过着穷奢极欲的生活，酒池肉林、食必方丈。魏晋南北朝时期，奢侈之风蔓延于统治阶层，相延成俗。据《晋书·何曾传》记载：何曾性好奢豪，厨膳饮食过于王者，"蒸饼上不坼十字不食。日食万钱，犹曰无下箸处"。唐玄宗时的韦陟对于馔馐尤为精洁，以鸟羽择米，每次饮食后"视厨中所委弃，不啻万钱之直。若宴于公卿，虽水陆具陈，曾不下箸"。乾隆年间和珅食用的早餐则以珍珠粉配制，"珠价极昂，一粒两万金，次者万金，最贱者犹值八千金"，且必须是新的，"凡已旧及穿孔者，屏不服"。大盐商黄均太，"晨起饵燕窝、进参汤，更食鸡卵两枚"。生此卵之鸡，以参术煮枣等喂养，"非市上购者可比，每枚一两，价犹未昂"。

上层社会的奢靡饮食不仅仅表现在日常生活中，更多地还表现在宴会上，务求气派大、档次高。以"满汉全席"论，其上菜一百多种，用料多为熊掌、燕窝、鱼翅等山珍海味。所以，达官贵人举办家宴，往往须于数月前购集材料、选派工人。以道光年间的河臣饮食而论，其举办宴席，豆腐要二十余种，猪肉则有五十余种。"统计所需，非数百金不能餐来其一器也。食器既繁，一夕之宴，恒历三昼夜不能毕，往往酒阑人倦，各自引去，从未有终席者。"上行下效，一般士大夫乃至普通民众也受到不同程度的影响，竞尚奢华。

强让。中餐聚会，多采用同桌会食的方式，既显得热闹、隆重，还可以增进彼此间的感情。这种贵"和"的饮食传统固然值得发扬，但诸如劝菜、劝酒等强让行为则在一定程度上破坏了这种美好的氛围，使就餐者多少有些尴尬。袁枚在《随园食单》中对此行为特作"戒强让"一节以示劝戒，他说："治具宴客，礼也。然一肴既上，理宜凭客举箸，精肥整碎，各有所好，听从客便，方是道理，何必强让之？"而主人常以己箸夹取饭菜，堆置客前，"污盘没碗，令人生厌"。对这样的劝菜行为，王力先生形象地称之为"津液交流"。有时劝得过了，以至于客人几乎跪在地上，请求主人，"此后君家宴客，求免见招"。可见，这样的宴会简直就是一种折磨。

"无酒不成席""无酒不成礼"，酒当然是宴会的重要组成部分。然而，"凡与亲朋相与，必以顺适其意为敬，唯劝酒必欲拂其意，逆其情，多方以强之，百计以苦之"。劝酒到了这种程度，倒是筵席上的一大尴尬。此外还有酒令劝酒。正式筵席多有专门监酒的酒官，其职责是维持宴会的秩序，但有时则不然，常常是强劝人饮酒。西汉初年齐悼惠王次子刘章在一次宫中宴会上被吕后命为酒吏，他就请求以军法行酒。等酒饮半酣，吕后家族有一人因醉逃酒，悄悄溜出宴会大殿。刘章发现后，即刻追上去，拔出长剑斩杀那人。对于酒令之严苛，清人阮葵生在《茶余客话》中也讲道："酒令严于军令，亦末世之弊俗也。偶尔招集，必以令为欢，有攻焉有纠焉，众奉命唯谨，受虐被凌，咸俯首听命，恬不以为怪。"酒本是敬客的好东西，希望客人多喝，本为表现主人的好意，可是又要他们多喝以至于醉而难受，则好意转化为恶意了。陈建灿在《邮馀闻记》中则说："（酒）但会饮当有律度，小杯徐酌，假此叙谈，宾主之情通而酒事毕矣。何必大觥加劝、互酢不休，甚至以能劝为强？客人以善避为巧，竞能争智之场，又何有欢饮哉？"可谓道出饮者的共鸣了。

传统饮食文化的消极面当然不止这些，但上述的奢靡、暴殄与强让三项应该说是最突出的，而且在某种程度上影响至今、流毒不浅。因此，在构建当代中国科学、健康、文明的现代饮食文化进程中，我们有责任也有义务对中国传统饮食文化加以科学的研究、扬弃，以史为鉴。

其实，一个国家、民族、家庭乃至个人的饮食内容及表现如何，不仅反映出这个国家、民族、家庭和个人的物质能力、经济水平，更重要的是能反映出它的素质、文明程度或精神风貌。因此，发展和提高我国的饮食水平和饮食文化，应是我们加强社会主义两个文明建设的一项重要内容。从饮食文化来说，笔者认为应把握好两个方向：一是努力弘扬我国传统饮食文化中积极、合理的内容；二是努力学习、借鉴世界各国先进的合乎我国国情的饮食文化。只有这样，中华饮食文化才能更加文明、健康、进步，从而更好地为我国和世界各国人民服务。

第三节　中国的地域食风

一、古朴粗犷的西北食风

西北地区位于中国的西北部，史称"西陲"或"回疆"。与其他地区相比，西北一带的食风显得古朴、粗犷、自然、厚实。其主食是玉米与小麦并重，也吃其他杂粮，小米饭香甜，油茶脍炙人口，黑米粥、槐花蒸面与黄桂柿子馍更是独具风情，牛羊肉泡馍则闻名全国。家常食馔多为汤面辅以蒸馍、烙饼或是芋豆小吃，粗料精作、花样繁多，农妇们均有"一面百样吃""七十二餐饭食天天新"的本领。受气候环境和耕作习惯限制，食用青菜甚少，农家用餐常是饭碗大而菜碟小，一年四季有油泼辣子、细盐、浆水（用老菜叶泡制的醋汁）和蒜瓣足矣。如有客人造访，或宰羊、鸡，或炒几碟肉丝、鸡蛋、苜蓿，擀细面，蒸白馍，也相当丰盛。

该地区很多少数民族严格遵循伊斯兰教的食规，"禁血生，忌外荤"，过"斋月"，故而清真风味的菜点占据主导地位。更值得称赞的是：回族、维吾尔族等十个信奉伊斯兰教的民族虽以"清真"为本，饮食上有清规戒律，但对民族食俗又表现得很豁达，还帮助汉民制作牛羊菜和香油。同样，汉族也十分尊重他们的宗教感情，在饮食上自觉"回避"，并支持他们过"斋月"。这说明：自古以来，当地各民族就和睦相处、相互敬重、真诚团结。

在肴馔风味上，西北地区的肉食以羊、鸡为大宗，间有山珍野菌，淡水鱼和海鲜甚少，果蔬菜式亦不多。其技法多为烤、煮、烧、烩，嗜酸辛、重鲜咸，喜爱酥烂香浓。配菜时突出主料，"吃肉要见肉，吃鱼要见鱼"，强调生熟分开、冷热分开、甜咸分开，尽量互不干扰。在菜型上也不喜欢过分雕琢，追求自然的真趣。注重饮食卫生，厨房和餐具洁净。穆斯林不饮酒，多喝花茶、红茶与奶茶，还有牛羊马奶；习惯抽莫合烟与旱烟；常在庭院中或草地上铺放白布席地围坐就餐，自带餐刀，有抓食的遗风。

而且，西北地区名食众多，不少还带有历史的烟尘，相当古老。像陕西的葫芦鸡、商芝肉、金钱发菜、带把肘子、牛羊肉泡馍、石子馍、甑糕、油泼面、仿唐宴和饺子宴；甘肃的百合鸡丝、清蒸鸽子鱼、手抓羊肉、牛肉拉面、泡儿油糕、一捆柴、高担羊肉、巩昌十二体和金鲤席；青海的虫草雪鸡、蜂尔里脊、人参羊筋、糖醋湟鱼、锅馍、甜醅、马杂碎、羊肉炒面片等。此外，这里的西凤酒、黄桂稠酒、当归酒、陇南春、伊梨特曲、枸杞酒、白葡萄酒、紫阳茶、奶茶、三炮台八宝茶、参茸茶、黑米饮料和哈密瓜汁等，也都驰誉一方。

在饮食习惯上，当地人夏季爱冷食、冬季重进补，待客情意真，筵宴时间长，经常有歌舞器乐助兴，而且一家治宴百家忙，绝不怠慢进门人。哈萨克族有句谚语是"如果在太阳落山的时候放走了客人，那就是跳进大河也洗不清的耻辱"，就是一个生动的例证。《中华风俗·新疆》一书中还记载："回民宴客，总以多杀牲畜为敬，驼、牛、马均为上品，羊或数百只。各色瓜果、冰糖、塔儿糖、油香以及烧煮各种肉、大饼、小点、烹饪、蒸饭之属，贮以锡铜木盘，纷纭前列，听便前列，听便取食。乐器杂奏，歌舞喧哗，群回拍手以应其节，总以极欢为度。""所陈食品，客或散给于人，或罢宴携之而去，则主人大喜，以为尽欢。"这是清代的风尚，至今仍无大改变。

二、庄重大方的华北食风

华北地区的地形颇像一个三角状的绞轮。该地区民风淳朴、饮食不尚奢华、讲求实惠；食风庄重、大方，素有"堂堂正正不走偏锋"的评语。多数城乡一日三餐以面食为主，小麦与杂粮间吃，偶有大米。馒头、烙饼、面条、饺子、窝窝头、玉米粥等则是其常餐。这里的面食卓有创造，日本汉学家早有"世界面食在中国、中国面食在华北、华北面食在山西、山西面食在太原"的美誉。该地区不仅有抻面、刀削面、小刀面、拨鱼面"四大名面"，还有形神飞腾、吉祥和乐的象生"礼馍"。而且，家庭主妇都有"三百六十天，餐餐面饭不重样"的本领，京、津、鲁、豫的面制品小吃和蒙古族的奶面制品无不令人大块朵颐。这一带农村盛面习用特大号"捞碗"（可容200—300克干面条），人手一碗，指缝间夹上饼馍或葱蒜，习惯于在村中心的"饭场"上多人围蹲就食，边吃边拉家常，或互通信息、或洽谈事务、或说笑聊天，形成特异的"风景线"。

这里的蔬菜不是太多，食用量也少，但来客必备鲜菜，过冬有"贮菜"习惯，因此农户普遍挖有菜窖。肉品中，元代重羊，清代重猪，而今是猪、羊、鸡、鸭并举，还吃山兽飞禽，这与封建王朝的更迭和"首善之区"的环境相关。水产品中淡水鱼鲜较少，主产于黄河与白洋淀，显得比较贵重；海水鱼鲜较多，有"吃鱼吃虾、天津为家"，"青岛烟台、海鱼滚滚而来"等等说法。天津的"虾席"、秦皇岛的"蟹席"、青岛的"渔家宴"，都是令老饕垂涎的。

在烹调方法方面，擅长烤、涮、扒、熘、爆、炒，喜好鲜咸口味，葱香与面酱香突出，且善于制汤，菜品大多酥烂、火候很足，同时装盘丰满、造型大方、菜名朴实，给人以敦厚庄重之感，具有黄河流域文化的本色。由于历史原因所致，蒙古族食风、回族食风和满族食风在此有较深的烙印。而且，京、津地区的一些百年老店多为来此谋生的山东或河南人开设或掌作，有"国菜"之誉的北京烤鸭便是典型的齐鲁风味。此外，北宋时期的"北食"（以开封风味为主体），元、明、清三朝的"御膳菜"，传承八百余年的"孔府菜"，风靡京华的"谭家菜"，都留下了很多名品，至今仍在饮食市场上独领风骚。

华北地区的珍馐佳肴还自成系列，20世纪90年代以来"集四海之珍奇"的北京也有了"新食都"之誉。在菜肴方面，北京有烤鸭、涮羊肉、三元牛头、罗汉大虾、潘鱼和八宝豆腐；天津有玛瑙野鸭、官烧比目、参唇汤和锅巴菜；内蒙古有扒驼蹄、奶豆腐两吃、清炒驼峰丝和烤羊腿；河北有金毛狮子鱼和改刀肉；河南有软熘黄河鲤鱼焙面、铁锅蛋、试量集狗肉和道口烧鸡；山东有葱烧海参、脱骨扒鸡、九转大肠、清汤燕菜、奶油鸡脯、青州全蝎和原壳鲍鱼；山西有过油肉、五香驴肉和金钱台蘑等。

在小吃方面，北京有小窝头、芸豆卷、豆汁、龙须面、爆肚和炒疙瘩；天津有狗不理包子、十八街麻花、驴打滚和耳朵眼炸糕；内蒙古有哈达饼和奶炒米；河北有一篓油水饺、金丝杂面、杠打面和杏仁茶；河南有贡馍、羊肉辣汤和小菜盒；山东有福山拉面、伊府面、状元饼和潍坊朝天锅；山西有头脑、拨鱼儿和十八罗汉面等。

在饮料方面，以花茶和烈酒为主，也喜爱罐装果汁。酒有二锅头、莲花白、宁城老窖、晋汾、竹叶青、孔府家酒、秦池古酒、即墨老酒；茶有信阳毛尖、奶茶、柿叶茶、茉莉花茶；饮料有酸梅汤、沙棘汁、山楂汁、御泉杏仁露、麦饭石饮料等。在筵宴方面，更为多彩多姿。如：北京的"满汉全席""红楼宴"和"烤鸭全席"；天津的"海鲜席"和"昭君宴"；河北的"避暑山庄宴"和"北戴河宴"；河南的"洛阳水席"和"仿宋宴"；山东的"孔府宴"和"泰安白菜席"；山西的"太原全面席"和"礼馍宴"等，都能使中外游客沉醉。

华北地区的酒楼有切面铺、二荤铺、小酒店、中菜馆、大饭庄等不同层次，牌头响亮的不少。如全聚德、丰泽园、仿膳饭庄、烤肉季、登瀛楼、燕春楼、青城餐厅、中和轩、厚德福、燕喜堂、心佛斋、清和元等，都是各据一方之胜地。餐具方面更是流光溢彩，如象牙筷、景泰蓝盘、刻花水具、银花碗、蒙古餐刀、唐三彩壶、淄博瓷器、烟台草编、大同铜火锅、侯马蝴蝶杯等，无不具有收藏价值。

同时，华北居民宴客情文并重，有着一套又一套的食礼与酒令，至诚大方、其心拳拳，使人如沐春风、情暖胸怀。

三、广博新异的中南食风

中南地区位于中国中部偏南的适中位置，史称"湖广"和"南粤"。该地区的主食多系大米，部分山区兼食番薯、木薯、蕉芋、土豆、玉米、大麦、小麦、高粱或杂豆。鄂、湘、闽、台、粤、港的小吃均以精巧多变取胜，在全国各占一席之地；壮、黎、瑶、畲、土家、毛南、仫佬等族善于制作粉丝、粽粑和竹筒饭；高山族将大米、小米、芋头、香蕉混合饮用更见特色。中南人的食性普遍偏杂，有"天上飞的除了飞机，水上游的除了轮船，地上站的除了板凳，什么都吃"的夸张说法。由于"花草蛇虫，皆为珍料，飞禽走兽，可成佳肴"，所以该地区的居民几乎不忌口，烹调选料广博为全国所罕见。

在膳食结构中，每天必食新鲜蔬菜，人均500克左右；肉品所占的比例较高，不仅爱吃禽畜野味，淡水鱼和生猛海鲜的食用量都位居全国前列。所以，饮食开支相当大、饭菜质量高、烹调审美能力亦强。制菜习用蒸、煨、煎、炒、煲、糟、拌等诸法，湘鄂两省喜好酸甜苦辣，其他省区偏重清淡鲜美，以爽口、开胃、利齿、畅神为佳。追求珍异、喜受新奇、崇尚潮流、依时而变，是中国烹饪最为活跃的地带，常出新招和绝活，被其他地区仿效。

这一带多饮青茶、红茶、药茶和乌龙茶，爱吃热带水果与蜜饯，喜欢进口的卷烟、奶、糕饼及饮料，酒量与饭量一般都不大。由于气温偏高、生活节奏快、早起晚睡和午眠，不少人有喝早茶与吃夜宵的习惯，一日3—5餐。"武汉人过早""广东人泡茶楼""香港人夜逛大排档"，都是特异的饮食风情。

本地区名食众多，其中不少享誉华夏。如湖北的清蒸武昌鱼、红烧鲖鱼、排骨煨炒腊肉、珊瑚鳜鱼、冬瓜鳖裙羹，排骨煨藕汤、三鲜豆皮、荆州八宝饭、东坡饼、四季美汤包、"楚乡全鱼宴"和"沔阳三蒸席"；湖南的组庵鱼翅、腊味合蒸、发丝牛百叶、红椒酿肉、五元神仙鸡、火宫殿臭豆腐、牛肉米粉、团馓、"熏烤腊全席"和"巴陵鱼宴"；福建的佛跳墙、太极芋泥、淡糟香螺片、芙蓉鲟、土笋冻、鼎边糊、蛎蛴酥、"团年围炉宴"和"怀乡宴"；广东的烤乳猪、龙虎斗、烤鹅、白云猪手、炖禾虫、鼎湖上素、沙河粉、艇仔粥、云吞面、广式月饼、"蛇宴"和"黄金宴"；广西的纸包鸡、南宁狗肉、马蹄炖北菇、银耳炖山甲、马肉米粉、尼姑面、蛤蚧粥、太牢烧海、"漓江宴"和"银滩宴"；海南的椰子盅、清蒸大龙虾、文昌鸡、东山羊、海南煎堆、鸡藤粑仔、蕉叶香条、"洞天全羊宴"和"竹筒宴"；港澳的一品燕菜、海鲜大拼盘、麻鲍烤海参、清蒸老鼠斑、马拉糕、巧克力蛋糕等。

中南地区的名店以大中华、老大兴、又一村、玉楼东、聚春园、无我堂、苏杭小馆、华泰大饭店、广东酒家、陶陶居、泮溪、通什旅游山庄、南中国大酒店、万园、南宁蛇餐馆、东釜阁、澳门大酒店等为翘楚。餐具以醴陵精瓷、石湾陶瓷、合浦砂煲、福州漆盒、武穴竹编、毛南蔑器、海南椰碗、广州牙筷、香港金银器为代表。高档筵席用具富丽堂皇、盖压全国。

在中南，食风不仅具有热带情韵，还有浓郁的商贾饮食文化色彩。在这里，"吃"是人们调适生活、社会交际的重要媒介，含义丰富。它不但体现人与人之间的感情，有时还是身份、地位、金钱的象征。尤其是在生意场上，作用更为明显。

中南食风的广博、新异、华美，是诸种因素促成的。

（1）秉承了古代人和百越人奇异的饮食文化传统，崇尚美食、以珍为贵；

（2）饮食观念比较开放，易于接受八面来风，集中华名食为已所用；

（3）鸦片战争后成为通商口岸，现今又搞经济特区，与海外接触，大胆借鉴西餐洋食；

（4）商贸发达、经济跃升、财力雄厚、居民富足；

（5）食物资料丰沛、稀异生物纷呈；

（6）受湿热气候影响，嗜好博杂。

四、豪爽大度的东北食风

东北物产丰富、烹调原料门类齐全，人们称之"北有粮仓，南有渔场，西有畜群，东有果园"，一年四季食不愁。

该地区日习三餐，杂粮和米麦兼备，一"粘"二"凉"的粘豆包和高粱米饭最具特色。主食还爱吃窝窝头、虾馅饺子、蜂糕、冷面、药饭、豆粥和黑、白大面包；以饽饽和萨其马为代表的满族茶点曾是"满汉菩翅烧烤全席"中的重要组成部分，名重一时。蔬菜则以白菜、黄瓜、西红柿、土豆、菌耳为主，近年来大量引种和采购南北时令细菜，市场供应充裕。肉品中爱吃白肉、鱼虾蟹蚌和野味，嗜肥浓、喜腥鲜，口味重油偏咸。制菜习用豆油与葱蒜或是紧烧、慢熬，用火很足，使其酥烂入味；或是盐渍、生拌，只调不烹，取其酸脆甘香。由于兴安岭上多山珍，渤海湾内出海错，故市场上的筵席大菜档次偏高，名肴玉食琳琅满目。还因为气候严寒，居家饮膳重视火锅，"白肉火锅""野意火锅"等颇有名气，在清宫盛极一时。

喝花茶爱加白糖，还喝桦树汁、人参茶和汤岗矿泉水。抽水烟或关东烟，"十八岁的姑娘叼根大烟袋"曾是"关东三怪"之一。酒是其最爱，尤爱白酒与啤酒，且饮啤酒常是论"扎"、论"瓶"、论"提"（一提为八瓶），酒量惊人。受"白俄"的食风影响，好友相聚常佐以大红肠、扒鸡、花生米。由于清代山东人"闯关东"的较多，鲁菜在这里也有较大的市场，不少名店均系山东人所开设或由鲁菜的传人掌作。再加上紧邻俄罗斯，与韩国和朝鲜交往频繁，颇受日本食风影响，"罗宋大菜""韩国烧烤"和"日本料理"也传播到一些城市，部分食馔多带点"洋味"。

在民族菜中，朝鲜族和满族的烹调水平较高。前者的"三生"（生拌、生渍、生烤）、牛肉菜、狗肉菜、海鱼菜和泡腌菜；后者的阿玛尊肉、白肉血肠、白菜包、芥末墩和苏叶饽饽，均有浓郁的民族风情。清真菜在此亦有口碑，"全羊席"和国民面摊皆脍炙人口。至于蒙古族的"白食"和"红食"；鄂伦春族的"狍子宴"和老考太粘粥；赫哲族的"鳇鱼全席"和"稠李子饼"；鄂温克族的"烤犴肉"和"驯鹿奶"；达斡尔族的"手把肉"和"稷子米饭"，都是民族美食廊中的精品，令人齿颊留香。

从饮食市场来看，东北地区更是珠玑山积、红火兴旺，可以开出很长一串清单。比如：

菜肴类：白肉火锅、鸡丝拉皮、猴头飞龙、红油犴鼻、冰糖雪蛤、冬梅玉掌、镜泊鲤丝、游龙戏凤、两味大虾、烤明太鱼、人参乌鸡、红烧地羊、烹大马哈、牛肉锅贴、鹿节三珍汤、酒醉猴头黄瓜香、神仙炉。

小吃类：萨其马、包、马家烧麦、熏肉大饼、老边饺子、参茸馄饨、稷子米饼、冷面、打糕、豆馅饺子、海城老山记馅饼、馨香灌肠肉、刨花鱼片、松塔麻花、焖子、苹果梨泡菜、辣酱南沙参。

筵席类："盖州三套碗""关东全羊席""大连海错席""长白山珍宴""营口九龙宴""沈阳八仙宴""锦州八景宴""本溪太河宴""铁岭银州宴""洋河八八席""天池鞭掌席""抚松山蔬宴""燕翅鸭全席""龙江三宝宴""松花湖鱼宴""野意火锅宴"等。茶叶蛋和面包佐餐，一次"小酌"往往几小时。

这些肴馔的特色，可用一首小诗来概括：

> 山珍海错取料广，火锅白肉美名扬。
> 烧扒熘（熸）各有别，芥末葱蒜多辛香。
> 咸甜分明油酱重，焦酥脆嫩质滑爽。
> 明油亮芡外观美，荤素相宜耐品尝。

了解了这些，就可以明白为什么东北民间这几年能够进华北、过长江、下岭南了。别看只是"小鸡炖蘑菇""白肉熬粉条""松仁炒玉米""鸡丝拌拉皮"那么几道家常菜，却凝聚着东北烹饪的深厚功力，闪射出"白山黑水"的夺目光彩。

总之，东北人对饮食的要求就是丰盛、大方，以多为敬，以名为好；喜欢迎宾宴客，豪爽、质朴、热诚、潇洒；性情如长白红松般刚直，襟怀如松辽平原般坦荡。

第四节　中国古代饮食溯源

中国上古的部族首领都是伟大的发明家，尤其是在生活方面，虽非个人，却代表着先进的生产力。

最早的是有巢氏（旧石器时代）。当时的人们不懂得人工取火和熟食，饮食状况是茹毛饮血，还不属于饮食文化。

燧人氏。其发明了钻木取火，从此人们开始食用熟食，进入石烹时代。主要烹调方法有：（1）炮，即钻火使果肉而燔之；（2）煲，用泥裹后烧；（3）用石臼盛水、食，用烧红的石子烫熟食物；（4）焙炒，把石片烧热，再把植物种子放在上面炒。

伏羲氏。在饮食上表现为"结网罟以教佃渔，养牺牲以充庖厨"。

神农氏。他"耕而陶"，是中国农业的开创者；尝百草，开创古医药学；发明耒耜（lěi sì），教民稼穑。陶具的发明使人们第一次拥有了炊具和容器，并为制作发酵性食品提供了可能，如酒、醢、醯（醋）、酪、酢、醴等。鼎是最早的炊具之一，为一种三足两耳的锅。又因为当时没有灶，还出现了鬲，其足部是空心的。鬶则是用来煮酒的容器。

黄帝。此时，中华民族的饮食状况又有了改善。"黄帝作灶，死为灶神"表明这时出现了灶。其可集中火力、节省燃料，使食物速熟，因而在秦汉时期被广泛使用。当时已出现釜，鼎、鬲等高脚灶具则逐步退出历史舞台。"蒸谷为饮，烹谷为粥"表明人们首次因烹调方法来区别食品，由此蒸锅发明了，叫甑。蒸盐业是黄帝臣子宿沙氏发明的，由此人们不仅懂得了烹还懂得调，十分有益于人的健康。

周秦时期。此时是中国饮食文化的成形时期，以谷物、蔬菜为主食。春秋战国时期，自产的谷物、蔬菜基本都有了，但结构与现在不同。当时旱田作业主要是：稷（最重要）又称谷子，长时期占主导地位，为五谷之长，好的稷叫粱，其精品又叫黄粱；黍是大黄黏米，仅次于稷；麦是大麦；菽是豆类，当时主要包括黄豆、黑豆；麻即麻子，又叫苴。当时，菽和麻都是百姓穷人吃的。南方还有稻，古代稻是指糯米，而普通稻叫粳秫。周以后中原才开始引种稻子，属细粮，较珍贵。菰米是一种水生植物茭白的种子，黑色，叫雕胡饭，特别香滑。人们通常将其和碎瓷片一起放在皮袋里揉，用来脱粒。

汉代。此时是中国饮食文化的丰富时期，主要归功于汉代中西（西域）饮食文化的交流。当时引进了石榴、芝麻、葡萄、胡桃（即核桃）、西瓜、甜瓜、黄瓜、菠菜、胡萝卜、茴香、芹菜、胡豆、扁豆、苜蓿（主要用于马粮）、莴莲（即莴笋）、大葱、大蒜，还传入一些烹调方法，如炸油饼、胡饼（即芝麻烧饼，也叫炉烧）。东汉时期，淮南王刘安发明了豆腐，使豆类的营养得到消化，物美价廉，可做出许多种菜肴。1960年，在河南密县发现的汉墓中的大画像石上就有豆腐作坊的石刻。东汉还发明了植物油，而在此之前都用动物油，又叫脂膏。带角的动物油叫脂；无角的动物油，叫膏，如犬。两者相比，脂较硬，膏较稀软。植物油有杏仁油、奈实油、麻油，但很稀少。南北朝以后植物油的品种有所增加，价格也便宜了。

唐宋。此时是饮食文化的高峰，特点是过分讲究。"素蒸声音部、罔川图小样"，最具代表性的是烧尾宴。

明清。这时期是饮食文化的又一高峰，也是唐宋食俗的继续和发展，同时又混入满蒙的特点，饮食结构有了很大变化。主食方面，菰米已被彻底淘汰，麻子退出主食行列改用榨油，豆料也不再作主食，而成为菜肴。北方黄河流域小麦的比例大辐度增加，面成为宋以后北方的主食。明代又一次大规模引进外来蔬菜，马铃薯、甘薯的种植达到较高水准，成为主要菜肴。肉类方面，人工畜养的畜禽成为肉食主要来源。当时，满汉全席代表了清代饮食文化的最高水平。

第五节　中国古代传统饮食礼俗

一、贺年馈节

旧时民间四时八节探访亲友、看望老人、互致问候、增进情谊的饮食礼仪主要表现形式有春节大拜年、元宵节观灯、花朝节赏红、清明节上坟、四月八浴佛、端午节食粽、六月六尝新、乞巧节求智、中元节祭祖、中秋节赏月、重阳节敬老、十月朝暖炉、冬至节消寒、腊八节品粥、过小年祭灶、除夕夜团年等。

贺年馈节的饮食礼仪有的源自农事活动的调适，有的源自祭祀典礼的传承，有的源自宗教活动的熏染，有的源自神话传说的积淀，有的源自英雄人物的追念，有的源自社交游乐的需要。在这一食礼中，人们将生产与休闲、劳作与娱乐、敬神与祀鬼、参道与礼佛、尊老与爱幼、敦亲与睦谊、礼俗与饮食、文化与生活安排得井然有序，并且年复一年地延续下去，子子孙孙没有穷尽。由于贺年馈节的食礼以民俗信仰、社会信念、自然时间、文化时间（人的一生）作为支撑，因而具有一种"强化礼仪"的属性。一方面，它在连续反复的同一时间上进行，体现出生命的再生和能量的积聚，既给人以沉重的历史感，又给人以永恒的绵延感；另一方面，它与天文学、历史学、文学、民俗学、人类学、宗教学、工艺美术、戏曲杂技、饮食商贸、社交往来都有联系，具有超越民族、地域的巨大泛涵性，以及强盛的生命力。不论如何改朝换代，这一食礼都能留传下来，并且深入人心。

从特征上看，贺年馈节的食礼也分外突出，主要表现在：

年节有固定的时间。年节的时间确定不移，每年重复一次。花朝赏红、端午食粽、重阳敬老、除夕团年等节日，地不分南北、人不分东西，均是按历法规定的时刻表统一进行，具有全民性的特征。

年节有各自的依据。年节经常以神话故事、民间传说、历史事件或宗教人物作为依托，使其合理合法、有根有据。如清明上坟、六月尝新、乞巧求智、小年祭灶，便是如此。这样，人人应当遵循、代代应当沿袭，保证了这一食礼的历史性。

年节有各自对应的食品。每一种贺年馈节的食礼几乎都有相应的年节食品，如过年吃饺子、元宵节吃汤圆、端午节吃粽子、尝新节吃新米、中秋节吃月饼、重阳节吃花糕、冬至节吃馄饨、腊八节吃腊八粥之类。这些食品分别是不同年节的标志，有特定的象征作用。

贺年馈节的食礼重视礼尚往来，展示出人间真情。举凡贺年馈节，走动的一方都不会两手空空，接待的一方也不会没有表示。双方都是以"食"示礼、以"食"示情，名茶、美酒、珍果、异食在这里搭起"仪礼"的长桥，将亲戚朋友的心连在一起。更可贵的是，"礼"不在轻重，"食"不在丰俭，关键是心意、挚情。

二、红白喜庆

旧时民间家庭添丁、儿女成年、定亲婚嫁、贺寿养老、丧葬守孝时，知会亲友、举行仪式、接受馈赠、设宴答谢而形成的饮食礼仪。其中：为生者举办的诞生礼、成年礼、婚嫁礼和寿庆礼称为"红喜事"，为死者举办的丧葬礼称为"白喜事"，二者合称"人生饮食仪礼"。

红白喜庆的食礼属于社会民俗仪礼的范畴。它既是一个社会物质生活状况的反映，又表现出一个民族的心理状态和文明风尚，还是宗法礼制、家族人生、宗教信仰、鬼神观念的综合产物。这一食礼源于古代的"生命轮回说"，即灵魂与肉体可以分离，神鬼与凡人可以互相转化，它们都在地狱、人间、天堂中以不同的形式存在，并按一定的因果关系进行轮回。由此决定人的一生要分为几个重要的过渡阶段（如从诞生到成年、从婚配到死亡），每个阶段有特定的生理特征，各阶段之间有一定的时间间距，存在着相应的演变规律。还因为人生在世颇不容易，其长辈、晚辈和自己常通过"食礼"的形式进行分阶段小结，这即是红白喜庆食礼的由来。其目的是趋吉避凶、求福去祸，达到由生而死的社会生活与由死而生的信仰生活的完美统一。

红白喜庆的食礼包含四大要素：一是遍邀至亲好友参加；二是宾客必备盛礼祝贺；三是主家循例大张筵宴；四是举行相应纪念仪式。这通称为"通过仪礼"——得到社会和家族的认同。虽然生命可以轮回，但毕竟生比死好，所以与生相关的食礼冠之曰"红"。但是有生也就有死，人力难以抗拒，与死有关的食礼则名之曰"白"。二者相辅相倚，只要生得顺畅、死得安详，生死各得其所，便是"喜事"。这其中反映出了古人的生死观和天命观，也展示出古代饮食礼俗的灵活性与泛涵性。

红白喜庆食礼的名目繁多。各个时代、各个地区、各个民族都以自己的礼仪习惯和审美情趣对其巧加安排，进行命名，显得多姿多彩、生动活泼。如：

诞生食礼。其中有"祈子送子谢宴""催生酒""踩生礼""洗三添盆仪""送粥米""掯帽会""满月圈圈馍""摇床宴""百禄""抓周"和"开步酒"等。

成年食礼。其中有"发蒙敬师酒""十岁剪辫宴""庆十二""开佛锁""冠礼酒""笄礼酒""着裙换裤""文身黥面""染齿上头""成丁度戒""过劫"和"庆号"等。

婚嫁食礼。其中有"共牢合卺""娘舅闹婚席""媒八嘴""拜寡孀""陪十姊妹""下财礼宴""满月会亲席""吃子孙饽饽""涂面婚宴""偷筷乞子""洞房十二碗"和"告祖席"等。

寿庆食礼。其中有"六六寿""赶九寿""女婿寿""普佛寿""赶牛王会""饮上十酒""花烛重圆席""合木庆寿席""进甲宴""双庆宴""跳菜席"和"再生仪"等食礼。

丧葬食礼。其中有"开吊""作七""暖孝""马祭""点主宴""饱食坛""闹丧会""封山祭""豆腐饭""白客宴""过百日"和"周年祭"等食礼。

三、乔迁新居

旧时民间新屋落成或搬进新居时，都有摆酒款待亲朋好友的饮食礼仪。

"乔迁"二字典出自《诗经·小雅·伐木》的"伐木丁丁，鸟鸣嘤嘤，出自山谷，迁于乔木"。这是用小鸟飞出深谷登上高大的乔木，比喻人的居所改变、步步高升。乔迁之礼多在亲朋好友之间举行，届时亲友携带礼物登门祝贺，主人摆酒款待，表示感谢。而且，此礼传播深远、至今犹存。

"暖房"。又称"闹屋"或"温居"，是汉族地区古时的乔迁食礼。唐人王建的《宜词》中便有"太仪前日暖房来"的诗句。南宋吴自牧的《梦梁录》也载："或有新搬移来居止之人，则邻人争借动事，遗献汤茶，指引买卖之类，则见睦邻之义，又率钱物，安排酒食，以为之贺，谓之'暖房'。"元明间陶宗仪的《南村辍耕录》和清人李绿园的《歧路灯》也有类似的记载。至近代，广西一带称其为"入火酒"，又称"进火酒"。即先拨一盆旺火到新房中，象征日子会过得红火兴旺，然后再搬其他器物。等到收拾停当，亲朋就前来祝贺。舅家须送"发糕"与"小鸡"，意为"家财大发"和"六畜兴旺"。主人置酒招待，应备"苹果"和"糍粑"，意为"家宅平安"和亲邻今后"亲密无间""彼此关照"。

"升火庆"。是滇西泸沽湖畔摩梭人新屋落成后的升火礼宴。他们认为：火是房屋的心脏，首次升起烈焰熊熊的灶火能保证未来的日子火红。升火前，主妇要在正房内砌一方形火塘，底部放一个装满银圆、粮食、松子、鱼干、酥油、彩珠、火镰、火石的陶罐，上面再覆盖从狮子山女神洞中取来的泥土，火塘正前方安放一块象征祖宗神位的锅庄石。升火的时间请喇嘛占卜选定，多在正午红日当空之际。吉辰一到，由两位男女长者备水架锅，用火把点燃火塘中的薪柴，随即取出火把在满屋飞舞，将沸水满屋泼洒，此为"净屋"。接着又用五谷祭锅庄石，最后设宴招待前来观礼祝贺的亲友。整个升火庆典中，鞭炮、土雷、火枪、乐鼓、海螺号、歌声、笑声喧腾不息，极为火爆热烈。

"贺火塘"。其是川东、湘西、鄂西的土家族村寨新屋落成后的民俗庆宴。因其间有搬迁三角架，请祖先火塘神等仪式，故名。其做法是：在鸡鸣之际，路上无人时，由火把引路，迅即将火塘上的三角架（据说此乃祖先神的头角）搬进新屋，准确安位，再搬其他物件。接着亲友乡邻鸣放鞭炮，送礼祝贺，举行点火仪式。待火焰腾空，主人忙用鼎罐炊饭做菜，众人围着火塘四言八句念诵祝词、饮酒吃肉。祝词的内容可追溯火塘源流、颂扬神功，可讲述主人家世、赞美新居吉祥千秋，可祝贺主人从此富贵荣华、儿孙满堂。如"十杯酒，祝主东，火塘烈焰满屋红；福禄寿喜样样有，光宗耀祖永昌隆"之类。

此外，乔迁食礼在少数民族地区还有"拥担达"（哈尼族）、"竹楼酒"（傣族）等称谓，大多与崇拜火神、祖灵有关，带有原始宗教礼俗的遗风。

第六节　中国饮食文化对世界饮食文化的影响

世界上，凡是有华人甚至没有华人的地方，都能感受到中国饮食文化的影响。那么，中国的烹饪原料、烹饪技法、传统食品、食风食俗等等，又是怎样传播到世界各地去的呢？

早在秦汉时期，中国就开始了饮食文化的对外传播。据《史记》《汉书》等记载：西汉张骞出使西域时，就通过丝绸之路同中亚各国开展了经济和文化的交流活动。张骞等人除了从西域引进了胡瓜、胡桃、胡荽、胡麻、胡萝卜、石榴等物产外，也把中原的桃、李、杏、梨、姜、茶叶等物产以及饮食文化传到了西域。今天，原西域地区的汉墓出土文物中就有来自中原的木制筷子。我国传统烧烤技术中有一种啖炙法，也很早就通过丝绸之路传到了中亚和西亚，最终在当地形成了人们喜欢吃的烤羊肉串。

比西北丝绸之路还要早一些的西南丝绸之路，北起西南重镇成都，途经云南到达中南半岛缅甸和印度。这条丝绸之路在汉代同样发挥着对外传播饮食文化的作用。例如：东汉建武年间，汉光武帝刘秀派伏波将军马援南征，到达交趾（今越南）一带。当时，大批汉朝官兵在当地筑城居住，将中国农历五月初五端午节吃粽子等食俗带到了交趾等地。所以，至今越南和东南亚各国仍然保留着吃粽子的习俗。

此外，我国的饮食文化对朝鲜的影响也很大，这种情况大概始于秦代。据《汉书》等记载：秦代时，"燕、齐、赵民避地朝鲜数万口"。那么多中国居民定居朝鲜，自然会把中国的饮食文化带到朝鲜。汉代的时候，中国人卫满曾一度在朝鲜称王，而此时中国的饮食文化对朝鲜的影响最深。因此，朝鲜习惯使用筷子吃饭，以及使用的烹饪原料和饭菜的搭配，都明显地带有中国的特色。甚至在烹饪理论上，朝鲜也讲究中国的"五味""五色"等说法。

受中国饮食文化影响更大的国家是日本。公元 8 世纪中叶，唐朝高僧鉴真东渡日本，带去了大量中国食品，如干薄饼、干蒸饼、胡饼等糕点，还有制造这些糕点的工具和技术。日本人称这些中国点心为果子，并依样仿造。当时，在日本市场上能够买到的唐果子就达 20 多种。

鉴真东渡还把中国的饮食文化带到了日本，日本人吃饭时使用筷子就是受中国的影响。唐代时，在中国的日本留学生几乎把中国的全套岁时食俗带回了本国，如元旦饮屠苏酒、正月初七吃七种菜、三月上巳摆曲水宴、五月初五饮菖蒲酒、九月初九饮菊花酒等等。其中：端午节的粽子在引入日本后，日本人又根据自己的饮食习惯做了一些改进，并发展出若干品种，如道喜粽、饴粽、葛粽、朝比奈粽等等。唐代时，日本还从中国传入了面条、馒头、饺子、馄饨和制酱法等等。

因此，中国菜对日本菜的影响可谓很大。17 世纪中叶，清代中国僧人黄檗宗将素食菜肴带到日本，被日本人称之为"普茶料理"。后来又有一种中国民间的荤素菜肴传到日本，称为"卓袱料理"。其对日本的餐饮业影响最大，它的代表菜如"胡麻豆腐""松肉汤"等，至今还列在日本一些餐馆的菜谱上。

日本人调味时经常使用的酱油、醋、豆豉、红曲以及经常食用的豆腐、酸饭团、梅干、清酒等等，也都来源于中国。饶有趣味的是：日本人称豆酱为唐酱、蚕豆为唐豇、辣椒为唐辛子、萝卜为唐物、花生为南京豆、豆腐皮为汤皮等等。为了纪念传播中国饮食文化的日本人，日本还将一些引进的中国食品以传播者的名字命名。如：明朝万历年间，日本僧人泽庵学习中国烹饪，用萝卜拌上盐和米糠进行腌渍，日本人便将其称之为泽庵渍。清朝顺治年间，另一位日本僧人隐元从中国传入菜豆，日本人便称之为隐元豆。

除了西北丝绸之路和西南丝绸之路之外，还有一条海上丝绸之路，它也扩大了中国饮食文化在世界上的影响。

泰国地处海上丝绸之路的要冲，加上与我国便利的陆上交通，因此两国交往甚多。泰国人自唐代以来便和中国的汉族交往频繁，公元 9—10 世纪，我国广东、福建、云南等地的居民大批移居东南亚，其中很多人在泰国定居，中国的饮食文化对当地的影响很大，以至于泰国人的米食、挂面、豆豉、干肉、腊肠、腌鱼以及就餐用的羹匙等等，都和中国内地有许多共同之处。

在中国的陶瓷传入泰国之前，当地人多以植物叶子作为餐具。随着瓷器的传入，当地人才有了精美实用的餐饮器具，并使当地居民的生活习俗大为改观。同时，中国移民还把制糖、制茶、豆制品加工等生产技术带到了泰国，促进了当地食品业的发展。

中国饮食文化对缅甸、老挝、柬埔寨等国的影响也很大，其中以缅甸较为突出。公元 14 世纪初，元朝军队深入缅甸，驻防达 20 年之久。同时，许多中国商人也旅居缅甸，给当地人的饮食生活带来了很大的改变。由于这些中国商人多来自福建，所以缅语中与饮食文化有关的名词有不少是用福建方言来拼写的，像筷子、豆腐、荔枝、油条等等。

距离中国稍远的几个东南亚岛国，像菲律宾、马来西亚、印度尼西亚等，受中国饮食文化的影响也不小。

菲律宾人从中国引进了白菜、菠菜、芹菜、莴苣、大辣椒、花生、大豆、梨、柿、柑桔、石榴、水蜜桃、香蕉、柠檬等。他们还爱吃中国的饭菜，如馄饨、米线、春饼、叉烧包、杂碎、烤乳猪等，日常饮食则离不开米粉、面干、豆干、豆豉等，使用的炊具也是中国式的尖底锅和小煎平锅。菲律宾人还特别爱吃粽子，他们不但端午节吃，圣诞节也吃，平时还把粽子当成风味小吃。菲律宾的粽子造型依照中国古制，呈长条形，而味道则很像浙江嘉兴的粽子。

马来西亚在饮食文化上也受到中国的影响。据考证：马来人的祖先主要是来自我国云南一带种植水稻的民族，他们的某些食俗同这些先民大有关系。例如：马来人的大米从种植到收获，都有类似中国古代的祭祀活动和礼仪。马来菜的烹制方法和中国菜相似。马来语中称作"塔夫"的中国豆腐，在当地十分受人喜爱，有些地方还把豆腐的色、香、味揉和在本土传统的咖喱菜中。

中国的饮食文化对印度尼西亚的影响历史悠久。历代去印度尼西亚的中国移民向当地人提供了酿酒、制茶、制糖、榨油、水田养鱼等技术，并把中国的大豆、扁豆、绿豆、花生、豆腐、豆芽、酱油、粉丝、米粉、面条等引入印度尼西亚，极大地丰富了当地人的饮食生活。

而茶作为中国饮食文化的一项重要内容，对世界各国的影响最大。各国语言中的"茶"和"茶叶"这两个词的发音，都是从汉语演变而来的。而且，中国的茶改变了许多外国人的饮食习俗。例如：英国人由于中国的茶而养成了喝下午茶的习惯，而日本人则形成了独具特色的

"茶道"。

805年：唐代时，日本和尚最澄大师及806年空海大师，留学我国研究佛学。归国后，他们将我国茶叶蒸青绿茶的制茶技术传入日本。

1811年：荣西和尚留学回归日本，将锅炒茶制法传入日本。

1828—1833年：茶叶产制技术传入印尼。荷属东印度公司派茶师杰克逊前后6次来我国学习研究，每次均带回茶种、制茶技术工人及器具。

1833年：俄国来我国采购茶籽与茶苗，1848年开始采摘，依照我国茶叶制作方法开始生产。

1834年：印度成立植茶研究发展委员会，即派秘书哥登氏来我国学习茶叶产制技术。购买茶籽及茶苗，并寻找、招收四川省雅安及福建省武夷等地茶师及工人，到大吉岭等地发展茶业。

1835年：宇治山本氏，传回我国覆盖茶园"玉露茶"的制法。

1836年：哥登氏带回我国茶工，在阿萨姆勃鲁茶厂中，按照我国的红茶制法并试制成功，日后发展成今天的阿萨姆红茶。

1866年：斯里兰卡正式制茶始于特罗氏。学习我国的武夷岩茶制法并试制成功。至1873年后才仿效印度的机械制法。

1877—1887年：南非及东非洲国家和地区由我国输入的茶叶生产技术在此时开始发展。

1898年：日本开始仿制我国红茶、绿砖茶。

1926年：日本仿效我国珠茶制法。而日本最普遍的煎茶，则是仿自我国浙江的龙井。

1949年：第二次世界大战后，英国茶业者等退出印度、锡兰的茶叶经营，将技术与资本等转移投资于肯尼亚等新茶区的开发，才大量生产红茶。

第 二 章
中国八大菜系漫谈

第一节　八大菜系与中国饮食文化

中国菜已经历了五千年的发展历史，由历代宫廷菜、官府菜及各地方菜系组成，主体是各地方菜。其品类之繁多、文化内涵之丰富，堪称世界一流。

中国是一个历史悠久、幅员广大的多民族国家。长期以来在某一地区由于地理环境、气候物产、文化传统以及民族习俗等因素的影响，形成了有一定亲缘承袭关系，菜点风味相近，知名度较高，并为部分群众喜爱的地方风味著名流派，被称作菜系。这些多姿多彩、风味独特的地方菜荟萃了我国烹调技术的精华，构成了色、香、味、形、质俱佳的中国烹调技艺的核心。南北两大风味自春秋战国时期开始出现，到唐宋时期已完全形成。到了清代初期，鲁菜（包括京津等北方地区的风味菜）、苏菜（包括江、浙、皖地区的风味菜）、粤菜（包括闽、台、潮、琼地区的风味菜）、川菜（包括湘、鄂、黔、滇地区的风味菜），已成为我国最有影响力的地方菜，称为"四大菜系"。后来，随着饮食业的进一步发展，有些地方菜愈显其独有特色而自成派系。到了清末时期又加入浙、闽、湘、徽地方菜，就成为"八大菜系"，以后再增京、沪便有"十大菜系"之说。尽管菜系繁衍发展，但人们还是习惯用"八大菜系"来代表我国多达数万种的各地风味菜。

有人曾把"八大菜系"用拟人化的手法描绘为：苏、浙菜好比清秀素丽的江南美女；鲁、徽菜犹如古拙朴实的北方健汉；粤、闽菜宛如风流典雅的公子；川、湘菜就像内涵丰富充实、才艺满身的名士。中国"八大菜系"的烹调技艺各具风韵，其菜肴之特色也是各有千秋。

各地方风味菜中著名的菜品有数千种，它们选料考究、制作精细、品种繁多、风味各异，讲究色、香、味、形、器俱佳的协调统一，在世界上享有很高的声誉。

孙中山先生就曾高度评价我国的烹饪技术，明确指出中国烹饪是宝贵的文化艺术，历来冠于世界各国。他说："悦目之画，悦子耳之音，皆为美术，而悦口之味，何独不然？是烹调者，亦美术之一道也。""是烹调之术于文明而生，非深孕乎文明之种族则辨味不精，辨味不精则烹调技术不妙也。中国烹调技术之妙，亦足以表明进化之深也。昔日中西未通市以前，西人只知道烹调一道，法国为世界之冠，及一尝中国之味，莫不以中国为冠矣。"他认为，中国烹调技艺之精妙是其社会文明进化的一种表现。

而且，多少年来，有多少名菜从民间传到宫廷官府，再流入民间，遍及全国、驰名世界。如北京名菜"北京烤鸭""麒麟豆腐"，杭州名菜"东坡肉""西湖醋鱼"，江苏名菜"水晶肴肉""黄泥煨鸡"，上海名菜"松江鲈鱼""虾子大乌参"，湖南名菜"东安子鸡""腊味合蒸"，湖北名菜"冬瓜鳖裙羹""清蒸武昌鱼"，安徽名菜"清炖马蹄鳖""无为熏鸭"，东北名菜"红扒熊掌""飞龙汤""沟帮熏鸡""牛肉锅贴"等等，都是享誉世界的著名美味佳肴。

这些名菜大都有它们各自发展的历史，都是经过几代名厨传承至今，不仅体现了精湛的传统技艺，还有种种优美动人的传说或典故，成为我国饮食文化的一个重要组成部分。而且各个地方菜系中的许多菜肴都具有显著特色，有的烹调方法别致、有的风格独特、有的乡土味道浓厚。

所以，菜系是一种饮食文化，也是一种地缘文化。一种菜系的形成和发展，是特定地域的物产、气候、生活习俗、人文风尚乃至体质禀性等综合作用的结果。只要这些因素没有本质改变，无论外来饮食怎样入侵和渗透，都难以取而代之。"治大国如烹小鲜"，这句古语虽然谈的是治国之道，但也说明一个菜系的形成和发展同治国一样复杂深邃，它的兴衰与社会政治经济的发展密切相关。

第二节 八大菜系概述

一、鲁菜

八大菜系之首当推鲁菜，其形成和发展与山东地区的文化历史、地理环境、经济条件和习俗尚好有关。一般认为鲁菜内部分为两大派系，分别以济南和胶东两地的地方菜演化而成。有的也认为分为三大派系，为以上两种再加上孔府菜。其特点是：以清香、鲜嫩、味醇而著名，十分讲究清汤和奶汤的调制，清汤色清而鲜，奶汤色白而醇。

经过长期的发展和演变，鲁菜已是名品荟萃、享誉全球，既有堪称"阳春白雪"的典雅华贵的孔府菜，更有星罗棋布的各种地方菜和风味小吃。其名菜有：扒原壳鲍鱼、蟹黄鱼翅、芙蓉干贝、烧海参、烤大虾、炸蛎黄和清蒸加吉鱼、糖醋黄河鲤鱼、油爆双脆等。其名肴清汤什锦、奶汤蒲菜等，清鲜淡雅、别具一格。而其"九转大肠"和"八仙过海闹罗汉"更是鲁菜中的翘楚。

二、川菜

川菜整个菜系以成都、重庆两地的菜肴为代表，还包括乐山、江津、自贡、合川等地的地方菜。它也是一个历史悠久的菜系，其发源地是古代的巴国和蜀国，形成大致在秦始皇统一中国到三国鼎立之间。当时，无论烹饪原料的取材，还是调味品的使用，以及刀工、火候的要求和专业烹饪水平，川菜已初具规模，有了菜系的雏形。

川菜风味独特、口味多样，在中国菜中享有很高的声誉。菜肴常用的原料除鸡、鸭等肉类和蔬菜外，山珍海味亦颇多，但是水产较少。川菜的最大特点是十分注意调味，调味品既复杂多样，又富有特色。一般多用辣椒、花椒、香醋、豆瓣酱等。这些复杂多样的调味品经过厨师的巧妙调和，可以形成千变万化的口味，如酸辣、麻辣、椒麻、怪味等，口味种类之多，使川菜享有"一菜一格、百菜百味"的美誉。

三、粤菜

粤菜即广东菜，也是我国八大菜系之一，由广州、潮州、东江三地的特色菜点发展而成，是起步较晚的菜系。但它影响极大，不仅中国香港、中国澳门，世界各国的中餐馆也多数是以粤菜为主的。

粤菜的形成和发展与广东的地理环境、经济条件和风俗习惯密切相关。广东地处亚热带，濒临南海，雨量充沛、四季常青、物产丰富，故其饮食一向得天独厚。

粤菜注意吸取各菜系之长，形成了多种烹饪形式，具有自己独特的风味。广州菜清而不淡、鲜而不俗、选料精当、品种多样，还兼容了许多西菜做法，讲究菜的气势和档次。潮州古属闽地，故潮州菜汇闽、粤风味，以烹制海洋菜和甜食见长，口味清醇，其中汤菜最具特色。东江菜又称客家菜，客家为南徙的中原汉人，聚居于东江山区，其菜乡土气息浓郁，以炒、炸、焗、焖见长。粤菜总体上的特点是选料广泛、新奇且尚新鲜，菜肴口味尚清淡，味别丰富，讲究清而不淡，嫩而不生，油而不腻，有"五滋"（香、松、软、肥、浓）、"六味"（酸、甜、苦、辣、咸、鲜）之别。且粤菜时令性强，夏秋讲清淡、冬春讲浓郁，有不少菜点具有独特风味。著名的菜点有：鸡烩蛇、龙虎斗、烤乳猪、东江盐焗鸡、白灼基围虾、烧鹅、蚝油牛肉、广式月饼、沙河粉、艇仔粥等。

四、闽菜

闽菜是以福州、闽南、闽西三地区的地方风味菜为主形成的菜系。福州菜清鲜、爽淡，偏于甜酸，尤其讲究调汤；另一特色是善于用红糖作配料，具有防变质、去腥、增香、生味、调色的作用。闽南菜以厦门为代表，同样具有清鲜、爽淡的特色，讲究佐料，长于使用辣椒酱、沙菜酱、芥末酱等调料。且闽西位于粤、闽、赣三省交界处，以客家菜为主体，多以山区特有的奇味异品作原料，具有浓厚的山乡色彩。

闽菜尤以烹制海鲜见长，刀工精妙、入趣于味、汤菜居多，具有鲜、香、烂、淡并稍带甜酸辣的独特风味。其烹饪技艺多采用细致入微的片、切、剖等刀法，使不同质地的原料达到入味透彻的效果。故闽菜的刀工有"剖花如荔、切丝如发、片薄如纸"的美誉。福建的小吃、点心也有一功，它们多取材于沿海浅滩的各式海产品，并配以特色调味而成，堪称美味。

闽菜最著名的风味菜点有：佛跳墙、鸡汤汆海蚌、淡糟香螺片、沙奈焖鸭块、七星鱼丸、糟醉鸡、煎糟鳗鱼、半月沉江、燕皮馄饨、福州线面、蚝仔煎等等。

五、苏菜

苏菜系即江苏地方风味菜，由扬州、南京、苏州三地的地方菜发展而成。其中扬州菜亦称淮扬菜，是指扬州、镇江、淮安一带的菜肴；南京菜又称京苏菜，是指南京一带的菜肴；苏州菜是指苏州与无锡一带的菜肴。

扬州菜选料严谨、讲究鲜活、主料突出、刀工精细，口味咸淡适中、南北皆宜。南京菜特别讲究七滋七味：即酸、甜、苦、辣、咸、香、臭；鲜、烂、酥、嫩、脆、浓、肥。苏州菜擅长炖、焖、煨、焐，注重保持原汁原味，花色精细、时令时鲜、甜咸适中、酥烂可口、清新腴美。

苏菜总的特点是选料严谨、制作精细、注意配色、讲究造型、菜肴四季有别。烹调方法擅长炖、焖、蒸、烧、炒；又重视调汤、保持原汁、风味清鲜、肥而不腻、淡而不薄，酥烂脱骨而不失其形、滑嫩爽脆而不失其味。

江苏名菜名点有：盐水鸭肫、芙蓉鲫鱼、菊花青鱼、菊叶玉版、金陵盐水鸭、叉烤鸭等（以上为南京名菜）；松鼠鳜鱼、碧螺虾仁、雪花蟹斗、清汤鱼翅、香炸银鱼、无锡肉骨头、常州糟扣肉等（以上为苏锡菜）；霸王别姬、沛公狗肉、彭城鱼丸、荷花铁雀、奶汤鱼皮、蟹黄鱼肚等（以上为徐州菜）。江苏点心也富有特色，如秦淮小吃、苏州糕团、汤包等，都很有名。

江苏也是名厨荟萃的地方。我国第一位典籍留名的职业厨师和第一座以厨师姓氏命名的城市均在这里。春秋时齐国的易牙还曾在徐州传艺，由他创制的"鱼腹藏羊肉"千古流传，是为"鲜"字之本。

六、浙菜

浙菜系以杭州、宁波、绍兴三种地方风味菜为代表，成名较早。杭州菜重视原料的鲜、活、嫩，以鱼、虾、时令蔬菜为主，讲究刀工、口味清鲜、突出本味；宁波菜咸鲜合一，以烹制海鲜见长，讲究鲜嫩软滑、重原味、强调入味；绍兴菜擅长烹制河鲜家禽，菜品强调入口香、绵、酥、糯，汤浓味重，富有乡村风味。

浙菜的历史也相当悠久。因京师人南下开饭店，用北方的烹调方法将南方丰富的原料做得美味可口，所以"南料北烹"成为浙菜系的一大特色。其实过去南方人口味并不偏甜，北方人南下后影响了南方人口味，菜中也开始放糖了。比如：汴京名菜"糖醋黄河鲤鱼"到临安后，以鱼为原料，烹成浙江名菜"西湖醋鱼"。当时京师的名厨在杭州经营的名菜还有"百菜羹""五味焙鸡""米脯风鳗""酒蒸鲻鱼"等几百种，后来又出现了"南肉"。

浙菜的名菜名点有：龙井虾仁、西湖莼菜汤、虾爆鳝背、西湖醋鱼、炸响铃、抢蟹、新风鳗鲞、咸菜大汤黄鱼、冰糖甲鱼、牡蛎跑蛋、蜜汁灌藕、嘉兴粽子、宁波汤团、湖州千张包子等。

七、湘菜

湘菜历史悠久，早在汉朝烹调技艺就已有相当程度的发展。在长沙市郊马王堆出土的西汉土墓中，人们不仅发现了酱、醋腌制的果菜遗物，还有鱼、猪、牛等遗骨。经考古学家鉴定，这些遗骨在当时都是经烹饪过的熟食残迹，这就说明许多烹调方法在当时已经形成。

湘菜制作精细、用料广泛、品种繁多，其特色是油多、色浓，讲究实惠；在品味上注重香酥、酸辣、软嫩，尤以煨菜和腊菜著称。洞庭湖区的菜以烹制河鲜和家禽家畜见长，特点是量大油厚、咸辣香软，以炖菜、烧菜出名；湘西菜擅长制作山珍野味、烟熏腊肉和各种腌肉、风鸡，口味侧重于咸香酸辣，有浓厚的山乡风味。总之，湘菜的最大特色一是辣，二是腊。

湘菜的著名菜点有：东安子鸡、腊味合蒸、组庵鱼翅、冰糖湘莲、红椒腊牛肉、发丝牛百叶、火宫殿臭豆腐、吉首酸肉、换心蛋等。

八、徽菜

　　徽菜系由安徽省的沿江菜、沿淮菜和皖南菜构成。沿江菜以芜湖、安庆的地方菜为代表，以后传到合肥地区，以烹调河鲜、家禽见长，讲究刀工，注意色、形，善用糖调味，尤以烟熏菜肴别具一格；沿淮菜以蚌埠、宿县、阜阳等地方风味菜肴构成，菜肴讲究咸中带辣、汤汁色浓口重，亦惯用香菜配色和调味；皖南菜包括黄山、歙县（古徽州）、屯溪等地风味菜肴，讲究火功、善烹野味、量大油重、朴素实惠、保持原汁原味；不少菜肴都是采用木炭小火炖、煨而成，汤清味醇，原锅上席，香气四溢，皖南虽水产不多，但所烹的经腌制的"臭桂鱼"知名度很高。

　　徽菜的名菜有：火腿甲鱼、红烧果子狸、腌鲜鳜鱼、无为熏鸡、符离集烧鸡、问政笋、黄山炖鸽、毛峰熏鲥鱼、方腊鱼、石耳炖鸡、云雾肉、绿豆煎饼、蝴蝶面等。

第 三 章
鲁　菜

第一节　鲁菜文化溯源

鲁菜即山东风味菜，又叫山东菜，历史悠久、影响广泛，是中国饮食文化的重要组成部分，成为中国八大菜系之一，并以其味鲜咸脆嫩、风味独特、制作精细而享誉海内外。古书云："东方之域，天地之所始生也。鱼盐之地，海滨傍水，其民食鱼而嗜咸。皆安其处，美其食。"（《黄帝内经·素问·异法方宜论》）齐鲁大地依山傍海、物产丰富，是经济发达的美好地域，为烹饪文化的发展、山东菜系的形成提供了良好的条件。早在春秋战国时代，齐桓公的宠臣易牙就是以"善和五味"而著称的名厨。南北朝时，高阳太守贾思勰在其著作《齐民要术》中对黄河中下游地区的烹饪术做了较系统的总结，记下了众多名菜的做法，反映了当时鲁菜发展的高超技艺。在唐代，段文昌（山东临淄人，穆宗时任宰相）精于饮食，并自编食经五十卷，成为历史掌故。到了宋代，宋都汴梁所做"北食"即鲁菜的别称，已具规模。到明清两代，鲁菜已经自成菜系，从齐鲁到京畿、从关内到关外，影响所及已达黄河流域、东北地带，有着广阔的饮食群众基础。

一般而言，鲁菜由济南、胶东、孔府菜点三部分组成。济南菜尤重制汤，清汤、奶汤的使用及熬制都有严格规定，菜品以清鲜脆嫩著称；胶东菜起源于福山、烟台、青岛，以烹饪海鲜见长，口味以鲜嫩为主，偏重清淡、讲究花色；孔府菜则是"食不厌精，脍不厌细"的具体体现，其用料之精广、筵席之丰盛堪与皇朝宫廷御膳相比。总之，山东菜调味极重、纯正醇浓，少有复杂的合成滋味，一菜一味，尽力体现原料的本味。鲁菜的另一特征是面食品种极多，小麦、玉米、甘薯、黄豆、高粱、小米均可制成风味各异的面食，成为筵席名点。山东著名风味菜点有：

炸山蝎、德州脱骨扒鸡、原壳扒鲍鱼、九转大肠、糖醋黄河鲤鱼等。

客观来讲，鲁菜的形成和发展与山东地区的文化历史、地理环境、经济条件和习俗尚好有关。山东是我国古文化发祥地之一，地处黄河下游，气候温和，胶东半岛突出于渤海和黄海之间。且境内山川纵横、河湖交错、沃野千里、物产丰富、交通便利、文化发达。其粮食产量居全国第三位；蔬菜种类繁多、品质优良，号称"世界三大菜园"之一，胶州大白菜、章丘大葱、苍山大蒜、莱芜生姜都蜚声海内外。

山东水果产量也居全国之首，仅苹果就占全国总产量的40%以上。猪、羊、禽、蛋等产量也是极为可观。水产品产量更是全国第三，其中名贵海产品有鱼翅、海参、大对虾、加吉鱼、比目鱼、鲍鱼、天鹅蛋、西施舌、扇贝、红螺、紫菜等，均驰名中外。酿造业同样历史悠久，品种多、质量优，洛口食醋、济南酱油、即墨老酒等都是久负盛名的佳品。如此丰富的物产，为鲁菜菜系的发展提供了取之不尽、用之不竭的原料资源。

追根溯源，鲁菜的历史极其久远。《尚书·禹贡》中载有"青州贡盐"，说明至少在夏代山东已经用盐调味；远在周朝的《诗经》中已有食用黄河的鲂鱼和鲤鱼的记载，而今的糖醋黄河鲤鱼仍然是鲁菜中的佼佼者，足见其渊远流长。所以，鲁菜系的雏形可以追溯到春秋战国时期。当时，齐鲁两国自然条件得天独厚，尤其是傍山靠海的齐国，凭借鱼盐铁之利，终使齐桓公首成霸业。

而且，早在春秋战国时期，鲁国孔子就提出了"食不厌精，脍不厌细"的饮食观，从烹调的火候、调味、饮食卫生、饮食礼仪等多方面提出了主张，为鲁菜大系的形成和发展奠定了理论基础，起到了不可估量的作用。那时，齐桓公的宠臣易牙以善于烹调而得宠，官至宰相之职。古书中记载："齐桓公，夜半不哺（即腹饥），易牙乃煎、煮、燔、炙，调味而进之。"相传：易牙为讨好齐桓公，还曾残忍地将自己的儿子烹成汤羹，献给了齐桓公。虽然如此，他对齐鲁烹饪发展的贡献还是值得肯定的。尤其是他的品味水平之高，为他精湛的烹调技艺奠定了基础。据《临淄县志·人物志》记载："（易牙）淄渑水合，尝而知之。"

因此，通过许多先秦典籍的记载均可以发现，这一时期齐鲁大地的烹调水平已经相当的发达，以至于出现了实践与理论的共同发展。《春秋左传·昭公二十年》记载了这样的一段话：公曰："和与同异乎？"

（晏子）对曰："异！和如羹焉，水、火、醯、醢、盐、梅，以烹鱼肉，燀之以薪，宰夫和之，齐之以味，济其不及，以泄其国。君子食之，以平其心。……故《诗》曰：亦有和羹，既戒既平。宗毆无言，时靡有争。……若以水济之，谁能食之？若琴瑟之专一，谁能听之？同之不可也如是。"晏子是齐国时期著名的贤相，有三朝元老的美称。当齐景公问晏子"相和与相同不一样吗"时，晏子便借用烹饪调味的道理对齐景公做了生动形象的解释。他说："不一样。相和好比是作汤羹，用水、火、醋、酱、盐、梅子来烹调鱼肉，就好像要用柴禾烧煮，厨师调和味道，在于使之适中，味道太淡要使之变浓，味道过于浓厚又要使之设法冲淡。君子吃了这种羹汤，就会心平气和。"晏子的这段话虽然是在论述君臣之间的关系，但却从反面揭示了烹饪调味的最高境界——"和"。不过，这种和在烹饪中除了体现在调味上之外，还表现在很多方面，比如配菜要讲究原料的"和"、用火要讲究轻重缓急与所烹制的原料相"和"、宴席中则要讲究菜肴与菜肴之间的"和"等等。

而且，鲁菜对海鲜鱼类的烹制也是别具一格的。相传：齐大夫管仲经营胶东地区，大力提倡发展海洋渔业，故齐地富鱼盐之利。可见今天广为人们推崇的胶东海鲜，早在两千多年前就是山东人的美味食品了。而内陆人对淡水鱼则情有独钟。《齐风·敝笱》中就有："敝笱在梁，其鱼鲂鳏。齐子归止，其从如云。敝笱在梁，其鱼鲂鱮。齐子归止，其从如雨。敝笱在梁，其鱼唯唯。其鱼归止，其从如水。"这首诗虽然被注释者认为是用来讽刺齐国国君软弱无能的，却从侧面反映了齐人捕鱼及其鱼种的情况。而所捕之鱼都是内陆所产的淡水鱼，说明齐人在春秋时期食用的鱼类还是以淡水鱼为主。

食料的丰富与烹饪技艺的发达还促进了宴席的发展，先秦时期山东的宴饮水平已具相当规模。《鲁颂》中的《有駜》是一篇记载鲁侯宴饮群臣的诗歌，也有人认为是鲁君秋冬祀帝于郊外，行天子之礼乐的情形。其诗云：

　　有駜有駜，駜彼乘黄。夙夜在公，在公明明。振振鹭，鹭于下。鼓咽咽，醉言舞。于胥乐兮。
　　有駜有駜，駜彼乘牡。夙夜在公，在公饮酒。振振鹭，鹭于飞。鼓咽咽，醉言归。于胥乐兮。

有駜有駜，駜彼乘黄。夙夜在公，在公载燕。自今以始，岁其有。君子有穀，诒孙子。于胥乐兮。

这首诗歌的大意是说：周公每天乘着由四匹肥壮大黄马拉的车到宫廷内去处理公事，日夜操劳，处理完公事以后还要和群臣们合欢。"在公饮酒""在公载燕""鼓咽咽，醉言归"说的就是周公公事退毕又和友好国的使节及群臣们宴饮。诗中描写欢宴的情形，意在表明天下邦国之间欢合、安定团结，同时也歌颂了周公享天子之礼的荣耀和鲁国子孙因此享受周公之福荫。另外，在《泮水》等篇中还描写了鲁僖公与群臣一起欢宴的情形。"鲁侯戾止，在泮饮酒""既饮旨酒，永锡难老"就是此次欢宴的写照。

鲁菜烹饪技艺的精湛还表现在烹饪刀工技术的运用上。在《论语》中就提出"割不正不食"的刀工要求，为厨师提高刀工技术提供了理论依据。《庄子·养生主》中曾记述了一个"庖丁解牛"的故事，反映的就是包括齐鲁地区在内的我国中原烹饪的刀工技术。其云："庖丁为文惠君解牛，手之所触，肩之所倚，膝之所踦，砉然响然，奏刀騞然，莫不中音……"后来庖丁自述说："良庖岁更刀，割也，族庖月更刀，折也。今臣之刀十九年矣，所解数千牛，而刀刃若新发于硎，彼节有闲，而刀刃无厚，以无厚入有闲，恢恢乎其于游刃必有余地矣。"这一段文字极其生动地描述了当时厨师刀工技术水平之高超，可谓已经达到了出神入化的境地。

同时，鲁菜的繁荣发达与同时代的文化艺术发展交相辉映，并在文化艺术中多有体现。秦汉时期，山东的经济空前繁荣，地主、富豪出则车马交错，居则琼台楼阁，过着"钟鸣鼎食，征歌选舞"的奢靡生活。在"诸城前凉台庖厨画像"上，人们就可以看到上面挂满猪头、猪腿、鸡、兔、鱼等各种畜类、禽类、野味，下面有汲水、烧灶、劈柴、宰羊、杀猪、杀鸡、屠狗、切鱼、切肉、洗涤、搅拌、烤饼、烤肉串等各种忙碌烹调操作的人们。这幅画所描绘的场面之复杂、分工之精细，不啻烹饪操作的全过程，真可以和现代烹饪加工相媲美。秦汉时，更有大量海味进入齐鲁人们的饮馔中。汉武帝进兵山东半岛时吃到渔民腌制的鱼肠，有异香，遂赐名"鱁鮧"。《盐铁论》中也有"菜黄之鲐，不可胜食"的记载。

汉代时，山东的烹饪技艺已有相当高的水平，从沂南出土的收租庖厨画像石、诸城前凉台的庖厨画像石中，我们可以看出从原料选择、宰杀、洗涤、切割、烤炙、蒸煮上分工精细、操作熟练的情景，展现了当时烹饪的全过程以及宴饮的场面。

南北朝时贾思勰所撰的《齐民要术》中有关烹调菜肴和制作食品的方法也占有重要篇章，记载了当时黄河中下游特别是山东地区的菜肴食品达百种以上。从中可以看出：这一时期，烹调技法、菜肴款式均趋完美。当时使用的烹调方法已有蒸、煮、烤、酿、煎、炒、熬、烹、炸、腊、泥烤等，调味品有盐、豉汁、醋、酱、酒、蜜、椒，且出现了烤乳猪（炙豚）、蜜煎烧鱼、炙肠等名菜。那时，齐鲁民间食风朴素、文雅，凡年节宴客待友，皆设美馔佳肴。而且，当时饮食之丰富仅从民间面点小吃的发展情况就可窥其一斑。据载：汉桓帝延熹三年（公元160年）赵岐流落北海（山东临淄北），在市内卖饼（见《魏志》《资治通鉴》），是关于经营面点小吃的较早记载。《齐民要术》一书中更是记录了丰富的小吃品种，其分类就有：饼法、羹臛、飧饭、素食、饣脯、粽子等，其中最早记载面条制法的"水引饼"，有"用秫稻米屑，水蜜溲之……手搦面，可长八寸许，屈令两头相就，膏油煮（即炸）之"的"膏环"，有"用乳溲者，入口即碎，脆如凌雪"的"截饼"等。这些用乳汁、枣汁、蜜水、油脂和制面团，还有夹羊肉馅、鹅鸭肉馅的小吃品种，制作技术已很讲究。其他像杏仁粥、梅子酱、果脯、肉脯等，也已成为很普遍的小吃。

在唐宋两代，鲁菜又有了新的发展。唐朝临淄人段成式在《酉阳杂俎》中记载了当年的烹调水平之高："无物不堪食，唯在火候，善均五味。"书中还记载了大量有关齐鲁烹饪技艺、食料使用的资料。段成式之所以在一本杂记中能记录如此多的烹饪资料，这大概与他出身于美食之家有关。据载：段成式的父亲段文昌为唐朝一代相国，颇尚美食，府内厨房规模庞大，有著名厨娘掌管。他把自己的厨房命名为"炼珍堂"，即使到外地出差公干时也有大厨相随，并将随行厨房命名为"行珍宫"，其讲究饮食烹饪之状可见一斑。段文昌甚至将家厨的烹调技艺用文字记录下来，名曰《邹平公食单》，只是可惜此书已佚失。

唐宋年间，齐鲁烹饪刀工技术的应用和发展也可谓登峰造极，这在唐宋年间所遗留下来的史料及诗文中多有所反映。段成式在《酉阳杂俎》中记载："进士段硕尝识南孝廉者，善斫脍，索薄丝缕，轻可吹起，操刀响捷，若合节奏，因会客技。"持刀斫脍人的动作如此熟练轻捷，所切的肉丝轻风就可吹起，可见肉丝之细、刀技之精。宋人所撰的《同话录》中还记载了山东厨师在泰山庙会上的刀工表演，云："有一庖人，令一人袒被俯偻于地，以其被为刀几，取肉一斤，运刀细缕之，撒肉而拭，兵被无丝毫之伤。"这种刀工技艺与现今厨师垫稠布切肉丝的表演同出一辙，但更为绝妙。

唐宋年间，齐鲁地区的民间饮食之风也大兴其道。据《酉阳杂俎》记载：历城北一里，有莲子湖……三伏之际，宾僚避暑于此，取大莲叶盛酒，以簪刺叶，令与茎柄通，吸之，名为碧筒饮。以后成为济南端午节的定俗。端午节食粽子、二月二食煎饼皆于此时始。且此时的风味小吃已不可胜记，如馄饨、樱桃楂、汤中牢丸、五色饼、馓食等。

宋代汴梁、临安还有所谓的"北食"，即指以鲁菜为代表的北方菜。在宋朝时期，以北方面食加工为特征的饮食及饮食市场的兴旺发达，促进了以齐鲁为代表的面食文化的繁荣昌盛。宋人张择端所画的《清明上河图》就展现了宋代商业繁荣景象之一斑。当年宋都十里长街两侧的饮食店铺鳞次栉比，一派繁荣景象。画卷展示的是这样，宋人的文字记录也与之相吻合。据《东京梦华录》记载：当年东京面食店林立、不胜枚举，如玉楼山洞梅花包子店、曹婆婆肉饼店、鹿家包子店、张家油饼店、郑家胡饼店、万家馒头店、孙好手馒头店等等。至于南宋京都临安，更是繁华，各类面食店的专卖店令客人络绎不绝。据《梦梁录》《武林旧时》等记载：诸如制售馄饨、面条、疙瘩、馒头、包子、鲌鲊菜面等的小食店不下数百家，经营的品类达200余种之多。至此，鲁菜大系所代表的四大面食的加工技艺业已形成，为完善鲁菜大系的烹调技术体系创造了条件，山东菜已初具规模。

明、清时期，山东菜不断丰富和提高，产生了以济南、福山为主的两类地方风味，曲阜孔府内宅也早已形成了自成体系的精细而豪侈的官府菜。此时鲁菜大量进入宫廷，已成为宫廷御膳主体，并在北方各地广泛流传，对京、津各地的影响较大。清高宗弘历曾八次驾临孔府，并在1771年第五次驾临孔府时将女儿下嫁给孔子第72代孙孔宪培，同时赏赐一套"满汉宴·银质点铜锡仿古象形水火餐具"给孔府。这更促使鲁菜系中的奇葩——"孔府菜"，向高、精、尖方向发展。

不可否认，在这漫长的岁月中，吴苞、崔浩、段文昌、段成式、公都或等著名的烹饪高手或美食家，都对鲁菜的发展作出了重要的贡献。

后来，经过长期的发展和演变，鲁菜系逐渐形成包括青岛在内，以福山帮为代表的胶东派，以及包括德州、泰安在内的济南派两个流派，既有堪称"阳春白雪"的典雅华贵的孔府菜，还有星罗棋布的各种地方菜和风味小吃。

由此可见，鲁菜各地方风味烹饪技艺真是一个赛一个的高超，令今人叹为观止。明代诗人李攀龙之妾蔡姬善制葱味包子，有葱味而不见葱，深受宾客赞誉。清代，鲁菜已成为宫廷菜吸收的主要对象，其烹调技艺和鲁地的食风常出现在诗人的笔下。如清初名士王士祯的《历下银丝鲊》诗："金盘错落雪花飞，细缕银丝妙入微，欲析朝醒香满席，虞家鲭鲊尚方稀。"蒲松龄的《客邸晨炊》诗："大明湖上就烟霞，茆层三椽赁作家，粟米汲水炊白粥，园蔬登俎带黄花。"

还有一点值得注意的是：清朝是一个少数民族入主中原的历史时期，满族统治下的中国饮食文化在宋、元、明的程式下不断扩大、丰富，以致走向极端。此时市井饮食广泛发展，其明显特征是中国菜中的各地方风味菜日趋成熟，并表现出极其突出的特点。其中，山东风味菜尤为突出。那时它广及山东半岛，影响京津一带，而且深入到豫、晋、冀、秦，波及白山黑水，几乎在北半个中国都可见其踪迹。而表现得尤为突出的当然是"官府"味特浓的曲阜县城内的孔府肴馔。作为中国儒家派创始人孔子的故地，它经历代封建王朝的封爵加官，逐渐成了豪门显贵。孔府内宅的家庭饮食是当时市肆饮食的升华和提高，它既要满足日益培养起来的孔门后裔及家眷的口腹之欲，又要迎接帝王官吏及近支族人、应付节日客饮及红白喜事，所以在日积月累的总结和积淀中，逐渐形成了一套完整的孔府饮馔体系。根据《孔府档案》的资料可知：明清两代孔府烹饪已经成熟，其肴馔讲究精细、营养、礼仪和排场，优雅质朴，又不失其浓厚的乡土风味，在明清乃至今天都独树一帜，为世人所称道。所以，在明清饮食史上，孔府菜留下了精彩的一笔。

而且，尤为可贵的是：鲁菜在其自身的发展过程中还能不断地向外延伸，这也是其影响面较大的主要原因。其中有明清年间山东大量移民向北方，特别是向东三省的迁移；同时还包括从明代起山东厨师进入皇宫御膳房、山东餐馆进入北京等众多因素。所以，许多人认为山东菜的影响面涉及整个黄河中下游及其以北的广大地区。

关于鲁菜厨师进入宫廷，还有一段动人的传说：山东福山人郭宗皋（《明史》有传），自幼聪明好学、为人豪放，成人后就随叔父从了军。他由于智勇双全，在戍边的战斗中屡次建功，深得明朝皇帝信任，晋升很快。到了明朝的嘉靖年间，他被皇帝委以重任，升任兵部尚书，掌握了军机大权。他当上兵部尚书后不久，皇帝便准许他回乡省亲。由于明朝建都在南京，郭宗皋本来是北方人，对南方饭菜不是十分习惯，所以就在省亲之际从村里找了两个当年做菜很有名气的厨师，一起到南京的尚书府为郭宗皋做家厨。到了隆庆年间，有一年，皇帝准备为他的爱妃作寿。为了把寿宴搞得不同于往年，以赢得爱妃的喜欢，皇帝下昭书招聘厨师高手来制办寿宴。结果，许多宫廷御厨在试厨时都被淘汰。眼看寿诞之期将至，制备寿宴的厨师还没有着落，皇上心急如焚。为解皇帝的燃眉之急，郭宗皋就把自己的两个家厨推荐给皇帝。他们试做了两个菜，皇帝品尝后很是满意，决定由郭宗皋的家厨来制办寿宴。到了庆寿这一天，朝廷的文武百官纷纷前来给皇妃祝寿。寿宴开场后，立即赢得了满朝文武百官的称赞，皇帝、皇妃更是高兴得不得了。据说：当时皇帝对他们制作的"葱烧海参"和"糟熘鱼片"没有吃够，当场命厨师又重新烹制了一盘，食后尤念念不忘。为此，郭尚书甭提多高兴了。事后皇帝不仅嘉奖了郭宗皋，还重奖了厨师，并且提出让这两位厨师给自己做菜的要求。郭宗皋巴不得有个效忠皇帝的机会，便欣然同意，山东厨师从此成为宫廷御厨。

鲁菜正是集山东各地烹调技艺之长，兼收各地风味之特点而又加以发展升华，经过长期历史演化而形成的。20世纪80年代以来，国家和政府将鲁菜烹饪艺术视作珍贵的民族文化遗产，采取了继承和发扬的方针，从厨的一代新秀在此基础上茁壮成长，正在为鲁菜的继续发展作出新的贡献。

第二节　撷粹漫品——鲁菜纵览

鲁菜以胶东菜与济南菜为主。胶东菜擅长爆、炸、扒、熘、蒸；口味以鲜夺人、偏于清淡；选料则多为明虾、海螺、鲍鱼、蛎黄、海带等海鲜。其中名菜有"扒原壳鲍鱼"，主料为长山列岛海珍鲍鱼，以鲁菜传统技法烹调，鲜美滑嫩、催人食欲。其他名菜还有蟹黄鱼翅、芙蓉干贝、烧海参、烤大虾、炸蛎黄和清蒸加吉鱼等。济南派以汤著称，辅以爆、炒、烧、炸，菜肴以清、鲜、脆、嫩见长。其中名肴有清汤什锦、奶汤蒲菜，清鲜淡雅、别具一格。而里嫩外焦的糖醋黄河鲤鱼、脆嫩爽口的油爆双脆、素菜之珍的锅豆腐，则显示了济南派的火候功力。

【九转大肠】

[文化联结]

九转大肠是用猪大肠制作的菜肴，系山东地区的传统名菜。

中国菜肴有很多菜名都是带数字的。数字在中国传统文化中不仅用来计数，而且有着深刻的内涵，其用在菜肴中往往是取吉祥喜庆的含义，使菜肴的名称悦耳动听，以迎合人们追求富贵平安的心理。翻看一下食书我们就会发现：从一到十乃至百、千，都有菜名使用，如一品点心、二仙黑鱼汤、三不粘、四喜丸子、五侯鲭等等。

古人认为"九"是阳数、吉数、天数（最高数），有吉祥、高贵的含义。另外"九"与"久"谐音，因此又有长寿平安的含义，上至宫廷显贵下至黎民百姓无不喜爱使用。用"九"表示的有九黄饼、九转大肠等。"九转大肠"是山东传统的风味名菜，

是用猪肠煮、炸、烧制而成。其菜名的来历，也和人们对数字的独特理解有关。

相传：九转大肠是清光绪年间，由济南的九华楼酒楼首创。有一日，九华楼的店主请客，厨师上了一道风格独特的菜——烧大肠，颇受宾客们的喜爱。大家品尝后都赞不绝口，但各人说法不一：有的说甜、有的说酸、有的说咸、有的说辣。后来，其中一位颇有学识的客人站起来说："道家善炼丹，有'九转仙丹'之名，食此佳肴可与仙丹媲美，这道美食就叫'九转大肠'吧！"在座宾客都十分赞赏这一菜名，从此九转大肠名声大噪，越来越为大家所知。现在，随着制作方法和用料的

不断改进，其味道越来越好，已成为鲁菜著名的代表菜之一。

[制作参谋]

制作原料：猪大肠 2 根（700 克）、葱末 2 克、熟猪油 450 克、花椒油 20 克、清汤 150 克、砂仁面 0.2 克、肉桂面 0.2 克、胡椒面 0.2 克、绍酒 10 克、盐 3 克、醋 40 克、酱油 20 克、白糖 90 克、香菜末 2 克、蒜末 4 克、姜末 2 克。

制作方法：将猪大肠洗净，切成 2 厘米长的段，放入沸水中焯一下捞出。

在炒锅内倒入熟猪油，烧成七成热后下入大肠炸至红色时捞出。

在锅内留少许油，放葱、姜、蒜末炸出香味来，烹入醋，加入绍酒、盐、酱油、白糖，放入大肠，再移至微火上煨 1 小时左右，后放入胡椒面、肉桂面、砂仁面，淋上花椒油，撒上香菜末。

特点：色泽红润，大肠软嫩，肥而不腻，久食不厌，兼有酸、甜、辣、咸、香等味道。

【黄焖潍河甲鱼】

[文化联结]

黄焖潍河甲鱼以甲鱼为主料制作，系山东风味菜。潍坊的"黄焖潍河甲鱼"颇具古代饮食风格。据《潍县志》《安丘县志》记载，潍坊所产甲鱼自古负有盛名。

相传：汉初大将韩信曾与楚国大将龙且战于潍河之滨，当地人们出于对韩信的敬重，曾献潍河甲鱼于他帐前。韩信感激不尽，命厨师烹而食之，次日摆鼓激战，大败龙且。

又据传，此菜系潍坊人民为感激郑板桥在潍坊任知县时而创制的。郑板桥在潍县任职十年之久，为官清正廉明、一心为民。由于操劳过度，他身体虚弱，当地百姓十分担心。有一年板桥寿日，潍县人民得知后即到河中捕了许多甲鱼，送至知县家为他祝寿。郑板桥见状，深受感动，于是命家厨把甲鱼全部做成了甲鱼汤，与民共享美味佳肴。操厨者本是一技术颇高之人，于是就仿效古代做法烹制成了一道独具古代风味的甲鱼汤。这是一道良好的滋补食品，年迈体弱者尤为适用。

[制作参谋]

制作原料：活甲鱼1只（1000克）、老母鸡1只（1000克）、花椒油20克。

制作方法：将活甲鱼、老母鸡各一只加工干净后，入锅中煮之，至熟烂时取出甲壳、鱼骨等拆除干净，把裙边及肉切成小块（熟鸡捞出不用），置原汁中煨之。视汤呈稠状，将汤盛于碗内，淋上花椒油即成。

此鱼实际上是"甲鱼汤"，与"黄焖"之法相去甚远，但当地人习惯如此称谓。此菜以原汤原汁、鲜爽、味纯正见长，尤其对老年人补身健体有宜。

特点：其汤原汁原味，美味无穷；其肉细腻鲜嫩，营养上乘。

【锅塌黄鱼】

[文化联结]

锅塌黄鱼用新鲜黄鱼制作，是山东地区流传很广的一道传统菜。

相传：在明代，山东福山县有一个富豪喜食海鲜，特地聘请了当地很有名望的厨娘专门为他烹制海味菜肴。有一次，厨娘外出回来晚了一些，所烹制的"油炸黄鱼"还差点火候，端上桌后，富豪刚想食用，发现黄鱼没有熟透，极为不满，叫她重新烹制。厨娘只好忍气吞声，重新去做。她想：如果重新再做需要的时间更长，主人等不急了会更加生气，如将黄鱼再炸一下，又会使鱼的颜色太重。于是她想了个最佳的办法：在锅中加入葱、姜、蒜、八角等作料，加入清汤，然后将原先所做的半生不熟的鱼倒入锅中煨至汁尽，再端上饭桌。那富人早已闻到了鱼香，急不可待地夹起就吃，鱼一进口便觉得鲜香可口，味道大大胜过原来所做的鱼，忙问厨娘是如何制作的。厨娘说："将鱼塌了一下"（胶东地区把酥脆食品入锅煎蒸回软叫作"塌"）。此菜后来传开了，许多人都用这种先炸后煮的方法来制作黄鱼。

[制作参谋]

制作原料：新鲜黄鱼1尾（550克），水发木耳10克，火腿10克，水发玉兰片10克，青菜10克，花生油30克，鸡蛋3个，白糖20克，蒜片 5 克，醋 3 克，绍酒 3 克，淀粉 50 克，盐 5 克，清汤 120 克，葱、姜丝共 10 克。

制作方法：先将黄鱼收拾干净，再将鱼头剁下，切成两块，鱼身剔去骨刺，在鱼肉上剖成十字花刀形，连同鱼头撒上盐、绍酒腌渍入味。将鸡蛋打入碗内搅匀。木耳、火腿、玉兰片、青菜切成细丝，并断成 2.5 厘米长。

炒锅内放入花生油，烧至四成热时将鱼头、鱼肉蘸匀干淀粉，并在鸡蛋液中拖一下，下油锅煎至金黄色捞出。

再在炒锅内放入花生油，用中火烧至六成热，将葱、姜丝、蒜片爆锅，放入木耳丝、火腿丝、玉兰片丝、青菜丝略炒，加入清汤、黄鱼、绍酒、精盐、醋、白糖，用旺火烧沸，转小火煨透至汤汁剩下一半时，将鱼盛入盘内摆成整鱼形，再将汤汁浇在鱼上即可。

特点：颜色黄亮、柔和绵软、细嫩爽口、鲜味悠长。

【糖醋鲤鱼】

[文化联结]

糖醋鲤鱼是山东济南的传统名菜。

中国古代有很多关于鲤鱼的神话故事。《列仙传》中讲：有个叫子英的打渔人一天网到一条红色鲤鱼，因为觉得它颜色美丽可爱，便养在池里，并用米和谷物喂它。一年后，鲤鱼长到一丈多长，头上生出了角、身上长出了翅膀。子英又惊讶又惶恐，对鲤鱼连连跪拜。这时鲤鱼开口说："我是来迎你升天的，赶快骑到我背上来。"这时，天落下大雨，子英爬到鲤鱼背上，瞬时腾空而去，消失在云雾中。

其他一些故事讲的也大多是关于鲤鱼升天的奇事，因为古人认为鲤鱼能够变化为龙，有神仙的本领。

《辛氏三秦记》上说："河津，一名龙门，大鱼集龙门下数千，不得上。上者为龙，不下者，故云曝腮龙门。"这大概就是鲤鱼跳龙门典故的出处。陶弘景在《本草经集注》中则说："鲤鱼为诸鱼之长，形既可爱，又能神变，乃至飞跃江湖。所以仙人琴高乘之也。"

其实，古人引述这些传奇不过是为了给开吃做些铺垫，他们虽然把鲤鱼说得神乎其神，吃的时候却决不嘴软。《诗经》里即有用鲤鱼做脍的记录，傅毅《七激》云："涔养之鱼，鲙其鲤鲂。分毫之割，纤如发芒。散如绝谷，积如委红。"唐朝以前，人们以鲤鱼为鱼类最上品，"是以压倒鳞类"。唐朝李氏坐了天下，因鲤与李谐音，律令规定不准吃鲤鱼，而且把鲤鱼视为祥瑞之物。《玉海》中记："景龙三年春二月，明皇至于襄坦，漳水有赤鲤腾跃灵皇之瑞也。"鲤鱼偶尔伸个懒腰，便被看成大唐兴盛的预兆。

到宋朝，鲤鱼又成为人们的席上菜。《枫窗小牍》中就记录了一道叫"宋嫂鱼"的鲤鱼羹。传说：有位宋五嫂因做得一手好鱼羹，得到皇帝赵构的赏赐。此事传遍临安府，一时间，人们争相品尝，门庭若市，宋五嫂遂成巨富。到清朝，随着经验愈加丰富，人们对鲤鱼的吃法更为讲究了。清朝人以鲤鱼尾为贵，甚至曾将其列入"八珍"，可以烹制为羹；鲤鱼腹下肥肉可制为"烹鲤鱼腴"；鲤鱼肠可炒；炒鲤鱼肝则谓之"佩羹"。

无论古今，都以黄河鲤最为人们称道，因为其肉质肥嫩，入馔味道鲜美。济南北临黄河，所产鲤鱼不但肥美，而且金鳞赤尾、形态可爱。《济南府志》里便有"黄河之鲤，南阳之蟹，且入食谱"的记载。山东风味名菜"糖醋鲤鱼"即以济南所制最为有名。此菜本始于黄河重镇——洛口镇，传入济南后经众多厨师不断改进、细心烹制，成为载誉全国的美食。济南汇泉楼是制作糖醋鲤鱼最著名的一家。他们将鲤鱼先养于店中池内，去其泥味。顾客选中后，他们便捞出活杀，以最快的速度制成菜肴。

[制作参谋]

其制法为：在鱼身两侧剖百叶花刀，将精盐撒入鱼肉内略腌片刻，并涂以湿淀粉。油锅烧热至七成时将鱼入锅炸，至色呈金黄捞出。锅内留余油少许，下葱、姜、蒜末、醋、酱油、白糖、清汤，烧浓后以湿淀粉勾芡，淋热油推匀，浇在鱼身上即可。成菜色泽红、外脆里嫩、酸甜可口。

【红烧大虾】

[文化联结]

"红烧大虾"是山东胶东风味名菜。胶东半岛海岸线长，海味珍馐众多，对虾就是其中之一。据郝懿行的《海错》一书中记载：渤海"海中有虾，长尺许，大如小儿臂，渔者网得之，两两而合，日干或腌渍，货之谓对虾"。对虾每年春秋两季往返于渤海和黄海之间，以其肉厚、味鲜、色美、营养丰富而驰名中外。中国很早就开始食虾，《山海经》中称其为"山臊"；《西湖老人繁胜录》载都城食店有"大虾"；《梦梁录》载市场物产中有"清斑虾"；明代《宋式养生部》中介绍了6种烹制对虾的方法，有油炒虾、盐炒虾、生酱虾、生爆虾等。

对虾鲜美而富于营养，中医理论认为其味甘咸、性温，有补肾壮阳、健脾化痰、益气通乳等功效，具有多种食疗价值。可是对虾在古时并未列入"八珍"，一是因为对虾非稀有之物，二是古人烹制对虾的水平可能不如今人，使之味道不似今日之美。不但对虾，笔者还认为古代菜肴烹制的整体水平都不如现今，而今人探求古代食谱多是被古人夸张炫耀的绮词所迷惑。

以对虾烹制的名肴、名菜有很多，如干烧对虾、滑炒虾花、干炸凤尾对虾、煎对虾饼，以及造型菜琵琶大虾等。而山东的风味名菜红烧大虾很有"人气"，在结婚的喜宴上，撤掉味碟和点心后上的头一拨菜里必有红烧大虾。大虾是按人数上的，不多不少正好一人一个，这时大家往往略做谦让之后就站起身将自己的一只夹走。按习惯，婚宴上的大虾必须要点个头，大家也正是通过这道虾菜来判断宴席档次之高低，进而估量自己送的红包有没有希望吃回来。而红烧大虾也确实能增添一些喜庆色彩，它色泽红润油亮，煞是好看。除了婚宴，红烧大虾还出现在比较重要的宴席上，如给贵客接风或公司庆典等。也许生活水平使然、也许习惯使然，不管何种场合，大家总要对刚刚进肚的大虾品评一番，包括大虾个头、肥瘦、新鲜度以及大概的市场价格，好像在比谁吃过的大虾多。而品评是吃过之后的事，之前一般都很少说话，进食时甚至屏气息声，唯听细细的咀嚼声，气氛严肃而暗含敬畏。

［制作参谋］

制作原料：大对虾4对（约重1000克），白糖75克，鸡汤150克，醋、酱油各5克，精盐0.5克，味精1克，绍酒15克，葱2克，姜1.5克，熟猪油500克（约耗50克）。

制作方法：将对虾头部的沙包去掉，抽去虾肠，留皮，用清水洗净。葱、姜切成片。

炒锅内放猪油，在旺火上烧至八成热时放入对虾，炸至五成熟捞出。炒锅内留油 50 克，下葱、姜炸出香味，再放入鸡汤、白糖、醋、酱油、精盐、绍酒、味精及大虾，用微火㸆 5 分钟，取出大虾（捞出葱、姜不用）整齐地摆入盘内，然后将原汁浇在大虾上即成。

特点：色泽红润油亮、虾肉鲜嫩、滋味鲜美。

【四喜丸子】

[文化联结]

四喜丸子是鲁菜中经典的传统名菜之一。

在中国，每逢婚庆和重要节日等喜庆之事，宴席上往往以四喜丸子为首道菜肴，用其喜庆团圆的寓意给宴席增添欢乐和热烈的气氛。它不但能够给人带来欢愉融洽的感受，还表达了殷切祝福之意，使宾主尽欢，共享美好时刻、留下美好回忆。因此，四喜丸子可称得上是最受人们喜爱的吉祥菜肴。

据传，四喜丸子创制于唐朝年间。有一年朝廷开科考试，各地学子纷纷涌至京城，其中就有张九龄。结果出来了，衣着寒酸的张九龄居然中得头榜，大出人们意料之外。皇帝赏识其有才智，便将他招为驸马。当时正值张九龄家乡遭水灾，父母背井离乡、不知音信。举行婚礼那天，张九龄正巧得知父母的下落，便派人接至京城。喜上加喜，张九龄高兴之余便叫厨师烹制一道吉祥的菜肴，以示庆贺。菜端上来一看，是四个炸透蒸熟并浇以汤汁的大丸子。张九龄询问其意，聪明的厨师答道："此菜为'四圆'。一喜，老爷头榜题名；二喜，成家完婚；三喜，做了乘龙快婿；四喜，合家团圆。"张九龄听了哈哈大笑、连连称许，又说道："'四圆'不如'四喜'响亮好听，干脆叫它'四喜丸'吧。"自此以后，逢有结婚等重大喜庆之事，宴席上必备此菜。

后人对"四喜"还有不同的解释，有人把喜庆、吉祥、幸福、长寿称为人世四喜；而南宋文学家洪迈《容斋随笔》中的四喜诗"久旱逢甘霖，他乡遇故知，洞房花烛夜，金榜题名时"所言的四件喜事，更是尽人皆知，近千年来被普通百姓视为人生最大的理想。时至今日，它依然为人们津津乐道。

四喜丸子又称大肉圆、四喜圆子、四喜龙蛋、合家团结等，北方大部分地区都有此菜，无论城乡，凡有婚、寿等喜庆宴席，必以此菜为首道菜肴。以"四喜"为名的菜肴在中国还有很多，清代即有四喜蒸饺、四喜蝴蝶、四喜羊肉等菜肴。至近代，人们爱其吉祥含义，以"四喜"为名的菜肴更是林林总总，约有上百余种。

[制作参谋]

制作原料：猪肉馅500克、鸡蛋3个（约150克）、香油6克、精盐10克、酱油50克、料酒10克、味精5克、姜8克、水淀粉60克、高汤（或水）1公斤、植物油1公斤（实耗50克）。

制作方法：将肉馅放入盆内，加入鸡蛋、葱姜末少许，精盐8克，香油、清水少许，用手搅至上劲，待有粘性时把肉馅挤成40个丸子待用。

将鸡蛋加入水淀粉中调成较稠的蛋粉糊；将丸子挂好蛋粉糊后下锅炸至八成熟捞出放入10个小碗内，浇点高汤，加入酱油、精盐、料酒、味精、葱姜末，尝好味，上笼蒸15分钟即成。

特点：酥嫩鲜香、入口即化、色泽金黄。

制作关键：拌肉馅时不要加淀粉，炸丸子时要将蛋粉糊挂匀，火不要太旺、油不能热，以免将蛋粉糊炸糊，影响色泽。

【广饶肴驴肉】

[文化联结]

广饶肴驴肉是山东省东营市广饶县的地方名吃。

广饶位于黄河三角洲南部，在历史上为齐文化影响地，还曾出了一位著名人物孙武。现今，广饶还有孙子故园一处。广饶肴驴肉大约始于宋代，至今已有一千多年的历史。其实，广饶并不出产驴子，肴驴肉的原材料来自新疆、宁夏和内蒙古，大概就是和藏野驴差不多的毛驴吧。

相传：清同治年间，广饶县曾出了个武举名叫崔万庆，举荐兵部，肴驴肉也因此被带入京中，晋献于宫廷，从此广饶肴驴肉在北京大受欢迎。据说，康有为吃罢肴驴肉还曾题了一首诗："旅居就华骑驴郎，残羹冷炙豪门光；当年不知驴肉美，何事扣门却芬芳。"

［制作参谋］

肴驴肉是一道凉菜，工艺非常讲究，并且经营者轻易不会将方法授之于外人。据了解：肴驴肉是先将驴肉洗净切块，以肴驴肉的老汤佐以新水，将八角、丁香、草果、花椒、肉蔻、白芷等十数味调料封于布袋投入锅中，大火猛煮 4 个小时，并根据驴肉的肥瘦增减油料，肥则去油，瘦则加之，转小火焖 5 小时，驴肉便肴制成功。驴肉晾凉，吃前削薄片。成品香味馥郁、筋肉耐嚼，用来下酒再好不过。

【千层酥】

［文化联结］

山东名食"千层酥"又名"翻毛酥"。它呈蛋白颜色、凹心多层、酥香绵甜，令人百食不厌。

据传：早在春秋时代，燕国上将军乐毅率大军进攻齐国，并有秦、楚、燕、赵、韩五国协同作战。齐国势单力孤，短时间内便连续失去了七十多座城池，最后只剩下莒城和即墨一些地区。在国家生死存亡之际，齐国满朝文武力荐田单将军挂帅保国。他智勇双全，誓死守卫即墨。但乐毅围城已久，就是攻不进去。为此，田单巧使反间计，使人对燕昭王说："乐毅围城不攻，是想收买齐国民心，好自己日后当齐王。"昭王不信，狠狠训斥了进谗言的人，还狠责了五十大板，以示惩戒。不久，乐毅便接到昭王要封他为齐王的消息，感激不尽，更加紧了对齐国的进攻，但坚决表示不能接受加封齐王。

田单一计不成又生一计。就在燕昭王去世、燕惠王即位之际，他加紧了离间和挑拨活动。惠王听信心腹大臣骑进言，调乐毅回国另有封赏。乐毅知道内有蹊跷，怕回去遭陷害，便逃到赵国去了。骑接替他任燕国上将军，再次进攻即墨。田单为了表示与国家共存亡的决心，将自己的家人全部编入军队，和士兵一起守城，极大地鼓舞了士气。他还下令城里居民把祭祀先人的食品挂在屋檐上，以求祖宗保佑平安。此举引来成群结队的麻雀从城外飞进城里。燕国士兵以为飞鸟都去朝拜神灵，保护齐国老百姓，不免军心涣散，再也不愿拼死攻城了。田单又派人混入燕国兵营，散布齐国战俘最怕割鼻子示众的谣言。骑信以为真，反倒变本加厉地割齐国士兵鼻子去阵前羞辱……齐国守城军民见此情景，直恨得咬牙切齿，发誓要击败强敌以报仇雪恨。田单看到反攻时机快要成熟了，便把城中近千头黄牛集中起来，在牛身上披花被单、牛角上绑牢尖刀、牛尾拴好一束浸过油的茅草。另外选出五百勇士，个个戴上奇形怪状的鬼脸面具，悄悄埋伏在城头准备行动。

燕国上将军骑发出要田单投降的最后命令：如不投降便血洗即墨，一律斩尽杀绝。田单派人去燕军阵前，表示愿意按约定时间出城投降。骑大喜，以为大获全胜在望，更加轻敌和骄傲了。

到了受降时刻，燕国上将军及全体将士整装阵前，喜形于色。但见即墨城门大开，一声炮响后，五百鬼脸勇士和屁股着火的神牛一起冲了出来。在风力的鼓动之下，火牛受不住剧痛拼死闯入敌阵，燕国将士被冲杀得晕头转向。田单乘机指挥大军奋勇作战，连骑也被火牛践踏而死。齐兵大获全胜，燕军溃不成军。而田单又一鼓作气追击逃敌，很快就收复了被燕国攻占的全部领土。

为了庆祝田单巧布火牛阵的丰功伟绩，齐国百姓制作了一千个彩色"面牛"食品，既为犒劳胜利之师，也作祭奠亡牛之灵。这就是山东历史名点"翻毛酥"的来历。

今日山东"千层酥"与昔日"面牛"虽不一样，但是渊源同在。后来民间制作传统美食多有改进，造型变化更大，但是人们食用千层酥时仍会发现一层又一层的酥食、一圈又一圈的重叠，螺旋式地向中心红点渐进，似乎可以联想到当年千头火牛冲锋陷阵的情状。美食爱好者若一边品味吃食一边追溯历史典故，更富情趣。

[制作参谋]

制作原料：富强粉 500 克、熟猪油 1500 克、白糖 200 克、红食色素少许。

制作方法：将面粉过筛后，先把其中 250 克用 175 克猪油和成油酥面。再将余下的面粉中加入 25 克猪油和适量的水和成与油酥面软硬一致的水油面团。

将干油酥包入水油面内，捏拢收口，擀薄皮，折叠 3 层，再擀成

20 厘米长、13 厘米宽的面皮，再用刀切成长 20 厘米、宽 2 厘米的细长条。取一根卷在左手指上，卷齐，把卷尽后的头塞在底部中间，从手指上脱出坯子，将酥层向外翻出，上面翻平，即成酥层在四周、中间略凹的圆饼形。

将油锅架到火上，注入猪油烧热，将做好的生坯下入油锅去氽，开始油温要低（五六成热），待出层次后，逐步升高油温，氽熟捞出，沥净油，面上加糖色，轻轻压实、压平即可。

【德州扒鸡】

[文化联结]

"德州扒鸡"原名"德州五香脱骨扒鸡"，是山东德州的传统风味菜肴，最初是由德州德顺斋创制的，至今已有近百年的历史。在清朝光绪年间，该店用重 1000 克左右的壮嫩鸡，先经油炸至金黄色，然后加口蘑、上等酱油、丁香、砂

仁、草果、白芷、大茴香和饴糖等调料精制而成此菜肴。成菜色泽红润、肉质肥嫩、香气扑鼻、越嚼越香、味道鲜美，深受广大顾客欢迎，不久便闻名全国。现在许多南来北往的旅客经过德州都要慕名购买扒鸡品尝，各国来华参观旅游的外宾亦十分喜爱"德州扒鸡"。

[制作参谋]

制作原料：鸡 1 只（重 1000 克左右），口蘑、姜各 5 克，酱油 150 克，精盐 25 克，花生油 1500 克（约耗 100 克），五香料 5 克（由丁香、砂仁、草果、白芷、大茴香组成），饴糖少许。

制作方法：活鸡宰杀退毛，除去内脏，清水洗净。将鸡的左翅自脖下刀口插入，使翅尖由嘴内侧伸出，别在鸡背上；将鸡的右翅也别在鸡背上。再把腿骨用刀背轻轻砸断并起交叉，将两爪塞入腹内，晾干水分。

饴糖加清水 50 克调匀，均匀地抹在鸡身上。炒锅加油烧至八成热时，将鸡放入炸至呈金黄色，捞出沥油。

锅上旺火，加清水（以淹没鸡为度），放入炸好的鸡和五香料包、生姜、精盐、口蘑、酱油，烧沸后撇去浮沫，移微火上焖煮半小时，至鸡酥烂即可。捞鸡时注意保持鸡皮不破、整鸡不碎。

特点：色泽红润、鸡皮光亮、肉质肥嫩、香气扑鼻、滋味鲜美。

提示：要选用鲜活嫩鸡，一般用 1000—1250 克左右重的鸡，过大过小均不适宜。烹制时油炸不要过老。加调味入锅焖烧时，旺火烧沸后，即用微火焖酥，这样可使鸡更加入味，忌用旺火急煮。

【坛子肉】

[文化联结]

"坛子肉"是济南名菜，始于清代。据传：首先创制该菜的是济南凤集楼饭店。大约在 100 多年前，该店厨师用猪肋条肉加调味和香料，放入瓷坛中慢火煨煮而成，色泽红润、汤浓肉烂、肥而不腻、口味清香，人们食后感到非常适口，该菜由此著名。因肉用瓷坛炖成，故名"坛子肉"。山东地区使用瓷坛制肉在清代就很盛行，清代袁枚所著的《随园食单》中就有"瓷坛装肉，放砻糠中慢煨，方法与前同（指干锅蒸肉），总须封口"的记载。20 世纪 30 年代，济南凤集楼饭店关闭后，该店厨师转到文升园饭店继续制售此菜并流传开来，是济南著名的一款传统名菜。

[制作参谋]

制作原料：猪硬肋肉 500 克，冰糖 15 克，肉桂 5 克，葱、姜各 10 克，酱油 100 克。

制作方法：将猪肋肉洗净，切成 2 厘米见方的块，入开水锅焯 5 分钟捞出，清水洗净。葱切成 3.5 厘米长的段。姜切成片。

将肉块放入瓷坛内，加酱油、冰糖、肉桂、葱、姜、水（以浸没肉块为度），用盘子将坛口盖好，在中火上烧开后移至微火上煨约 3 小时，至汤浓肉烂即成。

特点：色泽深红、肉烂汤浓、肥而不腻、鲜美可口。

提示：原料选细皮白猪肉为宜，切勿用皮厚肉老的母猪肉。重用文火加盖煨酥，保持原汁原味。

第三节　饮食物语——中国古代食典

食典是饮食烹饪发展到一定阶段的产物，它不但记载了饮食文化的发展，还揭示了饮食文化的内涵，更是饮食烹饪理论的总结。中国历代都有关于饮食的典籍诞生，记载了原料、调料、食谱、宴席、烹饪技艺、营养、饮食风俗等丰富的内容，以下便是几部颇具影响的饮食典籍：

一、《食经》

作者崔浩，字伯渊，北魏清河东武城（今山东武城西）人。北魏太武帝初拜博士祭酒，赐爵武城子，历太常卿、侍中、特进抚军大将军、左光禄大夫、司徒。太平真君十一年（公元 450 年）六月被诛。

据《隋志》医方家记载：《崔氏食经》四卷。《旧唐书》载：《食经》九卷，崔浩撰。《新唐书》同《通志力》载：《崔氏食经》四卷，崔浩撰。实际上，以上这些名为崔浩所撰的《食经》并非崔浩所写。据《魏书·崔浩传》所收崔浩写的《食经叙》称：崔母卢氏及崔的其他女性长辈，"所修妇功，无不蕴习酒食。朝夕养舅姑，四时祭祀，虽有功力，不任僮使，常手自亲焉"。后来，崔母"虑久废志，后生无所见，而少不习业书，乃占授为九篇，文辞约举，婉而成章"，崔浩也就"故序遗文，垂示来世"。可见著名的崔浩《食经》，实际是崔母卢氏"口授"而成。此外，既然卢氏的"遗文"为"九篇"，而一些史书记为崔浩《食经》九卷，看来乃是改篇为卷。至于有些史书题为四卷，估计是做了合并。遗憾的是：由于历史的变迁，崔浩《食经》已佚。但是，在《齐民要术》《北堂书钞》《太平御览》及王祯《农书》等书中均收录有未署作者姓名的《食经》，内容有四十多条（少数重复），涉及食物储藏及肴馔制作，如"藏梅法""藏干栗法""藏柿法""作白醪酒法""七月七日作法酒方""作麦酱法""作大豆千岁苦酒法""作豉法""作芥酱法""作蒲鲊法""作芋子酸臛法""莼羹""蒸熊法""贩鲜法""白菹""作跳丸炙法""作犬臊法""作饼酵法""作面饭法""作煸法"等，内容相当丰富。有学者认为：这些《食经》之佚文，极可能源自崔浩的《食经》，对此尚有待于进一步证实。

二、《齐民要术》

作者贾思勰，山东益都（今寿光）人，曾任北魏高阳郡（在今山东淄博市临淄西北）太守。

《齐民要术》是一部世界上最古老而保存最完整的农学巨著。它虽属农书，但内容中讲到"起自耕农，终于醯醢，资生之业，靡不毕书"。亦即是说：农耕是手段，最终把农产品制造成食品才是目的，方可以使"齐民"（平民）获得"资生"之术。因此，对《齐民要术》既要从农业科技的角度去研究，又要从饮食烹饪方面去探索。

总之，从饮食烹饪的角度看，《齐民要术》堪称我国古代的烹饪百科全书，价值极高，主要表现在：

第一，《齐民要术》共九十二篇，其中涉及饮食烹饪的内容占二十五篇，包括造曲、酿酒、制盐、做酱、造酢（醋）、做豆豉、做菹、做乍、做脯腊、做乳酪、做菜肴和点心等。列举的食品、菜点品种约达三百种。在汉魏南北朝时期的饮食烹饪著作基本亡佚的情况下，《齐民要术》中的这些食品、菜点资料就显得更加珍贵了。

第二，《齐民要术》中的食品、菜点制法有着较高的科技水平和工艺水平。如书中记载由曹操所献的"九酝酒法"，其连续投料的酿造方法开创了霉菌深层培养法之先河。它可以提高酒的酒精浓度，在我国酿酒史上具有重要意义。书中讲造乳酪强调必须严格控制温度，这也和现代科学原理相吻合。至于菜肴的烹饪方法，则多达二十多种，有酱、腌、糟、醉、蒸、煮、煎、炸、炙、烩、绿（有学者以为是熘）等。特别是"炒"，这种旺火速成的方法当时已明确在做菜中应用，其意义十分重大。另外，书中详细记录的两种面点发酵法，在我国西点史上也占有重要一页。

第三，《齐民要术》反映了我国广大地区，特别是黄河中下游地区的汉族和少数民族人民的饮食风习。如黄河流域的人喜食鱼，沿海地区的人喜食"炙蛎"，少数民族人喜食"胡炮肉"、"羌煮"（一种煮鹿头肉）、"灌肠"，吴地人喜食腌鸭蛋、莼羹，四川人喜食腌芹菜等等。此外，夏至食粽亦在长江中下游地区形成习俗，而素食也已独树一帜，在《齐民要术》中有专节记述。还值得重视的是，书中记载了细如韭叶的面食"水引"的详细制法，日本等国的学者认为这"水引"正是全世界面条的肇始。

三、《艺文类聚·食物部》

作者欧阳询和裴矩、陈叔达等。这是作者于唐代武德七年（公元624年）奉唐高祖令同修的一部大型类书。该书共一百卷，分七十四部，每部又分子目，共七百四十余类。其中《食物部》属该书第七十二卷，分食、饼、肉、脯、酱、乍、酪苏、米、酒等部分。每一部分先释名记事，然后标出所引古书的书名，再摘录有关的诗文等。该书实即唐以前有关饮食资料的汇编，类似工具书。

《食物部》中的《饼》类，先引《汉书》《三辅旧事》《三辅决录》中关于饼的三段文字，然后摘录《饼赋》《饼说》中的文字，使人对饼的起源、发展状况有一大致了解。再如《酪苏（即酥）》类，先引《释名》文字，对"酪"做解释，然后引《汉武内传》等五部书中关于"酪、苏"的故事，继而摘抄南朝梁沈约《谢司徒赐北苏启》中的一段文字，从而使人对"酪、苏"有了较为清楚的认识。

除《食物部》外，《艺文类聚》中的《杂器物部》《药香草部》《百谷部》《果部》《鸡部》《兽部》以及《鳞介部》中涉及到的饮食工具、器皿、原料、调料，也值得参考。

四、《太平广记·食》

作者李方、扈蒙、李穆等。李方等奉宋太宗之命广泛采用自汉晋到北宋初的小说、笔记、野史等书中的故事，按内容分为九十二类，附一百五十多个小类，汇编成册。

《食（能食菲食附）》载该书卷第二百三十四，其中《食》收有吴馔、御厨、五侯鲭等十一条；《能食》收有范迁等三条；《菲食》收有茅容等三条。它们分别记述了古代的一些饮食故事，有些颇具史料价值。如"吴馔"中的"金齑玉脍"，"御厨"中的"九钉牙盘""浑羊殁忽"以及"追子手"等，均对考证隋唐时期的一些食品大有帮助。

五、《饮膳正要》

作者忽思慧，亦作和思辉，回族人，或说是蒙古族人，很难定论。他曾任元仁宗宫中的饮膳太医，并于任职期间结合自己的实践，参阅诸家本草、名医方术、民间饮食，终于在元至顺元年（公元1330年）写出了《饮膳正要》。

《饮膳正要》共三卷：第一卷分"养生避忌""妊娠食忌""饮酒避忌""聚珍异馔"等六部分；第二卷分"诸般汤煎""神仙服食""食疗诸病""食物利害""食物相反""食物中毒"等十一部分；第三卷分"米谷品""兽品""鱼品""果品""菜品""料物性味"等七部分。该书内容十分丰富、特点相当明显。

第一，理论联系实际，广收食疗单方。忽思慧认为，人的"保养之道"重在"摄生"和"养性"。"摄生"要"薄滋味，省思虑，节嗜欲，戒喜怒，惜元气……"而"养性"则要"充饥而食，食勿令饱，先渴而饮，饮勿令过……"类似论述，书中还有很多，均是古人养生食疗方面经验的总结。更重要的是，作者没有停留在理论的阐述上。在书中，他收录了近250种汤饮、面点、菜肴方面的食疗方。如用羊肉、草果、官桂、回回豆子制作的具有"补气、温中、顺气"作用的"马思答吉汤"；用鹿腰、豆豉等制作的"治肾虚耳聋"的"鹿肾羹"；传说曾治愈唐太宗痢疾的"牛奶于煎荜拨法"；补中益气的"经带面"；治心气惊悸、郁结不乐的"炙羊心"等，实用性很强。

第二，对民族饮食交融的研究有较高的史料价值。本书收录了上百种回、蒙、汉等民族的菜点，如在"聚珍异馔"中收有"春盘面"。立着吃"春盘"原是汉族的习俗。春盘多由薄饼、生菜组成，而在此书中"春盘面"已改由面条、羊肉、羊肚肺、鸡蛋煎饼、生姜、蘑菇、蓼芽、胭脂等十多种原料构成，由此可以看出春盘在少数民族中间的变化和发展。书中一些少数民族的肴馔制法颇为独特，如"以酥油和水和面，包水札（一种水鸟），入炉内烤熟"的"烧（即烤）水札"；将羊放在地坑中烤熟的"柳蒸羊"，均能给人以启发。此外，如"豉儿签子""带花羊头""芙蓉鸡""三下锅""盏蒸""水龙其子""秃秃麻食""水晶角儿"……也富民族特色。

第三，为饮食文化积累了重要资料。如"回回豆子""赤赤哈纳"等原料均由本书第一次收录。而新疆产的"哈昔泥"、来自西番的"咱夫兰"等，也是在其他书中所罕见的。更为重要的是，该书卷三中记有"阿刺吉酒"："味甘辣，大热，有大毒。主消冷坚积，去寒气。用好酒蒸熬取露，成阿刺吉。"这是关于我国烧酒——蒸馏酒——迄今已知的最早的文字记载，对于研究中国酒史具有重要的参考价值。

六、《食品集》

作者吴禄，明代人，曾任吴江县医官。

《食品集》分上下两卷，有谷部、果部、菜部、兽部、禽部、虫鱼部、水部，以及附录五味所补、五味所伤、五味所走、五脏所禁、五脏所忌、五脏所宜，五谷以养五脏，五果以助五脏，五畜以益五脏，五菜以充五脏，食物相反，服食忌食、妊娠忌食，诸禽毒、诸兽毒、诸鸟毒、诸鱼毒、诸果毒，解诸毒等。

书中正文部分计收动植物原料350种，每种原料都介绍其性味及疗效。如"白豆"："味甘平无毒。主调中，暖胃，助经脉。肾病宜食。"再如"松子"："味甘温无毒。治诸风头眩，散水气，润五脏，延年不饥。香美。多食发热毒。"附录部分主要谈饮食宜忌及解毒法。如"食物相反"中说"小豆不可与鲤鱼同食""大豆不可与猪肉同食"等。"解诸毒"中说"河豚毒以芦苇、扁豆汁解之"，"鳖毒以黄蓍、吴盐煎汤服解之"等。总的来说，《食品集》中新的发现不多，其内容大抵从前人的饮食、本草著作中辑出。

第四章
川　菜

第一节　川菜文化溯源

　　具有浓郁地方特色的川菜，是中国八大菜系之一，主要包括重庆、成都、川北及川南的地方风味名特菜肴。

　　川菜历史悠久，秦汉时已经发端。公元前 3 世纪末叶，秦始皇统一中国后，大量中原移民将烹饪技艺带入巴蜀，原有的巴蜀民间佳肴和饮食习俗精华与之融汇，逐步形成了一套独特的川菜烹饪技术。时至唐宋，川菜已发展成为中国独具特色的一大菜系。到了清代，辣椒传入中国，川菜味型增加、菜品愈加丰富、烹调技艺日臻完善。抗战时期，各大菜系名厨大师云集"陪都"重庆，更使川菜得以博采众长、兼收并蓄，从而达到炉火纯青的境地。

　　因此作为一种文化现象，川菜的底蕴极为深厚。历代名人名作在涉及巴蜀风物人情时，往往都离不了饮食。东晋常璩的《华阳国志》将巴蜀饮食归结为"尚滋味""好辛香"。唐代杜甫则以"蜀酒浓无敌，江鱼美可求"的诗句来高度概括、赞美巴蜀美酒佳肴。抗战时期，著名人士郭沫若、阳翰笙、陈白尘、戈宝权、凤子等常聚于通远门附近小巷中的一家小餐馆里，品尝"五香牛肉""清炖牛肉""油炸牛肉""水晶包子"等川菜川点。郭沫若还乘兴为小餐馆题写"星临轩"招牌，留下了一段名人与川菜的佳话。

　　川菜用料广泛，味多而深浓，以麻辣味最为特色，所以其最大的特点就在于调味，味型多样、变化精妙。川菜烹调多用辣椒、胡椒、花椒、豆瓣酱、醋和糖等调味，调味品不同的配比，化出了鱼香、荔枝、麻辣、椒麻、怪味等各种味型的川菜，道道无不厚实醇浓。

　　俗话说一地有一味，一菜有百味，任何一种菜品的形成都会经历一个漫长的发展过程，川菜自然也不例外。原料的选择和变化、制作的精细及偶然的灵感、外来手艺的借鉴应用与改造提高、调料的重新搭配与生产，都对川菜产生了重大影响。其道道佳肴与风味和原料的独特均有关系，再加上各地同样独特的调味品，如郫县豆瓣、关中保宁醋、犀浦酱油、蒲江豆腐乳、新繁泡菜、汉源花椒等，匠心独到之外再加上各种巧合，无不使川菜的味道调和到最佳。因而，川菜以它独具特色的魅力为大多数世人所青睐。

从烹制方法上来讲，川菜有煎、炒、炸、爆、熘、煸、炝、烘、烤、炖、烧、煮、烩、焖、氽、烫、煨、蒸、卤、冲、拌、渍、泡、冻、生煎、小炒、干煸、干烧、鲜熘、酥炸、软、旱蒸、油淋、糟醉、炸收、锅贴等近40种之多。

从调味上来讲，川菜自古讲究"五味调和""以味为本"。其味型之多，可谓居各大菜系之首，共计24种味型，分为三大类：

第一类为麻辣类味型，有麻辣味、红油味、酸辣味、椒麻味、家常味、荔枝辣香味、鱼香味、陈皮味、怪味等。其中鱼香、陈皮、怪味是川菜独有的味型，烹调难度大，集咸、甜、酸、辣、鲜、香于一菜，十多种调味比例适中、相得益彰。其菜品有：怪味鸡丝、怪味兔丁、鱼香肉丝、鱼香虾仁、鱼香腰花、鱼香八炸鸡、陈皮牛肉、陈皮鸡、麻婆豆腐、水煮牛肉、宫保鸡丁、宫保鲜贝、回锅肉、盐煎肉、太白鸭等。

第二类为辛香类味型，有蒜泥味、姜汁味、芥末味、麻酱味、烟香味、酱香味、五香味、糟香味等。具有代表性的菜品有：樟茶鸭子、烟熏排骨、麻酱凤尾、五香熏鱼、酱爆羊肉、葱油鱼条、姜汁热窝鸡、香糟肉等。

第三类为咸鲜酸甜类味型，有咸鲜味、豉汁味、茄汁味、醇甜味、荔枝味、糖醋味等。这一类味型使用较广、菜品极多，有代表性的如一品宫燕、干烧鱼翅、白汁鲍鱼、荷花鱼肚、开水白菜、芙蓉鸡片、鸡豆花、锅巴肉片、白油肚条、八宝鸭、盐水鸭脯、蜜汁瓤藕、核桃泥等。

第二节　撷粹漫品——川菜纵览

川菜发祥地为巴、蜀二地，其调味多变，素有"百菜百味"之说，重油重味，尤以麻辣味见长。现在，川菜以成都、重庆两地菜肴为代表。抗战八年，大家都聚处南都，男女老幼，渐嗜麻辣，一旦成瘾，非有辣味不能健饭，现在川菜风行，乃是时势所造。那么，川菜好在何处？一般来说，它的特点是：油而不腻、鲜而不腥；强而不烈、威而不猛；醇厚中见刺激、刺激中见醇厚。吃起来不仅有余味，更是回味无穷。川菜在口味上特别讲究色、香、味、形，兼有南北之长，以味的多、广、厚著称。川菜历来有"七味"（甜、酸、麻、辣、苦、香、咸），"八滋"（干烧、酸辣、鱼香、干煸、怪味、椒麻、红油）之说。其主要名菜有：宫保鸡丁、麻婆豆腐、灯影牛肉、樟茶鸭子、毛肚火锅、鱼香肉丝等300多种。

【东坡墨鱼】

[文化联接]

"东坡墨鱼"又名"糖醋东坡墨鱼"，是用新鲜墨鱼为主料制作而成，系四川名菜。

在四川乐山大佛寺陵云岩下的岷江生活着一种黑皮鱼，人们称之为"墨鱼"。传说：在很早的时候，这种鱼并非全身都为黑色，只有头部是黑色的，叫作"墨头鱼"。后因宋代诗人苏东坡在此读书，常去陵云岩下江中洗砚涮笔，这种鱼常游近陵云岩并吞下了水中墨汁，久而久之，鱼皮也变成了墨色，于是便有了墨鱼之称。这种墨鱼嘴小、身长，肉质肥厚细腻。后来，人们又将用墨鱼制作的菜肴称之为"东坡墨鱼"。

[制作参谋]

制作原料：新鲜墨鱼1尾（750克），葱花15克，葱白10克，姜末、蒜末各5克，豆瓣50克，泡红辣椒1根，醋40克，绍酒10克，干淀粉50克，湿淀粉50克，白糖20克，盐2克，酱油25克，肉汤250克，猪油25克，菜油1500克（耗50克）。

制作方法：将收拾干净的墨鱼对剖，头背相连，剔去脊骨，再在鱼身两面用刀划些均匀花纹，用盐和绍酒抹遍鱼的全身，浸渍10分钟使之入味。将葱白洗净切成5厘米长的小段，再顺切成丝，放入清水中漂一下。豆瓣剁细，泡辣椒切成细丝。

将炒锅置于旺火上，下熟菜油烧至七成热时，将鱼全身蘸上干淀粉，手提鱼尾，用勺舀油淋在鱼身刀口处，待鱼肉翻卷后将鱼腹贴锅放进油中，炸成黄色捞出。

将炒锅置于旺火上，放入25克油，并加入豆瓣、姜、蒜炒出香味来，再加入肉汤、白糖、酱油等烧沸，用湿淀粉勾芡，撒上葱花，然后烹入醋，起锅淋在鱼上，撒上葱白、泡辣椒即可食用。

特点：皮酥肉嫩、味道香辣、色泽鲜明。

【麻婆豆腐】

[文化联接]

麻婆豆腐用豆腐为主料制作而成，是四川名菜。

相传：在清朝同治年间，四川成都北门外的郊区有个叫万福桥的集市。每天早晨，客商们都云集在这里进行贸易。有一个叫陈盛德的人与他的妻子在这个集市里以卖便饭和茶水为生，因他妻子的脸上星星点点地有几颗麻子，人们便习惯地称她麻婆。麻婆做得一手好菜，特别是她做的豆腐远近闻名。后来，她在这个集市附近专门开了家豆腐店。那里时常有不少挑油工路经此地，便在麻婆的店里用餐。时间一长，麻婆就用他们油篓中的剩油炒制牛肉粘子（牛肉沫），并与豆腐、豆豉茸、豆瓣酱、干辣椒面合烹，然后撒下些花椒面，味道特别鲜美，十分受欢迎。后来，人们与卖豆腐的人混熟了，就称之为"麻婆豆腐"。至清光绪年间，《成都通览》中将陈麻婆开的豆腐店定为名店，定麻婆豆腐为名菜。"麻婆豆腐"一直相传至今，已成为家喻户晓、享誉国内外的名肴，但仍以四川陈氏麻婆豆腐最为正宗。现在，国内外的川菜馆都以经营此菜来招揽顾客。据说：近年来，日本有家食品公司还将麻婆豆腐制成罐头远销世界各地。

[制作参谋]

制作原料：嫩豆腐600克，牛肉（或猪五花肉）75克，辣椒面15

克，花椒面、青蒜苗各 20 克，豆豉 5 克，豆瓣、酱油各 10 克，盐 4 克，味精 1 克，湿淀粉 15 克，姜粒、蒜粒各 10 克，鸡汤 300 克，料汤 5 克。

制作方法：将豆腐切成 1.5 厘米的小方丁块，放入沸水内加盐 2 克浸泡片刻后沥干水。牛肉剁成末，豆瓣剁细。炒锅放在中火上，放入熟菜油烧至六成热后，放入牛肉煸炒至酥香，接着放入豆瓣炒出香味，下姜蒜粒炒香，再放入剁茸的豆豉炒匀，下辣椒粉炒至红色，掺肉汤烧沸，再下豆腐用小火烧至冒大泡时，加入味精推转，用湿淀粉勾芡，使豆腐收汁上芡亮油，最后下蒜苗段，起锅加入花椒粉即成。

特点：色泽淡黄，豆腐嫩白而有光泽。有人用"麻、辣、烫、鲜、嫩、香、酥"7 个字来形容这道菜，颇为形象地概括了它的特点。

提示：制作时豆腐宜选用细嫩清香的"石膏豆腐"，辣椒面以红辣椒为最佳，牛肉以黄牛肉为最佳，制作麻婆豆腐有四字要诀：即"麻、辣、烫、捆（形整的意思）"。

【剑门豆腐】

[文化联接]

该菜用四川剑门豆腐精制而成，是四川名菜。

传说：三国时期，诸葛亮率军入蜀，途经剑门，军中有许多安徽、湖北、河南籍的士兵擅长做豆腐，他们就将这一工艺在此传了下来。剑门地区虽土薄田少，但水质纯净，种出的豆子颗粒大、出浆多。当年唐玄宗入蜀途经剑门，因身体疲劳，又思贵妃，寝不安、食无味，人们便给他端来一碗剑门豆腐。他顿时胃口大开，一时兴起便将这儿的特产黄豆封为"皇豆"。剑门镇现有的"豆腐一条街"有 30 多家饭店，家家店堂都摆着白白嫩嫩的豆腐和表皮金黄的豆腐干。人们常说，"豆腐压倒剑门关"，慕名而来品尝剑门豆腐的游人总是络绎不绝。

[制作参谋]

制作原料：嫩豆腐 200 克、猪肥膘肉 75 克、鸡脯肉 200 克、豌豆荚 10 根、盐 4 克、味精 1 克、胡椒 1 克、姜 5 克、葱 10 克、清汤 1000 克、猪油 10 克。

制作方法：将豆腐制茸，用纱布挼干水分。鸡脯肉、猪肉分别制成茸，与豆腐茸一起放入盆内，加入胡椒、盐、味精、姜汁、葱汁搅匀后加鸡蛋清制成糁。

将扇形、蝶形模具内抹一层猪油，分别制出 10 个扇形、2 个蝴蝶形豆腐糁，并在上面分别嵌入 10 种不同的花卉图样，上笼蒸熟。

将清汤入锅烧沸，下豌豆荚烫熟，舀上汤盆内，再将豆腐糁滑入汤内。

特点：色彩均匀美观、汤汁清澈、质地细嫩、味道鲜美。

【薛涛香干】

[文化联接]

薛涛香干为豆制品，是最早在四川地区流行的一种美味食品。

薛涛是唐代女诗人，陕西长安人，幼年随父亲来到蜀国（今四川），居住在成都浣纱溪畔。她精通琴棋书画，善于吟诗作赋，还常用家中的井水制作小笺写诗馈赠蜀中友人，其诗留世较多，称"薛涛笺"，她家中的井也被誉为"薛涛井"。薛涛故居旁边曾住着一位姓石的生意人，是把做豆腐的好手，手艺高超。他用薛涛井水浸泡黄豆制作豆腐干，并用鸡汤、八角、花椒、辣椒等制作卤水烧煮豆腐干，取名"全鸡薛涛香干"。为使这种香干更加美味，他又用牛肉浓汤，加入八角、桂皮、山茶、花椒、生姜一起合煮，起锅后加入黄酒、香油，然后缓慢风干即成香气扑鼻、味道鲜美的"薛涛香干"。

[制作参谋]

制作原料：白豆腐 1000 克、鸡汤（或牛肉汁）1000 毫升、精盐 10 克、八角 5 粒、花椒 10 克、辣椒 5 克、桂皮 10 克、生姜片 20 克、香油 50 毫升、黄酒 50 毫升。

制作方法：把八角、花椒、辣椒、桂皮、姜片泡入清水中，入煮锅煮成卤汁。把豆腐切成 2 厘米厚、6 厘米见方的方块，放入卤汁中煮成脱水豆腐干。

将鸡汤倒入另一锅中，烧沸，将豆腐干捞入，煮到汤浓时加盐、黄酒、香油上味，起锅自然风干即成。

特点：颜色金黄、味道鲜美、香气扑鼻。

【宫保鸡丁】

[文化联接]

宫保鸡丁又叫宫爆鸡丁，用白嫩的仔鸡脯肉和花生制作而成，是以急火爆炒而成的一味具有悠久历史的四川名菜。

相传此菜是因清末四川总督丁宝桢首创和他喜爱吃此菜而得名，始于清同治、光绪年间。丁宝桢原籍贵州平远（今贵州积金），是清咸丰三年（公元1853年）进士，历任山东巡抚、四川总督。清朝总督是地方的最高长官，对总督的尊称叫"宫保"，所以这道菜被称为"宫保鸡丁"。丁宝桢对烹调十分讲究，在山东为官期间曾调用厨师达数十名。他常告诉家厨：做菜要精细，不能落俗套。有一次丁宝桢回家乡省亲，亲朋好友为其洗尘接风，做了些菜招待他。其中有一道嫩青椒炒鸡丁颇受丁宝桢的喜爱，便问这菜的名称。有人为了讨好他便说：此菜专为宫保大人所作，当以"宫保鸡"命名。丁宝桢甚喜，连连点头称是。自此"宫保鸡丁"这道菜便开始流传开来。

另一说法是丁宝桢任四川总督时，每逢有家宴，必上自己做的肉嫩味美的花生炒鸡丁款待客人，很受客人们的欢迎和赞赏。以后，人们便将丁宫保家的这道特色菜称为"宫保鸡丁"。不久，这道菜便进入清宫，成为宫廷菜系中的一道佳肴，并很快成为广大民众百食不厌的珍馐佳肴，后经厨师们的不断改进创新，至今已成为享誉全国的名菜。

[制作参谋]

制作原料：仔鸡脯肉400克，花生仁100克，香油750克（耗100克），料酒10克，盐2克，白糖5克，味精1克，醋2克，豆瓣酱30克，蒜泥5克，干辣椒0.5克，葱、姜各5克，鸡蛋2个（取蛋清），淀粉20克，酱油2克，花椒0.1克。

制作方法：将嫩鸡肉切成鸡丁，用酱油、盐、蛋清抓匀。酱油、盐、醋、淀粉、鸡汤调制成汁起锅。

花生炒熟，去皮。锅中放油，烧热后放入辣椒、花椒，随后下鸡丁炒散，再加入葱、姜、蒜、料酒炒一下，再倒入调汁炒匀，倒入炒脆的花生米，翻炒数下即可。

特点：色泽棕红、口味鲜美、肉质细嫩、辣香甜酸、滑嫩爽口、油而不腻、辣而不燥。

【灯影牛肉】

［文化联接］

灯影牛肉是以牛肉为主料制作的菜肴，系四川名菜。

传说：有一次，唐代著名的诗人元稹偶然来到达县一酒家小饮。店主端来的下酒菜中有一种牛肉片，色泽红润发亮，看上去十分悦目。元稹尝了尝，觉得味道好极了：麻辣鲜香、酥脆柔软，吃后使人回味无穷。更使他惊奇的是：牛肉片薄如纸、晶亮透明，用筷子夹起来在灯光下一照，丝丝纹理可在墙壁上映出清晰的影子来。他顿时想起了当时京城里盛行的"灯影戏"（即皮影戏），当即就称这道菜为"灯影牛肉"。此后，达县这种牛肉片就以"灯影牛肉"这一名称四处传开，并成为一道名菜。

据史书记载：清光绪年间，达县城关大西街上有一家酒店店主名叫刘光平，他所制作的灯影牛肉最为有名。1935年，这家酒店制作的"灯影牛肉"作为地方特产被送到成都青羊花会展出，并被评为甲级食品，由此，"灯影牛肉"便成为四川著名的地方风味特产之一。

［制作参谋］

制作原料：精黄牛肉500克，盐、花椒粉各5克，辣椒粉10克，绍酒50克，五香粉2克，味精1克，姜15克，香油5克，熟菜籽油600克（耗用90克）。

制作方法：选用牛后腿上的腱子肉，用刀片去浮皮，修净污处，切去边角，将其切成厚薄均匀的大片。

将牛肉片放在菜板上铺平，均匀地撒上炒干水分的盐，裹成圆筒状，晾至牛肉呈鲜红色（夏天晾14个小时，冬天晾4天）。

将晾好的牛肉散开，平铺在钢丝架上放入烘炉内，用木炭火烘干，然后上笼蒸 30 分钟取出，趁热切成 4 厘米长、3 厘米宽的小片，再入笼蒸 1 小时。炒锅置于旺火上，下熟菜油烧至七成热时，放姜炸透，沥去多余的油，放入蒸好的牛肉，烹入绍酒拌匀，再加入辣椒粉、花椒粉、白糖、味精、五香粉，颠翻均匀，起锅晾凉，淋上香油即成。

特点：肉片薄如纸、色红润发亮、质地柔韧、麻辣鲜香、回味悠长。

【夫妻肺片】

[文化联接]

夫妻肺片以牛肉为主料，配以肺、心、舌等制作而成，是四川成都妇孺皆知的美食。

早在清朝末年，成都街头巷尾便有许多挑担、提篮叫卖凉拌肺片的小贩。此菜用牛杂碎和边角料，特别是牛肺制成，成本低，经精细加工、卤煮后切成片，佐以酱油、红油、辣椒、花椒面、芝麻面等拌食，风味别致、价廉物美，特别受到拉黄包车的脚夫和穷苦学生们的喜爱。20 世纪 30 年代，四川成都有一对摆小摊的夫妇，男人叫郭朝华，女人叫张田政。他们制作的凉拌肺片精细讲究、颜色金红发亮、麻辣鲜香、风味独特，加之他们夫妇俩配合默契，一个制作，一个叫卖，小生意做得红红火火，一时顾客云集、供不应求。那些常来品尝他们夫妻制作肺片的顽皮学生用纸条写上"夫妻肺片"字样，悄悄贴在他夫妻俩的背上或小担上，也有人大声吆喝，"夫妻肺片，夫妻肺片……"一天，有位客商品尝过郭氏夫妻制作的肺片后赞叹不已，送上一副金字牌匾，上书"夫妻肺片"四个大字，从此"夫妻肺片"这一小吃就更有名了。

为了适应顾客的口味和需求，夫妻二人在用料和制作方法上不断改进与提高，并逐步使用牛肉、羊杂代替牛肺。虽然后来菜中没有牛肺了，但人们依然喜欢用夫妻肺片这个名字来称这道菜，所以一直沿用至今。

[制作参谋]

制作原料：牛肺 1 挂，牛心、牛舌各 5 个，牛肚 500 克，牛百叶1000 克，牛头皮 1000 克，牛肉 5 千克，花生仁 250 克，芝麻仁 150 克，葱头 250 克，八角 10 克，肉桂 15 克，花椒 25 克，硝少许，食盐 250 克，醪糟汁 150 毫升，红腐乳汁 100 克，胡椒粉 25 克，酱油 500 毫升，味精

10 克，生石灰 250 克，红椒油 50
毫升，豆豉 50 克，花椒粉
150 克。

制作方法：牛肉洗净血水，
切成 250 克重的大块，用硝水
100 毫升（浓度 0.5%）、食盐
100 克、花椒粉 50 克、八角 10
克、肉桂 15 克腌渍后，放入煮
锅加清水（淹没过肉块为准），
煮沸，加入盐、香料袋（内装花椒 15 克、八角 10 克、肉桂 15 克）、醪
糟汁、红腐乳汁、葱头 1 个，改为中火（保持锅中小开）煮至肉酥，
捞起。将煮肉的卤汁加酱油、胡椒粉、味精等调味料即成卤料。

将 250 克生石灰加入 500 毫升清水，溶解成石灰水。把一个牛的千
层肚先用清水冲洗掉粪便，加入石灰水，揉搓，揉掉粗皮，再浸入清水
中，用刀刮去余皮，用清水冲净浸泡 20 分钟，即成白净百叶，后放入
锅内煮沸，15 分钟后捞出。牛肚也用石灰水清洗，入沸水中烫后撕去
皮膜，再回锅中煮熟（约 60 分钟）捞起晾凉。

将牛头皮燎去毛，加入沸水中煮烫 10 分钟，捞起刮去外层角质皮，
放入卤汁老汤中，用旺火煮沸，改用小火煨煮至熟烂。

牛肺、牛心分别用刀剖开，用清水洗净血污，放入卤汁中煮
至熟烂。

牛舌洗净后，入沸水中煮后刮去外层粗皮，投入卤汁中同牛心、肺
同煮至熟。

把花生仁、芝麻仁分别炒熟，碾成小粒和粉状，把豆豉、酱油入锅
煮（加少许水），倒入卤中。将卤煮好的牛肉、杂碎等物改刀，分别装
碗，配上洋葱码，淋上卤汁、各种调料，撒上花生、芝麻调匀即成。

特点：色泽红亮、质地软嫩、麻辣鲜香。

【包罗万象】

[文化联接]

"包罗万象"是一种什锦包子的名称，系川菜中的名点。

相传：三国时期，刘备两次前往卧龙岗都未能见到诸葛亮，第三次一早就去叩大门，诸葛亮的门童说："先生正在睡觉。"刘备听后喜出望外，心想总算能见到诸葛亮了，便告诉门童等先生醒后再报。刘备一直等到掌灯时分，诸葛亮才把等了足足一天的他请进屋，并叫家厨备晚饭招待。吃饭时，刘备见席上只一稀一干，正纳闷呢，诸葛亮笑着对他说："刘皇叔，这稀的叫'闭门羹'，那干的叫作'包罗万象'，"又说："亮只愿在家耕种几亩薄田，不愿出山打理国事。"刘备听后，泣曰："先生不出，如苍生何？"说罢泪湿衣襟。诸葛亮见他心意甚诚，才说："将军既不相弃，亮愿效犬马之劳。"从此，刘备称帝后，国宴上就有了这"一稀一干"。

[制作参谋]

制作原料：麦面 500 克，发面肥 25 克，蜜枣 50 克，青梅 10 克，百合、橘饼、桂圆肉、荔枝肉、葡萄干各 50 克，红果肉 10 克，碱粉 5 克。

制作方法：将发面肥用温水解开，同面粉和成面团发酵（约 4 小时）；将已发酵面团加上碱水，中和酸味；然后搓成条，揪成 20 个小面剂，擀成中间厚四周薄的面皮。

将各种果料挑除杂质，大者切碎，调和成馅料。用面皮包上馅料，捏成 12 个褶的包子形，码屉上笼蒸熟即成。

特点：造型美观大方、味道鲜美可口。

【渝川回锅肉】

[文化联接]

传说这道菜是从前四川人初一、十五打牙祭的当家菜。当时的做法多是先白煮，再爆炒。清末时，成都有位姓凌的翰林因宦途失意隐退家中，从此潜心研究烹饪。他将先煮后炒的回锅肉，改为先将猪肉去腥味，以隔水容器密封的方法蒸熟后再煎炒成菜。因为久蒸至熟，减少了可溶性蛋白质的损失，保持了肉质的浓郁鲜香、原味不失、色泽红亮。自此，名噪一时的回锅肉便流传开来了。

[制作参谋]

制作原料：猪腿肉 250 克，大蒜 100 克，熟猪油 50 克，甜酱、黄酒各 20 克，豆瓣辣酱 50 克，酱油 10 克，白糖 50 克。

制作方法：将猪腿肉刮洗干净，放入锅中用水煮到断血，捞出冷却，切成二寸半长、一寸宽的薄片（越薄越好）。将大蒜切去黄叶根须，洗净，切成一寸长的蒜段。

将锅烧热，加猪油。待油烧到六成热时，将肉片倒入煸炒。至肉片卷起后，下豆瓣辣酱、甜酱、糖、酱油、黄酒，炒上色，撒下生蒜段翻炒几下，起锅装盘。

特点：呈酱红色、口味香辣、肉片鲜甜，极具四川风味。

【水煮牛肉】

[文化联接]

水煮牛肉源于自贡，自贡乃井盐的重要产地。古时人们在盐井上安装辘轳，以牛为动力提取卤水。一头壮牛服役，多者半年，少者三月，就已筋疲力尽。盐业老板常把超龄役牛宰杀后分给盐工抵付工钱。一无所有的盐工们，只能将牛肉在清水中加盐煮食。后为减少腥味，逐渐加入点辣椒、花椒等佐料，倒也可口。以后经厨师不断改进，吃的人越来越多，遂成为独具地方风味的名菜。

现在的水煮牛肉已经不是简单的清水加花椒了，而是将牛肉切成一寸五分长、八分宽、一分厚的薄片，盛在碗里，加精盐、酱油、醪糟汁、湿淀粉拌匀。油锅中放郫县豆瓣、干辣椒炒成棕黄色，再下花椒、葱段、莴笋片炒香，加肉汤烧开，将牛肉片下锅，煮至肉片伸展、外表发亮，盛入碗中，淋上辣椒油，即可食用。这菜的特点是：麻辣味厚、滑嫩适口，具有火锅风味。若以猪肉作原料，便叫水煮肉片。

[制作参谋]

制作原料：牛肉片、淀粉、酒、酱油、盐、芹菜、青笋、碎干辣椒、花椒末、姜片、蒜片、豆瓣酱、青蒜各适量。

制作方法：将牛肉片用淀粉、酒、酱油、盐上浆。

锅里放油，下干辣椒、花椒末，用小火炒出香味，盛出备用。

余油炒芹菜、青笋至断生，盛出铺碗底。

锅里放油，下姜片、蒜片，豆瓣酱炒出红色。加汤（水）、酱油、盐、胡椒，煮沸，下牛肉片，用筷子慢慢拨开，肉不见血色即可，出锅前下青蒜。

肉片倒在菜上，辣椒、花椒末铺在表面。

另烧热油，浇在辣椒、花椒上，即成。

【五柳鱼】

[文化联接]

五柳鱼是四川名菜，唐宋以来就已脍炙人口。说起"五柳鱼"来，它还和我国古代著名诗人杜甫有一段渊源。

杜甫在年近50岁的时候遇上了"安史之乱"，整个唐朝也从这时走下坡路了。唐明皇逃往四川，杨玉环在马嵬坡吊死。杜甫为了躲避这场战乱，也漂泊到西南方去了。

他在成都古郊找了一处风景优美的地方，叫浣花溪畔，并亲手建了一座草堂住了下来，还在这里写过不少佳作。他那时生活十分清苦，草堂茅屋有时还被大风吹破。可他却由自己的遭遇和贫困处境，时常想到天下的穷人寒士，寄予了不少同情。他每日用素菜草果度日，当地百姓都叫他"菜肚老人"。

相传：有一天他邀几个朋友在草堂里吟诗作赋，吟得高兴，不觉就到了中午。他发起愁来，眼看要吃晌午饭了，可是家里一无所有，拿什么款待这些客人呢？他正着急，忽见家人从浣花溪里钓上一条鱼来，顿时喜出望外，心想就请大家品尝这条鱼吧！

他走到灶前，亲手烹制起鱼来。朋友们见他去做鱼，个个都惊奇起来，有的带着怀疑的眼光说："老杜，这可是新鲜事，你会作诗，还会烹鱼?"

杜甫笑笑说:"等着吧,我今天就要你们看看我的手艺。"他开膛把鱼洗好以后,加上佐料就放进锅里蒸上。蒸熟以后,又把当地的甜面酱炒熟,加入泡菜里的辣椒、葱、姜和汤汁,和好淀粉,做成汁,趁热浇在鱼身上,再撒上香菜就做成了。

大伙欢坐一堂,等杜甫把鱼端了上来后,伸筷一尝,果然好吃。

众朋友边说边吃,一会儿工夫一条鱼就被吃得精光,可是这鱼还没有名字,于是大家就为这鱼想起名字来。有的说:"这鱼就叫浣溪鱼吧!"有的说:"叫老杜鱼才合适。"最后杜甫说:"陶渊明先生是我们敬佩的先贤,而这鱼背覆有五颜六色的丝,很像柳叶,就叫'五柳鱼'吧!"说罢,大家十分赞成,觉得这个名字很有意思。"五柳鱼"因此而得名,并成为一道四川名菜,一直流传了一千多年。

[制作参谋]

制作原料:鲤鱼1尾(750克),葱白10克,姜1片,水发香菇、净冬笋各10克,辣椒1克,胡萝卜、蒜瓣各10克,酱油、醋各60克,味精2.5克,白糖60克,胡椒粉0.5克,湿淀粉50克,猪骨汤250克,芝麻油15克,熟猪油100克。

制作方法:将鱼初加工后洗净,放进沸水中氽熟,捞起沥干,放入盘中,把胡椒粉撒在鱼面上。

将蒜瓣切成米粒状,辣椒切小丁,葱白、冬笋、去皮胡萝卜、姜、香菇均切成细丝为"五柳",除葱丝外一并放入沸水中氽熟,捞出。

将酱油、骨汤、白糖、醋、味精、湿淀粉调匀成卤汁。

然后,将炒锅放在旺火上,下熟猪油,烧到九成热时,放入蒜、辣椒稍爆,迅速倒入卤汁,用铁勺不停地搅动至卤汁均匀后,起锅浇在鱼身上,淋上芝麻油,再将香菇等"五柳"细丝摆在鱼身上即成。

特点:色泽鲜艳,鱼背上有五颜六色的丝,鱼肉甜、酸、辣味俱全，别有风味。

提示：按上述方法，改变主料亦可烹制"五柳草鱼"。原料选用：草鱼 1 尾（750 克）、嫩黄瓜 3 条、酱油 65 克、精盐 1.5 克、白糖 75 克、绍酒 25 克、大蒜头 3 瓣、葱姜 25 克、香醋 60 克、胡椒粉 1 克、清汤 250 克、湿淀粉 25 克、麻油 10 克、猪油 75 克。

【太白鸭】

[文化联接]

"太白鸭"是四川的一款名菜。"太白鸭"相传始于唐朝，与诗人李白相关。李白祖籍陇西成纪（甘肃秦安），幼年时随父迁居四川绵州昌隆（今四川江油青莲乡），直至 25 岁时才离川。李白在四川近 20 年的生活中，非常爱吃当地制作的焖蒸鸭子。这种菜是将鸭宰杀洗净后，加酒、盐等各种调味，放在蒸器内，用皮纸封口，蒸制而成，保持原汁、鲜香可口。

唐天宝元年（公元 742 年），李白奉唐玄宗之诏入京供职翰林，文武百官都很敬重他。当时李白虽然想为朝廷出力，但在政治上并未受到重用，相反由于杨贵妃、杨国忠、高力士等人在唐皇面前对其进谗言，而逐渐被疏远。李白为了实现自己的抱负，曾设法接近唐玄宗。他想起了年轻时在四川经常吃的美味鸭子，就用肥鸭加上百年陈酿花雕、枸杞子、三七和调味料等蒸制后献给玄宗。玄宗食后，觉得此菜味道极佳，回味无穷，大加称赞，就询问："卿所献之菜乃何物烹制？"李白回答："臣虑陛下龙体劳累，特加补剂耳。"玄宗听后非常高兴地说："此菜世上少有，可称太白鸭。"后来李白虽然仍被玄宗疏远，但李白献菜之事却成为烹饪史上的一段佳话。

"太白鸭"由此历代相传，成为四川的一道名菜。

[制作参谋]

制作原料：填鸭子 1 只，银丝卷、冰糖、葱、姜、精盐适量，白桑皮纸一张，白酒或江米酒、酱油、清水适量。

制作方法：将填鸭在肝下剖开 30 毫米长，掏去内脏，洗净后再用开水中烫一下。

鸭挺身后即捞出，用清水洗净，除去腥味。

将鸭放进砂锅里，加水、冰糖、白酒或江米酒、精盐、葱、姜，用桑皮纸将锅盖密封使其不漏气，放入蒸笼。

用急火蒸约 3 小时至十成酥。

【白果烧鸡】

[文化联接]

"白果烧鸡"是成都青城山地区的传统名菜。青城山风景优美，以幽静著称。这里的饮食美味与众不同，并有"四绝"之称，即一绝"洞天贡茶"，茶质优良、汁色清澈、茶香味醇；二绝"白果烧鸡"汤汁浓白、鸡肉鲜美；三绝"青城泡菜"，脆嫩清鲜、深有回味；四绝"洞天乳酒"，酒味浓而不烈、甜而不腻。

相传"白果烧鸡"为青城山天师洞的道士所创。据说：在二三百年以前，青城山一位年高的道长久病不愈、日益消瘦。青城山上有一棵银杏树已有 500 多年的历史，所结白果大而结实。天师洞的一位道士曾多次取用该树所结的白果同嫩母鸡烧汤，文火炖浓后给道长食用，使道长病情好转，不久便恢复了健康，精神焕发。

从此，"白果烧鸡"便闻名蓉城和整个四川地区，成为一款特色名菜。

[制作参谋]

制作原料：新嫩母鸡 1 只（重约 1250 克）、白果（银杏）250 克、绍酒 30 克、姜片 15 克、盐 10 克。

制作方法：将鸡宰杀，然后去掉毛、内脏，清水洗净。用刀沿鸡背脊处剖开（腹部不要剖开），随冷水入锅烧至将沸时取出，用清水洗净，去除血秽待用。

将白果壳敲开，连壳入开水锅略焯取出，剥去壳洗净。

将整只嫩母鸡入锅，加水（以淹没鸡为度），放姜片、绍酒，加盖用旺火烧 30 分钟左右，至鸡半熟、汤汁趋浓后再倒入大砂锅内，放入白果、盐，加盖用文火烧 15 分钟左右，至鸡肉酥烂、汤浓出锅，倒入一只大的圆汤盘内，鸡肚朝上，背脊朝下，白果围在四周即成。

特点：色泽淡黄、汤汁浓白、鸡肉鲜嫩、白果微甜、软熟适口。

提示：必须取用肥壮的嫩母鸡，去除污血洗净。烹制时，先用旺火将鸡烧酥、汤烧浓，再入砂锅以文火煨至鸡更酥、汤更浓，味才佳。

【鱼香肉丝】

[文化联接]

鱼香肉丝是川味风格最具代表性的菜肴之一，最能体现川菜的多味特色。用烹制鲜鱼的调料来烹制肉丝，使之产生鱼的香味。成菜咸、甜、酸、辣、香、鲜各味兼备，而姜、葱、蒜味尤为突出。

[制作参谋]

制作原料：猪腿肉 150 克，鸡蛋一只，青椒、葱段、蒜泥、豆瓣辣

酱各少许，醋 8 克，味精 3 克，干淀粉 5 克，细盐 2 克，姜末 8 克，猪油 400 克（实耗 50 克），白糖 15 克，酱油 20 克，黄酒 10 克，水淀粉 5 克。

制作方法：猪腿肉切成一寸半长、如火柴梗粗细的丝，加盐、鸡蛋、酒、干淀粉拌匀上浆。另将糖、醋、酱油、酒、味精、水淀粉放入小碗，调成卤汁待用。

将锅烧热，加猪油烧到四成热时，将肉丝下锅划散至熟，再加青椒丝划一下，倒入漏勺沥油。原锅留余油五钱，下葱姜、蒜泥、豆瓣辣酱煸出香味后，再把肉丝、青椒和卤汁倒入翻匀，起锅装盆即成。

特点：呈橘红色、酸甜带辣、香鲜可口，极具四川风味。

第三节 饮食物语——饮食业的行神、行话与行碑

我国千百年来形成的饮食业，其实它下面还包括很多行当呢。就说与人们日常生活密切相关的"开门七件事"，这"柴米油盐酱醋茶"也是各有各的行名、行史、行神、行话、行碑。

一、形形色色的行神

俗话说：三百六十行，无祖不立。在唐代的时候，大多数行会都有自己崇拜的偶像，俗称行神或祖师爷。在众多的行神之中，最广为人知的要数茶神陆羽了。陆羽（公元733—804年），字鸿渐，著有《茶经》，时人尊崇这位茶学家的贡献和人品美德，于是把他奉为茶叶行的祖师。据《唐国史补》《因话录》等古籍记载：唐代各地供奉的茶神陆羽像多为瓷制，"陆羽性嗜茶，始创煎茶法，至今鬻茶之家，陶其像置于锅器之间，云宜茶足利，巩县陶者多瓷偶人，号陆鸿渐，买数十茶器得一鸿渐，市人沽茗较利，辄灌注之"。

与茶神陆羽形成鲜明对照的是，号称盐神的崇拜偶像竟多达30多位。制盐业如此庞杂成群的盐神，和我国广大产盐区的史地背景有很大关系。江苏扬州建有盐宗庙，祀管仲神位。管仲（公元前723—前645年），春秋齐相，曾设煮盐官发展沿海的盐业。河南一带供奉葛洪为盐神。葛洪（公元284—363年），西晋人，晚年精研炼丹。奉葛洪为盐神，疑为煎煮、摊晒盐和炼丹有相似之处。四川自贡以出产井盐著称，当地盐工奉炎帝为行神。炎帝传说是位火神，奉其为盐神缘于烧制井盐必须用火。

酱园业较早以蔡邕为祖师，明清时期也有以颜真卿为行神的。蔡邕（公元133—192年），东汉文学家；颜真卿（公元709—785年），唐代大臣，书法家，封鲁郡公，史称颜鲁公。蔡邕谐音"菜佣"，颜鲁音转为"盐卤"，二者就和酱园业拉扯在一起了。更有甚者把汉高祖刘邦推为行神，因其善于"将将"，于是"将将"的谐音就成了"酱酱"。

　　造醋行的行神是里塔，传为杜康之子。俗话说：杜康造酒造醋，里塔曾在镇江杜康开的酒坊干活。一次他发现马吃酒糟，便往糟缸里倒了两担水，结果二十一天之后酉时，糟缸里的东西变成了醋。而"醋"字的写法，恰好是"二十一日加酉"，即字体右边上面是"廿一"，下面是"日"，左边是"酉"字旁。时至今日，造醋仍然以二十一天为周期。清代乾隆的《孝义县志》中称："四月初八，具牲醋祀神，妇女作醋，谓为醋姑姑降祥日。"孝义县地属山西省，山西人喜食醋，当地造醋业发达，多把醋姑奉为行神。

　　粮食行的行神为神农氏。晋代干宝的《搜神记》中称："神农以赭鞭鞭百草，尽知其平毒寒温之性，臭味所主，以播以百谷。"浙江杭州的粮食神庙所祀为"蒋氏兄弟三人，兄名崇仁，弟名崇信、崇义，他们力耕致富，粟平价之时出资储粟，如遇岁欠米贵，则以初价年祟，分毫不过取，远近饥者获济不可胜记"。

　　薪炭行供奉孙膑为祖师，孙膑为战国时期军事家。传说鬼谷子收他为徒，一次叫孙膑去山中打柴，要"无烟柴"。孙膑经数日寻找，最后从试烧的木柴中发现了木炭，后人便仿制和推广使用了这种无烟柴。

　　烹饪行被厨师们尊为祖师的有彭祖、伊尹、易牙等。战国屈原的《楚辞天问》曰："彭铿斟雉帝何飨，"东汉王逸注"彭铿，彭祖也，好和滋味，善斟雉羹"。伊尹其人见于《史记殷本纪》称："伊尹欲干汤而无由，乃为有莘氏媵臣，负鼎俎，以滋味说汤，致于王道。"又有《左传·僖公十七年》称："易牙善烹调、调味。"餐饮酒席行则奉詹王为祖，一说詹王原为湖北应山的厨师，被唐玄宗李隆基封王；另一说这位厨师原名詹鼠，是由隋文帝杨坚加封的詹王称号，后任御厨。

　　而一人兼做两个行当祖师的当属刘伯温（公元1311—1375年），传说身为大臣的他曾向明太祖朱元璋献上香菇，深受太祖喜爱，从而使香菇推广种植。浙江龙泉、庆元、景宁等地的菇民也就把刘伯温尊为种菇行祖师。民间又传说：刘伯温害怕太祖杀他这样的开国功臣，设法逃走后扮作卖糖的小贩，躲过了朝廷的追捕，从此索性以挑担卖糖为业，后来成了这一行的祖师。北京一带卖糖的小贩则以史太奈为行神，当地的《太平歌词十女夸夫》唱有："七十二行不如卖糖好，史太奈本是我们的祖，我们祖师不委崇。"

二、神秘有趣的行话

唐代的时候，随着行会的出现而又有了行话。到了宋代，已有了专门记述行话的书籍。例如：宋人陈元靓的《事林广记续集绮谈市语》称米为漂老、饭为云子、糕为旋蒸、蜜为百花酿、面为麦尘、肉为线道、盐为滥老、醋为酿物、油为滑老、茶为仙茗、酒为酝物、包子为捻儿、馒头为笼饱、馄饨为温包、鱼为细鳞、鳖为团鱼、虾为长须公、蟹为郭索、鸡为司晨、鸭为绿头、鹅为红掌、萝卜为庐服、韭菜为葱乳、藕为蒙牙、笋为竹萌、甜瓜为召平、梨为天浆、桃为仙果、杏为尝新、葡萄为马乳、石榴为金罂、樱桃为崖蜜、牛为大牢、羊为柔毛、猪为豕物。

作为饮食业的行话，由于它包括的行当较多，"隔行如隔山"，各行的行话自然也就不相同。菜行称萝卜为大根子、红萝卜为赤根子、韭菜为非非了、茄子为落苏、白菜为松春、黄瓜为刺虫、扁豆为羊眼、葱为无事草、姜为龙爪、蒜为倒开牡丹。水果行称梨为酸心、桃为辟邪子、杏为小桃、葡萄为紫珠、石榴为多子、苹果为林檎、柿为虹卵、樱桃为鸟衔残、山楂为红宝珠、甘蔗为石蜜。而水果行的总称，北方俗称果日行，水果摊则称香货床子。鱼行之内又可细分为海鱼行、咸货行、鲜鱼行、海味行等，其行话也各有特点。海鱼行称带鱼为银带、鲇鱼为润身、乌贼为水墨、鳖为领家的；鲜鱼行总称鱼为穿浪子，称鲤鱼为化龙、鲫鱼为箧子、银鱼为无骨；咸货行称带鱼为银面、鲳鱼为手照、海蜇为岫云、虾油为黄浆；海味行称海带为裙带、刺参为毛虫、干贝为瑶柱、鱼翅为玉吉。

三、行碑的食俗史料

明代的时候，行会的较快发展便形成了会馆，饮食业也不例外。尤其是到了清代，各个行当的会馆以北京为数最多。在这些地方，除了常见的行神和流行的行话外，它标志性的东西之一便是行碑，碑文的内容主要是碑记和有关的行规。

散布在南北各地的饮食业行碑，生动地反映了我国饮食文化的发展情况。例如：北京的两方重修临襄会馆碑，同治十二年（公元1873年）重修时记有，山西临襄会馆属于"吾乡油盐粮行，原为往来商贾贸易而设"；光绪十四年（公元1888年）重修记有，此馆"内供协天大帝（关公）、增福财神、玄坛老爷（财神）、火德真君（火神）、酒仙尊神、菩萨尊神、马王老爷诸尊神像，我邑业油盐粮者咸萃于此，香火联盟"。同址的另一方临襄油市原起碑，详细记述了北京油行的历史，"油为日用食品，在北京估一大宗市，乃同行荟萃之区。本油市创立于前明，始于山右会馆，历有所年，迨至有清之初，仍旧依之。后因人数日多，地方狭隘，由会首六必居号，始发议于迁移，时在康熙年代也。由是同行称便，立于市，距今二百余年"。碑文还有"附议定规章：每年旧历三、九月祭神，敬献戏剧一天，届时各纳香资，随带半年庙费"等。

第五章
粤　菜

第一节　粤菜文化溯源

粤菜是我国八大菜系之一，即广东地方风味菜，主要由广州、潮州、东江三种风味组成，并以广州风味为代表。其具有独特的南国风味，并以选料广博、菜肴新颖奇异而著称于世。西汉时我国就有关于粤菜的记载，南宋时它受御厨随往羊城的影响，获长足进步，至明清时发展迅速。20世纪，随着对外通商的日益广泛，粤菜吸取西餐的某些特长，开始推向世界，仅美国纽约就有粤菜馆数千家。粤菜的原料较广、花色繁多、形态新颖、善于变化，讲究鲜、嫩、爽、滑，一般夏秋力求清淡、冬春偏重浓醇。调味有所谓"五滋"（香、松、臭、肥、浓）、"六味"（酸、甜、苦、咸、辣、鲜）之别。其烹调擅长煎、炸、烩、炖、煸等，菜肴色彩浓重、滑而不腻。而且，粤菜还烹制蛇、狸、猫、狗、猴、鼠等动物，外界普遍知道的菜肴品种有"三蛇龙虎凤大会""五蛇羹""盐火局鸡""蚝油牛肉""烤乳猪""干煎大虾碌"和"冬瓜盅"等。

粤菜发源于岭南。汉魏以来，广州一直是中国的南方大门，地处亚热带、濒临南海、四季常青、物产丰富，山珍海味无所不有、蔬果时鲜四季不同，是与海外通商的重要口岸。社会经济因此得以繁荣，同时也促进了饮食文化的发展，加快了与中国各地及各国烹调文化的交流。中外各种食法逐渐被吸收，使得广东的烹调技艺不断充实和改善，其独具的风格日益鲜明。明清时期大开海运，对外开放口岸，广州商市又得到进一步繁荣，饮食业也因此蓬勃兴起。而且，旅居海外的广东华侨众多，又把在欧美、东南亚学到的烹调技巧带回家乡，粤菜藉此形势迅速发展，终于形成了集南北风味于一炉、融中西烹饪于一体的独特风格，并在各大菜系中脱颖而出、名扬海内外。

广东清人竹枝词曰："响螺脆不及蚝鲜，最好嘉鱼二月天，冬至鱼生夏至狗，一年佳味几登筵。"几句话就把广东丰富多样的烹饪资源淋漓尽致地描绘出来了。

众所周知，粤菜集南海、番禺、东莞、顺德、中山等地方风味的特色于一体，兼京、苏、扬、杭等外省菜以及西菜之所长，融为一体、自成一家。其取百家之长，善于在模仿中创新，依食客喜好而烹制。味重清、鲜、爽、滑、嫩、脆，讲求镬气，调味遍及"酸、甜、苦、辣、咸、鲜"，菜肴有"香、酥、脆、肥、浓"之别，"五滋六味"俱全。如京都骨、炸溜黄鱼、虾爆鳝背等，乃吸取京菜口味而创制；铁板牛肉等，则借鉴了川菜口味；东坡肉、酒呛虾是浙菜口味；闻名岭南的太爷鸡是徽菜口味；而西汁猪扒、茄汁牛排等，则是从西菜移植而来的。

客观来讲，粤菜的第一个特点是选料广博奇异、品种花样繁多、令人眼花缭乱。天上飞的、地上爬的、水中游的，在粤菜里几乎都能上席。鹧鸪、禾花雀、豹狸、果子狸、穿山甲、海狗鱼等飞禽野味自不必说；猫、狗、蛇、鼠、猴、龟，甚至不识者误认为蚂蟥的禾虫，亦在烹制之列。而且，所有这些一经厨师之手，顿时就变成美味佳肴，每令食者击节赞赏，叹为"异品奇珍"。

粤菜的另一突出特点是：用量精而细、配料多而巧、装饰美而艳，而且善于在模仿中创新，品种繁多，1965年在"广州名菜美点展览会"中介绍的就达5457种之多。

粤菜的第三个特点是：注重质和味，口味比较清淡，力求清中求鲜、淡中求美。而且随季节时令的变化而变化，夏秋偏重清淡，冬春偏重浓郁，追求色、香、味、形。食味讲究清、鲜、嫩、爽、滑、香；调味遍及酸、甜、苦、辣、咸；此即所谓"五滋六味"。

另外，粤菜还有三绝之说：炆狗，选砧板头、陈皮耳、筷子脚、辣椒尾形的精壮之狗，加上调料烹制，食时配上生菜、塘蒿、生蒜，佐以柠檬叶丝或紫苏叶，使之清香四溢；焗雀，雀指的是禾花雀，此雀肉嫩骨细、味道鲜美；烩蛇羹，俗称龙虎斗，是用眼镜蛇、金环蛇等配以老猫和小母鸡精心烩制而成的佳肴，因蛇似龙、猫类虎、鸡肖凤，故又名龙虎凤大烩。

粤菜的著名菜肴有：烤乳猪、白灼虾、龙虎斗、太爷鸡、香芋扣肉、红烧大裙翅、黄埔炒蛋、炖禾虫、狗肉煲、五彩炒蛇丝、菊花龙虎凤蛇羹等，都是饶有地方风味的广州名菜。广州的北园、大同、广州、大三元、泮溪、陶陶居、蛇餐馆等酒家，均以经营粤菜而闻名。

第二节　撷粹漫品——粤菜纵览

广州因为开埠较早，各国人士纷至沓来，很多广州菜式都是取法西欧烹饪方法的，再加上蛇、狸、鼠、虫皆能入馔，因而在中国菜里是自成一家的。而且广州的饮茶、粥品、烧烤都是很特别的，再加上广州资源丰富，所以各种食料如海参、鱼翅、燕窝都很齐全，物产又好，发挥起来自然游刃有余。

通常，近海之地的菜肴多以鱼介类的烹调见长。潮州位于广东省珠江三角洲地带，水产丰富，所以潮州菜对于鱼虾的烹调自然是最有心得的。而且潮州菜颇具田园风味，许多家常菜的制作皆取材于农产品，因利乘便、妙趣天然。在烹调的过程中少用味精等调味品，而是讲求汤类、鱼虾的真味。每菜上桌，若有调味酱料，也都是小碟小盅另外装盛，任客自调，甘洌香鲜，是别处所无、为人称道的。潮州菜大筵里的彩盘艺术亦为一绝，在美味之外，亦提供了视觉方面的另一种美的享受。

东江菜也就是客家菜，用油较重、口味亦浓，烹调方法比较保守，所以最具乡土风味。客家人有一种叫作"米反"的特殊米食，每逢过年过节、婚丧喜庆，必做许多不同式样的米反应景，即使平常日子也常做些来当点心吃。"米反"的种类繁多，也算是客家菜的一个特点，其他地方是较少见的。

粤菜其主要特点是制作精巧、花色繁多、美观新颖，专长于煎、烘、烤、烩，做菜原料无奇不有，尤擅长制蛇、猴、猫、鼠、穿山甲等，口味清淡，用山珍海味、珍禽异兽所做的名菜很多。

【白云猪手】

[文化联结]

白云猪手选用上好的猪爪，经烧刮、水煮、泡浸而成，是广州名菜。

相传很久很久以前，白云山有座寺院，那里的小和尚常趁寺院的长老下山化缘之际偷偷食肉。有一天，小和尚又在山门外偷煮猪手，那猪手刚刚煮熟，恰逢长老化缘归来。小和尚害怕触犯戒律受长老惩罚，连忙把那猪手丢到旁边的小溪中。次日，猪手被一樵夫发现捞起来带回家中重新煮制，以糖、醋、盐拌而食之，发现这样吃美味无比。此后不久，这种吃法便流传开来，因这种吃法来源于白云山，故而取名白云猪手。

白云猪手制作精细，但最为重要的是要用白云山九龙泉的水浸泡。据《番禺县志》载："九龙泉，……泉极甘，烹之有金石气。"九龙泉中富含矿物质，泉甘水滑，能解油腻。

［制作参谋］

制作原料：猪前蹄 2 只（2500 克），糖、醋各 50 克，盐 20 克。

制作方法：将猪蹄刮洗干净，剖开主骨，斩下脚爪，放入锅中加入清水置于旺火上烧沸，后用小火煮 3—4 小时，捞起，用清水浸泡 4—5 小时，其间换水两次。吃时捞出放入开水锅中再煮，然后可捞起蘸上糖、醋、盐及其他作料食之。

特点：骨肉易离、皮爽肉滑、不肥不腻、酸甜适口。

【烤乳猪】

［文化联结］

该菜以乳猪为主料制作而成，在旧京食馔中应算是"阳春白雪"，也是宫廷中达官富绅宴饮时吃的一道名菜。后来，其传到各地，也是广州最著名的特色菜，在誉满中外的广东烧烤中堪称一绝。

传说：上古时有个猎猪能手，平时以猎取野猪为生。他的妻子为他生了个儿子，取名火帝。儿子稍长大后，父母每日上山猎猪，儿子就在家饲养仔猪。有一天，火帝偶然拾得几块火石，便在圈猪的茅棚附近敲打玩耍，忽然火花四溅，茅棚着火，引起了一场大火。火帝到底是个不知事的孩子，平时也没见过什么好玩的，见茅棚起火，不但一点儿也不担心害怕，反而感到很开心，惊奇地听着柴草的劈啪声和仔猪被烧死前的嚎叫声。待那些猪停止嚎叫了，这场由火帝引起的火灾也自行熄灭了。就在此时，一股闻所未闻的香味自被烧过的废墟中飘散而至，是什么东西这么香？火帝搬开杂物，循味探寻。他找来找去，惊奇地发现这诱人的香味竟发自皮烧焦、肉烤熟的仔猪。那诱人的色泽、馋人的香气，早已令火帝垂涎三尺。他情不自禁地用手去提那猪腿，却被猪皮表面吱吱作响的油猛烫了一下。他连忙抽回手，并去舔那烫疼的指头，却意外地尝到了香美的滋味。

火帝的父母狩猎回来，见猪棚化为灰烬，仔猪全被烧死，正要喊火帝来问个究竟，却见他向父亲呈献上了一道美味——一只烧烤得焦红油亮、异香扑鼻的烧乳猪。父亲不但没有责备儿子，反而高兴地跳了起来，儿子发明吃猪肉的新方法了！据说，人类最早得知动物烧熟后更加美味可口便是从此时开始的。

后经代代相传，今天的烧乳猪早已改进烤法，且烹技十分精细，成为驰名世界的中国绝菜之一。

[制作参谋]

制作原料：小乳猪一只（3000 克）、精盐 200 克、白糖 100 克、八角粉 5 克、五香粉 10 克、南乳 25 克、芝麻酱 25 克、白糖 50 克、蒜 5克、生粉 25 克、汾酒 7 克、糖水适量。

制作方法：将净光乳猪从内腔劈开，使猪身呈平板状，然后斩断第三四条肋骨，取出这个部位的全部排骨和两边扇骨，挖出猪脑，在两旁牙关处各斩一刀。

取 125 克香料匀涂于猪内腔，腌 30 分钟即用铁钩挂起，滴干水分后取下，将除香味料及糖水外的全部调料拌和，匀抹内腔，腌 20 分钟后叉上，用沸水遍淋猪身使皮绷紧、肉变硬。

将烫好的猪体头朝上放，用排笔扫刷糖水，用木条在内腔撑起猪身，前后腿也各用一条木条横撑开，扎好猪手。

点燃炭火，拨作前后两堆，将猪头和臀部烤成嫣红色后用针扎眼排气，然后将猪身遍刷植物油，将炉炭拨成长条形通烤猪身，同时转动叉位使火候均匀，至猪通身成大红色便成。上席时一般用红绸盖之，厨师当众揭开片皮。

特点：色泽红润、光滑如镜、皮脆肉嫩、香而不腻。

【三丝鱼翅羹】

[文化联结]

三丝鱼翅羹是广东省传统名菜。自古以来，我们民族就有在饮食上崇尚奢华、讲究排场的习惯。读《红楼梦》中那些大大小小的螃蟹宴、生日宴、赏雪宴，真觉得吃已经异化了，异化到了虐杀的地步。当今之世，豪奢之风日盛，像《红楼梦》中提到的一席螃蟹宴就足够中等人家一年所用，早已不足为奇了。如今，经营燕翅鲍宴豪的酒楼、饭馆在各名城大都的街头俯仰皆是、生意火爆。

鱼翅为古代八珍之一，八珍虽有好几个版本，但鱼翅总能占据一席，可见其在林林总总的美食中有着巩固的地位。最早食用鱼翅的人是渔民，他们出售鲨鱼后就将鱼鳍留下自己食用，后来鱼商发现有利可图，便收为商品出售，鱼翅才渐渐出现于宴席上。至明代，鱼翅已为人们广泛食用，各类书籍对鱼翅的选料和烹制多有介绍。《金瓶梅词话》中评价鱼翅为"珍馐美味""绝好下饭"；《明宫史》中有明熹宗喜食用鱼翅、燕窝、蛤蜊和鲜虾等多种原料制作的"一品锅"的记载。南方各地尤其将鱼翅视为珍贵烹饪原料，《本草纲目》记载："（鲛鱼）背上有鬣，腹下有翅，味并肥美，南人珍之。"

说到鱼翅的烹制，还以清朝品种最为丰富，《食宪鸿秘》《食品佳味备览》《调鼎集》《随园食单》等书均载有烹调加工鱼翅的工艺技术。煮鱼翅也为盛行于清代的一道珍贵菜肴，《醒园录》载："煮鱼翅法，鱼翅整个用水泡软，下锅煮至手可撕开就好，不可太烂。取起，冷水泡之，撕去骨头及沙皮，取有条缕整瓣者，不可撕破，铺排扁内，晒干收贮瓷器内。临用，酌量碗数，取出用清水泡半日，先煮一二滚，洗净，配煮熟肉丝或鸡肉丝更妙。香菰同油、蒜下锅，连炒数遍，水洗许煮至发香，乃用肉汤，才淹没肉就好，加醋再煮数滚，粉水少许下去，并葱白再煮滚下碗。其翅头之肉及嫩皮加醋、肉汤，煮作菜吃之。"这种煮鱼翅方法沿用至今，只不过今人的操作过程略微简化罢了。用这种方法煮出的鱼翅软熟韧糯、汤汁鲜浓。

清末的谭家菜以烹制燕窝和鱼翅最为著名，并设有燕翅席，仅鱼翅的烹制就有十几种，包括蟹黄鱼翅、黄焖鱼翅、鸡茸鱼翅、砂锅鱼翅、干贝鱼翅等。其中黄焖鱼翅选名贵的"吕宋黄"为原料，先分别用冷、热水泡透发透，然后以鸡、鸭、干贝、火腿汤煨制，以文火连续焖6个小时，待各种辅料滋味完全浸润入翅之后，将鸡、鸭、干贝等弃之不要。成菜软烂味厚、色泽金黄，食之余味悠长。《四十年来之北京》中记有一段文字："耳闻之徒，震于其代价之高贵，觉得能以谭家菜请客是一种光荣。弄到后来，简直不但无'虚夕'，并且无'虚昼'，订座往往要排到一个月以后，还不嫌太迟。"可见其菜好价亦高，可爱摆阔的食客们仍络绎不绝地前去品尝。

时至今日，鱼翅依然是宴席上的头菜，南方尤其推崇，广东就有"无翅不成席"之说。而香港每年消费鱼翅更是达二百多万公斤，需从60个国家和地区进货。鱼翅烹制之法可分为广东、潮州、四川、北京、扬州、湖南等几个流派，各种鱼翅菜肴广泛见于各个菜系。鱼翅烹制方法虽然多种多样，但在操作步骤上大致可分为两类：一种是涨发、赋味、烹制成菜；一种是涨发后直接烹制成菜。

[制作参谋]

制作原料：水发鱼翅300克，熟鸡丝、水发香菇、水发玉兰片、香菜各50克，猪油150克，鸡汤250克，味精2.5克，湿淀粉50克，绍酒25克，酱油30克，精盐2克，胡椒粉205克，葱花、姜末各25克。

制作方法：炒锅置旺火上，下清水和鱼翅沸腾后，换清水再烧，如此反复煮三次，直至去掉腥味后捞出，去净翅骨和翅沙，洗净。玉兰片、香菇都切成丝，香菜洗净去茎。

炒锅置旺火上，下猪油25克烧热，放入葱花、姜末、绍酒稍煸后，再下鸡汤、鱼翅、酱油、精盐、味精、鸡丝、玉兰片丝、香菇丝烹热5分钟。炒匀，用湿淀粉调稀勾芡，下熟猪油125克，起锅盛满，撒入胡椒粉，放上香菜即成。

特点：此菜同黄、绿、褐、白诸色的丝同烹，绮丽夺目；鱼翅柔嫩、海鲜味浓、三丝清脆软溶、滋味各异。

【龙虎斗】

[文化联结]

龙虎斗是粤菜中的传统经典菜品，粤菜三绝之一。龙乃中国古代传说的四神兽之首，又是能够施云布雨、统领大海的天神；虎乃山中的百兽之王，地上的走兽无不对它俯首帖耳。有个成语叫作龙争虎斗，就是说龙虎相遇必有一斗。这不单纯是人们的想像，在上古时代，龙和虎之间确实有过异常激烈的争斗——黄帝、蚩尤之战。当时黄帝一族的图腾为虎，蚩尤一族的图腾为龙。经过激烈的战斗，黄帝最终将蚩尤杀死，战斗以虎获得胜利而告终。但黄帝为了使蚩尤的族人彻底归顺，团结所有部落，便将图腾改虎为龙，从此中华民族便成为龙的传人。

中国成语里有不少意寓成绩卓著的词都与龙虎有关，如龙腾虎跃、龙跳虎卧、虎啸龙吟、龙行虎步、龙化虎变等，这几个词无不描摹了龙和虎的动态，活泼有力、充满生机，说明在人们眼里龙和虎都是生命力的象征，对人有着激励鼓舞的作用。还有一个词叫龙幡虎纛（dào），指的是统领军队的元帅的旗帜。在两军对阵的时候，两军的统帅就是用绘有龙和虎的旗帜来号召士兵的，可以说是龙和虎在带领大家冲锋陷阵。

然而究竟谁将获得胜利，是龙还是虎呢？在战场上并不能得出答案。那么是不是在别的地方可以一见分晓呢？聪明的广东人想了一个好办法，他们把战场上的龙虎之争搬到了餐桌上，让龙虎离开它们的老巢，在没有帮手的情况下一对一地赌输赢。因为地方小，龙虎只好使出缩身法，化作了蛇和猫，结果同归于尽，落了个一锅烹，龙虎的千古之战变成了一场游戏。

说到这里真不得不佩服广东人在吃方面的想象力，竟然把龙虎之争制成了一道菜——龙虎斗。广东人吃蛇已经有两千多年的历史，汉朝《淮南子》中就有"越人得蚺蛇以为上肴"的记载。宋朝《苹州可谈》中也说："广东食蛇，市中鬻蛇羹。"广东人吃蛇吃得不过瘾，还垂涎起龙来了，但不得食其肉，只好食其名。龙虎斗又名豹狸烩三蛇、龙虎凤大烩、菊花龙虎凤，据传此菜创制于清同治年间。当时有一位出生于广东韶关的人叫江孔殷，在京为官多年，曾品尝过各种名菜美馔，对美食颇有见识。他晚年辞官回家后，着意研究烹饪。他在过七十大寿的时候，为拿出一道新菜给亲朋享用，便尝试着用蛇和猫做了一道菜，味道甚佳，并形象化地取了个"龙虎斗"的菜名。后来他又在菜里添加了鸡，味道更加美妙，深得众人喜爱。此菜从此传名于世，并将菜名改称为龙虎凤大烩。但出于习惯，人们仍称它为"龙虎斗"。

广州有家著名的蛇餐馆历史悠久，以经营蛇菜风味为特色，据说每年要用掉一百余万条蛇，主要名菜就有"菊花龙虎凤"。云从龙、风从虎，战争的风云在人类的历史长河中从来没有平息过。也许，只有在餐桌上，龙和虎才能和平相处。

［制作参谋］

制作原料：三蛇肉（眼镜蛇、金环蛇、过树榕蛇）250克，猫或豹狸肉150克，鸡丝100克，水发鱼肚50克，冬菇75克，木耳丝75克，姜丝50克，猪油250克（实耗25克），麻油、陈皮、精盐、绍酒、白酒少许，生粉15克，原蛇汤100克，柠檬叶丝15克，白菊花30克，薄脆100克。

制作方法：将活蛇宰杀，去头尾、皮和内脏，洗净后"蛇壳"（带骨蛇肉）入砂锅内煮熟，取出拆出蛇肉。猫或豹狸肉入沸水锅中氽一分钟后捞起，用火燎去毛，放入清水盆中刮去污物，取出沥干水，入砂锅内加清水、姜汁、白酒、葱煮熟，取出拆肉。

将拆出的蛇肉、豹狸肉撕成细丝，用姜、葱、精盐、绍酒煨好。鸡丝先用蛋清、干淀粉少许拌匀上浆，然后炒锅烧热，下熟猪油250克，至四五成热时，放入鸡丝过油至断生取出，沥干油，将姜丝放入沸水锅中煮约5分钟捞起，放入清水漂清，去净姜丝辣味。

将蛇肉、猫或豹狸肉、鸡丝等原料放入炒锅，加鸡汤750克、蛇汤250克，加绍酒、精盐烧滚后小火稍烩，然后转旺火烧开，用湿淀粉少许勾薄芡，加熟猪油、麻油少许，出锅倒入大汤碗内上桌。白菊花和柠檬叶丝、薄脆（用面粉加水拌和、经油锅氽熟）装成二碟随菜上桌。

特点：配料多样，肉嫩香滑，味鲜特异，同薄脆、柠檬叶丝和菊花瓣佐食，风味尤为特殊，秋冬食之最宜。蛇不仅肉味鲜美，而且营养丰富，具有治病功能。据《本草纲目》记载：蛇肉能祛风活血、除疾去湿、补中益气、明目滋阴。

【及第粥】

[文化联结]

及第粥又名三元及第粥，用上好的糯米或大米制作而成，是广州地区的名小吃。

广州关西是老广州的城市中心，自唐代以来就是外地商人的集散地，商业贸易非常活跃，因而饮食行业也相当发达。据文献记载："广州西关，肉林酒海，无寒暑，无昼夜。"这里出现了一大批颇具我国特色的传统美食，其中及第粥家喻户晓、代代相传。

相传：清朝时，广东的林召棠中了状元回乡拜祖，每天都喜欢用猪肝、猪腰和猪肚与上好的大米放在一起煮粥吃。一天，有位退居广州的御史前来探访林召棠，恰巧碰上他在吃粥。林忙叫老御史一同食用。老御史闻到一股诱人的香味，便问这是什么粥。林状元深知老御史的最大心愿是自己的儿子能科场高中、金榜题名，因此指着那粥非常认真地回答说："这是及第粥。"老御史也不讲客气，连忙与林状元一起津津有味地吃了起来。

在我国科举取仕的时代，状元、榜眼、探花为殿试头三名，合称三及第。林召棠就将猪肝、猪腰、猪肚这三种猪的内脏比作三及第。老御史在此吃过及第粥，并向林状元学会了制作方法，回到家里便命厨人如法炮制，精心熬制及第粥给儿子吃，后来儿子果真中了状元。老御史高兴地逢人就讲此粥的来历以及营养丰富和预兆大吉大利的好处。因此，及第粥很快在当地传开了。

如今，及第粥在广州地区仍很盛行。一些盼望子女考上大学的父母，每天亲自做或到名饭馆购买这种粥给儿女们吃，都为讨个吉利。

[制作参谋]

制作原料：精制糯米或一般精白米 500 克、猪肝 10 克、猪腰 10 克、猪肚 10 克、姜 2 克、淀粉 5 克、盐 3 克。

制作方法：将 2000 克水放入锅内烧沸，将大米洗净放入锅内待烧开后小火煮。

将猪肝、猪腰、猪肚切成细丝，并与姜、淀粉、盐等放在一起搅拌，放入粥中慢火熬制约 40 分钟即可。

特点：粥白如凝脂、似醴酪、香鲜无比、营养丰富，预兆吉祥如意。

【香炸带鱼】

[文化联结]

香炸带鱼是广东的一道名菜。

带鱼主要分布在西北太平洋和印度洋，中国南北沿海也有出产，以东海产量最高，是中国海洋四大经济鱼类（小黄鱼、大黄鱼、带鱼、乌贼）之一。《医林纂要》中称其鞭鱼、《柑园小识》中称裙带鱼、《福清县志》中称带柳，另外它还有刀鱼、牙带、白带鱼、鳞刀鱼、青宗带、海刀鱼、银刀鱼等众多名称。

可是在食用方面，文献却少有记载，不知什么原因，带鱼在古代饮食中还颇受贱视。明代《五杂俎》记述道："闽有带鱼长丈余，无鳞而腥，诸鱼中最贱者，献客不以登俎。然中人之家，用油沃煎，亦甚馨洁。"这段话说得含混而自相矛盾——普通人家煎之很香鲜，放到富贵之家的餐桌上就不香了？这显然是等级观念在作祟，其之所以低贱，不过因为是"中人之家"常食。另外，古人大概以有鳞为贵，龙、麒麟、鲤鱼有鳞，都是想象和现实中的祥瑞之物。

然而，世上自有知味善食之人，并不避非议，大胆咏赞："佩带谁遗？皑如曳练。奇其说者，原始仙媛。"清代《异鱼赞闰集》中的诗词就将带鱼比喻为西王母侍女的腰带。宋琬的《带鱼》诗则赞道："银花烂漫委银筐，锦带吴钩总擅场。千载专诸留侠骨，至今匕箸尚飞霜。"

今天带鱼不但登于宴席，而且创出多种多样的烹食方法，炸、熘、煎、烹、烧、扒、炖、煮、蒸、熏、烤，乃至卤制、糟制，无不适宜、无不味美。由于带鱼肉嫩体肥、丰腴油润，甚至被人们誉为"开春第一鲜"。红烧带鱼、清蒸带鱼、干煎带鱼、炸刀鱼块等菜肴既是人们家常易制的菜肴，也是各菜系中颇受喜爱的名菜。

[制作参谋]

制作过程：带鱼洗净切为小块，加姜汁、浅色酱油、葱条等腌 30

分钟；中火烧热炒锅，下油把锅面搪匀，鱼逐块下锅摊好，转用慢火（煎鱼不需用猛火），让带鱼受热均匀，煎至一面呈金黄色，再煎另一面，并徐徐加少许油，煎至两面金黄色鱼已渐熟；加绍酒、少量开水和浅色酱油，加盖焖约半分钟，鱼肉刚好熟透，香味散发，连鱼带汁一起盛入碟中，便可食用。这道菜色泽金黄微焦、味道咸鲜、易进食、口感好，也是普通家庭可以烹制的价廉物美的菜肴。

【千层糕】

[文化联结]

千层糕是羊城的风味小吃。据说：早在五代的时候，类似的糕点就已经出现，那时称八珍云片糕。五代时，云英玉杵捣玄霜的故事中记录了仙家有一种珍美灵妙的糕点，便是用八种稀世珍物烹制而成的。《清异录》的作者、大学士陶谷在郑文宝处吃过一种八珍云片糕，是用荸荠、慈姑、百合、莲、藕、菱、芋、鸡头米等蒸熟烂后，再入石臼捣为泥状，加白糖和蜂蜜，入锅蒸为团块状，取出晾干，切成块便可以食用。陶谷极赞此物味美，称食之口齿生香。清乾隆年间，八珍云片糕流传到南京。近代，广东的师傅加以改进，采用荸荠制作粉浆，并添加各种甜味剂，制成的糕品糯软香甜、别有风味。

在广州，千层糕不但是老少咸宜的美食，而且是馈赠亲友的佳品，含有步步高升、兴旺发财的寓意。其表面光滑、层次鲜明，细细审视，可以看到鲜奶凝固其中，晶莹透明、非常好看。

【护国菜】

[文化联结]

护国菜是潮州风味名菜。说起这款能担当护国重任的菜馔，还有一段非凡的来历。

传说南宋末代皇帝赵显与陆秀夫几个大臣在残兵败将护卫下出走南京，逃到广东潮州的一个庙里。一行人早已疲惫不堪、饥肠辘辘。庙里和尚颇有忠君之心，千方百计想做些丰盛饭菜来招待皇帝。无奈连年战乱，庄田荒芜，庙里香火一直冷落，僧人自身日子也很难过，只好到后园里摘了一些鲜嫩的野菜叶子，经过精心烹制，给他们充饥。赵显此时已是饥肠辘辘，放开肚量居然吃得津津有味。饱餐之后他还一本正经地将这种野菜赐名"护国菜"，以示恩典。后来，这款菜传留后世，几经当地名师创新改进，竟成了全国闻名的潮州风味汤菜了。

"护国菜"汤色绿如翡玉、润滑适口，确实名不虚传。但吃时需要小心，只因此菜油厚，上席时菜汤里滚烫，却因有一层油脂封住表面而看不到有热气升腾。所以吃时要先用汤匙将油层拨开再舀，品尝时切勿操之过急，否则会烫嘴。

有趣的是：另有传说赵显当时吃的是番薯叶，而不是野菜，此说不无一定道理。但是，专家论证番薯是明代从海外传进，南宋末比明万历早三百年，因此宋帝南逃不可能会有番薯叶可食的。由此看来，"护国菜"还是用野菜做的更有说服力。

[制作参谋]

制作原料：新鲜番薯叶（苋菜、菠菜、通菜、君达菜叶均可）500克，湿草菇片150克，火腿片25克，猪油150克，鸡油50克，精盐5克，苏打粉（或食碱）、味精各适量，鸡汤1100克，肉汤200克，生粉30克，麻油10克。

制作方法：将番薯叶去掉筋络洗净，用2500克开水加小苏打粉（或碱水）少量，下番薯叶烫2分钟捞起，清水过4次，然后榨干水分，除去苦味，用刀横切几下待用。

将草菇洗净放碗内，加鸡油、火腿片、鸡汤200克、精盐2.5克，上笼蒸20分钟取出。拣出火腿片备用。

炒锅烧热，下猪油75克，放入番薯叶略炒，倒入草菇及原汁，加鸡汤900克、精盐2.5克，烧开后用湿生粉勾芡，加熟猪油75克、麻油10克，八成倒入汤碗内，两成留锅内。往锅内再加肉汤200克，放入火腿片和味精，将汤汁淋在汤菜上面即成。

第 六 章
闽　　菜

第一节　闽菜文化溯源

闽菜是中国八大菜系之一，涵盖了福建泉州、厦门、漳州和莆田"闽南金三角"地带的菜肴，和台湾、港澳以及东南亚地区的菜肴有重要的渊源关系。闽南菜清鲜香脆、注重调汤佐料、口味清淡、酸甜适宜、中西合璧、变化无穷。它的烹调技法多样，有炸、炒、煮、炖、焖、煎、卤、炯、灯、淋、蒸等。颇具地方特色的名菜有：桂花蛤肉、红焖通心河鳗、东壁龙珠、清蒸笋江鲈鱼、油火局红鲟、橙汁加力鱼等。名优地方风味小吃有：肉棕、面线糊、深沪鱼丸、扁食、石狮甜果、炸枣、田螺肉碗糕、土笋冻、芋丸、三合面等。出产丰富的闽南土特产为闽南菜提供了物质上的保证，如浔浦蚝、笋江鲈鱼、新桥溪的沙蜊、浮桥溪的"喇毛"、金鸡桥溪的鳗生、延陵此瓜（丝瓜）、陈埭泥蛏、石湖红膏鲟、龙湖金边鳖、衙口花生、惠安地瓜、灵水菜脯、西滨美酒、永春糟菜、安溪茶叶、永春芦柑等。

闽菜是经历了中原汉族文化和当地古越族文化的混合、交流而逐渐形成的。闽侯县甘蔗镇恒心村的昙石山新石器时代遗址中保存的新石器时期福建先民使用过的炊具陶鼎和连通灶，就证明福州地区在5000多年之前已从烤食进入煮食时代了。福建也是我国著名的侨乡，旅外华侨从海外引进的新品种食品和一些新奇的调味品，对丰富福建饮食文化、充实闽菜体系的内容，曾产生过不容忽略的影响。那时，福建人民经过与海外，特别是南洋群岛人民的长期交往，海外的饮食习俗也逐渐融入到闽人的饮食生活之中，从而使闽菜成为带有开放特色的一种独特的菜系。

总的来说，闽菜的起源与发展离不开本地的自然资源。烹饪原料是烹饪的物质基础、烹饪质量的保证，在烹饪作用的发挥、烹饪效果的产生和烹饪目的的实现诸环节中，都起着关键作用。福建地处亚热带，气候温和、雨量充沛、四季如春。当地勤劳的祖先在漫长的生活实践中，为后代创造、选育、聚集了丰富多彩的烹饪原料。这里有广袤的海域、漫长的浅滩海湾，冬季不冷、夏季不热、透光性好、海水压力不大；闽江、九龙江、晋江、木兰溪等江河带来丰富的饵料，水质肥沃，加上又是台湾暖流和北部湾寒流等水系交汇处，成为鱼类集聚的好场所，鱼、虾、螺、蚌、蚝等海鲜佳品常年不绝。明代屠本峻的《闽中海鲜录》中所记，鳞、介两部就有257种之多。清初人周亮工的《闽小记》中有多条讲到福建的海味，并认为西施舌当列神品、江瑶柱为逸品。辽阔的江南平原盛产稻米、蔬菜、花果，尤以柑橘、荔枝、龙眼、橄榄、香蕉和菠萝等佳果誉满中外。苍茫的山林溪间有闻名全国的茶叶，并盛产山珍野味如香菇、竹笋、莲子、薏米和银耳等山珍美品。福建不仅常用的烹调原料丰富多彩，而且特产原料也分布广泛：厦门的石斑鱼、长乐漳港的海蚌、建宁的莲子、连城的地瓜干、上杭的萝卜干、永定的菜干、武平的猪胆干、宁化的老鼠干、明溪的肉脯干、长汀的豆府干等，品种繁多、风味迥异、享有盛名。这些丰富的特产为福建人民提供了得天独厚的烹饪资源，也为闽菜名菜、名点的形成奠定了物质基础。

据考证：闽菜的源头在现今福建省泉州市，它既依赖于泉州丰富的物产资源，还与泉州人民的迁徙、经济的兴隆发达、海外交通的拓展、和平共处的宗教信仰、各具特色的民俗饮食习惯等泉州文化有着密不可分的关系。

泉州历史悠久、源远流长，设州至今已有1233年历史，拥有极其丰富的传统文化底蕴。本土文化（也称闽越文化）、中原文化、海丝文化等多元文化在这里融汇，并发扬光大。中原文化远在两晋南北朝时期就传入泉州。那是我国历史上著名的动乱不安的时期，北方汉人成批入闽避难，也就是历史上所谓的"衣冠南渡"。这时和随后入闽的汉人，共分为三大批，由上层到下层，形成了三次入闽高潮。他们多半集中居住在晋江沿岸交通方便、土地肥沃的地方，或散居在晋江边海地区。因此，中原汉文化对泉南文化的开发、形成以及繁荣经济，产生了积极的促进作用。入闽的汉人既带来了先进的中原文化和生产技术，也带来了中原地区古老的饮食文化。一些烹调技术仍保存至今，如北方现在称乎煮或蒸成的汁状、糊状、冻状的食品为"羹"类食品，而泉州的肉羹、蚵仔羹、粉羹则保留了最古朴的烹调方法。海丝文化起源于海上丝绸之路的开通，明朝郑和下西洋则是海上丝绸之路的延续。特别是唐宋以来，随着泉州对外通商，经济贸易及多元文化交往日益繁荣。例如泉州、厦门独有的"沙嗲"类食品，就是中外饮食文化交融的见证。此时，京、广、苏、杭及海外等地烹饪技术也相随传入，结合本土文化和风土人情，逐步发展形成了闽南菜体系。因此，闽南菜是多元文化结合的结晶，源于闽越文化、中原文化和海丝文化的重大影响而形成。特别是改革开放以来，除本身对周边地区的影响极大外，闽菜还不断通过引入、输出烹饪技术，逐渐朝着精细、清淡、典雅的品格演变，形成了新的泉州菜系。

从物产方面来说，泉州地处山海之合，位于我国东南沿海，背靠群山、气候温和、雨量充沛、大地常绿、四季如春，沿海地区海岸线漫长，浅海滩涂辽阔。有"茶笋山木之饶遍天下""鱼盐蜃蛤匹富齐青"的名句，还有诸如"两信潮生海接天，鱼虾入市不论钱""蛏蚶蚌蛤两施舌，入馔甘鲜海味多"等雅赞，都体现了古人对泉州富庶的高度赞美。这些都为闽南菜的形成提供了物质保证。泉州还是沿海开放最早的城市，因而从外洋引进了不少"舶来品"，如咖喱、沙茶、芥末等香辣型的调料，形成了一种以闽味为主体，又多渠道吸收"西味"的闽南菜风格。如今古城泉州的风味除小吃仍旧保持古色古香的特色外，多数大菜已随着改革的春风，改变了过去配料多、鲜味浓的传统，变得更适应于现代人的口味。

因此，泉州先民充分利用浓厚的历史文化底蕴和得天独厚的山海资源，兼容中外饮食文化的精华，形成的形式朴实、口味清香、甘醇鲜美、风味独特的闽南菜流派，与灿烂的泉南文化是分不开的，也和泉州人朴实宽容、热情好客的民俗文化是分不开的。在历史上，泉州曾是世界各种宗教活动的圣地，现保留了十几种宗教遗迹，主要有佛教、道教、伊斯兰教、基督教、摩尼教等。《隆庆府志》曰："泉地风气温融，人素、质实……昔日号曰佛国，曰海滨邹鲁。"这样的宗教环境形成了泉州独特的饮食民俗文化，包括年节、礼仪等食俗。民俗婚丧喜庆、敬神祀祖，除筵席宴客外，多有风味小食、礼仪食品。许多普通家庭逢年过节也都要烹饪制作风味食品，可祭祀、可请客、可做家宴，也可馈赠亲友，如元宵节的元宵丸，春节的年糕、甜果，清明节的麦馅果，端午节的粽子，小孩"满月"的"满月丸"、寿龟，婚礼的"大花包""礼饼"等。除年节、礼仪食俗外，还有日常一日三餐。泉州人的日常食俗与我国大部分地区一样，实行一日早、午、晚三餐制，作为正餐的补充还有点心。受本地自然环境、经济条件和生产方式的制约，自古以来泉州人即以"靠山吃山，靠海吃海"为摄食原则，饮食结构具有自己的特色，主食原料为大米、番薯（地瓜）、大麦，主食的制作方法有干饭、稀饭两种。点心主要是小吃，如"三合面""豆浆""花生奶"等。还有独具特色的把主、副食"二合一"的吃法，即把蔬菜、海鲜、肉类等食品直接与主食煮成咸饭、咸粥，如高丽菜饭、芥菜饭、红膏鲟饭、花生仁粥、蚝仔粥、鸭仔粥、地瓜粥等，既节省做菜、做饭的时间，又营养好吃，这些都是闽南菜系的风格。

泉州还是我国著名的历史文化名城之一，又是古代的港口城市，早在唐代，泉州已成为中国对外贸易的四大商港，同100多个国家和地区有通商和友好往来。宋元时期，它更以"刺桐港"蜚声海内外，被誉为"东方亚历山大港"和"光明之城"，出现了"市井七州人，海涨声中万国商"的繁华景象。明朝郑和下西洋、清朝郑成功收复台湾，20世纪初又有不少泉州人下南洋打工，使得泉州的对外交往日益频繁，对外交流进一步扩大，导致中外饮食文化的交流、磨合与融汇得更加密切。这样，闽南菜的风味不但影响漳州、厦门、潮汕、台海等地区，还输出到国外。

台湾与泉州隔海相望，交往本来就十分频繁。公元1661年，原明朝延平郡王郑成功从金门出发收复台湾，所率兵将25000人，多为泉州人，目前台湾人80%以上讲闽南语，也可以说80%的台湾人祖籍地是泉州，所以台湾菜风味目前主要还是以闽南风味为主。

漳州除了与泉州地理位置相邻外，在历史上还有许多不可分割的渊源。明万历以后，泉州后渚港堵塞，闽南的对外港口转移到漳州的月港，漳州成为进出口集散地，泉州、厦门及东南亚的商贾也云集于此，这一切均推动了福建餐饮的发展。闽南菜首先对其影响较大，但漳州的风味不仅传承了闽南风味，还受到客家和潮汕风味的影响。现在，漳州菜风味是泉州与潮汕风味的结合。

厦门是近百年来发展起来的一个港口，受闽南菜风味的影响应与漳州在同一时代，但其历史上除以泉州和漳州菜路为主体外，还兼收了粤菜和西餐的风味。20 世纪 30 年代初，厦门有泉州菜馆 16 家、广东菜馆11 家、西餐馆 15 家，直到 50 年代这种菜馆的结构仍没有什么变化。但从 20 世纪 70 年代初开始，厦门连续几年派出一大批有文化素养的青年厨师到海外轮任大厨。这批厨师走遍了欧美亚非拉，大量地吸取了西菜的精华，回国后成了厦门烹坛上的主力军。厦门菜也在原闽南菜"清鲜香脆"主旋律的基础上，有了更多的开拓与创新，一跃成为闽南菜路的代表。如：传统菜"加力鱼火工白菜"，过去是加力鱼头和大白菜大火慢火工，改革后是以大白菜将加力鱼肉包起来，投入事先调制的鱼骨高汤中再装进即位瓷盅，大火蒸透后上席，典雅高贵，不失本来风味；"沙拉小虾菇"是一道中菜西做的菜，还有"龙宫水晶蚌""绿带寻包""西施浣纱""酥皮香芒虾"等一批创新菜，都先后在全国大赛中获奖。应该说闽南菜是起源于泉州，而发扬光大于厦门。如：厦门人过春节必上席的美馔"薄饼"就源于泉州的传统美食"嫩饼菜"，它的原料是白萝卜、高丽菜，分别切丝后与鲜虾仁、肉丝、香菇丝、扁豆、豆干丝等一并下锅用小火慢炒成馅料，吃时先将春卷皮张开，抹上甜辣椒酱，撒上少许炒成香酥的海苔、肉松、花生酥、芫荽后包成卷食用。这是一款大家围坐一起自包自吃的菜，寓意全家美满团圆，是闽南人的春节食俗。

总之，闽菜的烹饪技艺既继承了我国烹饪技艺的优良传统，又具有浓厚的南国地方特色。尽管各路菜肴各有特色，但仍为完整而统一的体系。不同特色的存在使人感到它变换有方、常吃常新、百尝不厌。总的来说，闽菜的烹饪有以下四个鲜明的特征：

其一，刀工严谨、入趣菜中。

福建海鲜珍品有柔软、坚韧的特性，非一般粗制滥造可获成效，这就决定了闽菜刀工必具严格的章法。闽菜刀工有剞花如荔、切丝如发、片薄如纸的美称。如鸡茸金丝笋，细如金丝的冬笋丝与鸡茸、蛋糊融为一体。食时，鸡茸松软，不拖油带水，尚有笋丝嫩脆之感，鲜润爽口、芳香扑鼻；又如爆炒双脆，厨师在加工肚尖时，用剞刀法在肚片里肉剞上横竖匀称的细格花，下刀迅速而富有节奏，刀刀落底，底部仅保留一分厚度相连，令人叹为观止，再加上微妙的爆炒，成菜既鲜又脆，造型之美使人赏心悦目。总之，闽菜的刀工立意决不放在华而不实的造型上，而是为美味精心设计的，没有徒劳的造作，也不一味追求外观的艳丽多姿。

其二，汤菜居多、滋味清鲜。

汤菜在闽菜中占绝对重要的地位，它是区别于其他菜系的明显标志之一。这种烹饪特征与福建丰富的海产资源有着密切的关系。从烹饪与营养的观点出发，闽人始终把烹调和确保质鲜、味纯、滋补紧密联系在一起。在繁多的烹调方法中，汤最能体现菜的本味。因此，闽菜的重汤或无汤不行，其目的皆在于此。如鸡汤氽海蚌，系用汤味纯美的三茸汤，渗入质嫩清脆的海蚌之中，两相齐美，达到眼看汤清如水、食之余味无穷的效果；又如奶汤草，色白如奶、肉质细嫩甘鲜、味道清甜爽口；再如葱烧蹄筋，汁稠味鲜、葱香浓郁、甜爽可口。纯美的汤为闽菜风味增添了诱人食欲的美妙韵律。

其三，调味奇异、甘美芳香。

味美可口是人们对菜肴的共同要求，而善于调味就是闽菜的特色之一。其调味偏于甜、酸、淡，这一特征的形成也与烹调原料多取自山珍海味有关。闽菜善用糖，甜能去腥膻；巧用醋，酸能爽口；味清淡，则可保存原料的本味，以甜而不腻、酸而不峻、淡而不薄享有盛名。而且，闽菜厨师在长期的实践中积累了丰富的经验，他们根据不同的原料，采取不同的刀工和不同的烹调方法，调味时坚持做到投料准、时间准、次序准、口味准，使菜肴的口味丰富多彩、变化无穷，构成闽菜别具一格的风味。如淡糟香螺片、醉糟鸡、红烧兔、茄汁烧鹧鸪、糟汁氽海蚌等，以清鲜、和醇、不腻等风味特色为中心，在南方菜系中独具一格。

其四，烹调细腻、丰富多彩。

闽菜烹调方法多样，不仅熘、焖、氽等独具特色，还擅长炒、蒸、煨等方法。如闽菜响铃肉，呈淡黄色、质地酥脆、略带酸甜，吃时有微响，故称响铃肉；油焖石鳞，色泽油黄、细嫩清甜、醇香鲜美。在外地的福建人都亲切地称这些菜肴为家乡风味，成了漂泊异乡之人维系家乡感情的纽带，所谓的因风思物、因物思乡，正是这一道理。

闽菜的煨制菜肴具有柔嫩滑润、软烂荤香、馥郁浓醇、味中有味、食而不腻的诱人魅力。闻名中外的佛跳墙是由清朝后期福州聚春园菜馆首创，距今已有100多年的历史。文人坛启荤香飘四邻，佛闻弃禅跳墙来的佳名，就恰当地赞誉了煨菜之冠佛跳墙。这一名菜荤香四溢、味道醇厚、历经百年，引得海外游客纷至沓来，以品尝这个美馔佳肴为一大快事。此外，色调洁白、和谐美观、鲜嫩松脆、味道爽口的生炒海蚌；而色清沏、鱼肉嫩滑甘美、味道醇香鲜爽的清蒸加力鱼；肉烂味鲜、糟香袭鼻、质地滑润爽喉、甜美适口的江糟羊；色、形、味均似荔枝，食之酥香细嫩、酸甜鲜美、滑润爽口的荔枝肉等，都深为国内外宾客所同嗜而闻名于世。

闽菜中的素菜也有其独到之处。如厦门凌霄峰下的南普陀寺的素菜，为严守佛家传统的食谷条规，善于将纯素的原料烹出多彩多姿、风味各异的美馔佳肴，不仅赐人以口福，而且给人一种美的艺术享受。如羊月沉江、丝雨孤云、雪峡银浪、白壁青云、南海金莲、莲蓉酥酡等名菜，菜名既寓意贴切，又客观反映了菜肴的色、香、味、形，无怪乎激起名人学士、诗人画家的无限感慨，纷纷为之题书吟咏。如今，福建素菜更是闻名中外、飘香四海，吸引着八方游人闻香而来。

第二节　撷粹漫品——闽菜纵览

闽菜主要由福州、泉州、厦门等地方菜发展而来，其中尤以福州菜著称。福建也是精于饮食的省份，虽然临近广东，可是两者口味迥然不同。其临江近海，水产特佳，所以闽菜以海鲜为主，而佐料上则喜欢用红醋和虾油；芋（枣、薯）泥、燕皮、鱼丸则是福州点心、汤类的特色，所以闽菜在南方菜肴中独具一格、色调美观，滋味清鲜，长于炒、煎、煨，喜用糖、醋、虾油作佐料，注重甜酸咸香。名菜有佛跳墙、雪花鸡、太极明虾等。

【佛跳墙】

[文化联结]
关于佛跳墙的传说很多，下面就有两个版本。
相传，佛跳墙的传说就描摹了一个馋嘴和尚的形象。从前，有个厨人因为做不出花样翻新的菜肴，受到皇帝的训斥。可是皇帝吃够了山珍海味，厨子实在想不出拿什么来取悦皇帝的胃口，自叹路穷，想到自己明日便要被扫地出门，他索性将素鲜各种菜料一锅烹，使出浑身解数调制。好在天无绝人之路，没想到这锅菜异香扑鼻，竟引得隔壁修行多年的老和尚爬墙张望，皇帝尝过此菜后对厨人大加赞赏，厨人便将这道使自己保住饭碗的菜称为佛跳墙。

关于佛跳墙的传说虽然多，但比较起来还是下面的说法更值得相信。清道光年间，有一次，福州官钱局请布政使周莲到家里吃饭，席间有一道菜是将鸡、鸭、羊肘、火腿等原料加工后，放于绍兴酒坛中煨制而成的。吃起来美味异常，使周莲难以忘怀。回去后，周莲便命家厨郑春发试做此菜，但口味不佳，于是周莲就带着郑春发复到官钱局求教。郑回去后精心研究，增加了数种水陆之珍，终于做出了香味更浓、风味更佳的菜肴。后来郑春发辞去厨师职务，在东街口开设了聚春园菜馆，将此菜以海参、鱿鱼等 18 种原料加陈酒、桂皮、茴香等作料，放入陶制瓦罐中煨制，味道鲜美绝伦，前往品尝者络绎不绝。一次，几个秀才慕名到聚春园品尝此菜，菜上桌后，打开坛盖，顿时满室飘香，秀才们吃过后赞不绝口，并当席赋诗咏之。其中有句云："坛启荤香飘四邻，佛闻弃禅跳墙来。"因诗句生动有说服力，这道原名福寿全的菜就被改称"佛跳墙"。一百多年来这道菜一直风靡全国、饮誉海外。

佛跳墙这道菜用料比较珍贵，将鱼翅、鲍鱼、鱼唇、海参、鱼肚及鸡鸭鸽蛋等荟萃一锅，食物众多、烹制费时，是一道价格昂贵的菜肴。成菜特点香味浓郁、肉质软嫩、滋味鲜美、回味无穷。其卤汁醇厚、汁浓味鲜，甚至被誉为"天下第一汤"。

名因其菜，菜借其名，一百多年来，佛跳墙一直是人们津津乐道的一道名菜。

[制作参谋]

制作原料：水发鱼翅 500 克，鸽蛋 12 个，水发鱼唇 250 克，白萝卜 500 克，水发刺参 250 克，炊发上笼蒸干贝、水发鱼肚、上等酱油各 125 克，水发猪蹄筋 250 克，冰糖 7 克，水发香菇 200 克，黄酒 2500 克，净肥母鸡 1250 克，味精 15 克，净嫩肥鸭 1250 克，葱白段 125 克，净鸭肫 12 个，桂皮 10 克，净火腿肉 150 克，生姜片 75 克，净冬笋 500 克，大茴香 1 粒，净猪肥膘肉 125 克，骨汤 1000 克，净猪肚（大）1 个，熟猪油 1000 克（耗 250 克），净猪蹄尖、净羊肘 1000 克，金钱鲍鱼 6 个。

制作方法：将水发鱼翅整齐地排在竹箅上，放进开水锅中加葱30克、姜15克、黄酒100克，煮10分钟后去葱、姜，将原箅放入碗中，鱼翅上排上猪肥膘肉，调入黄酒50克放在笼屉中蒸2小时取出，拣去肥膘（留作他用）。鱼唇切成6.6厘米长、5厘米宽的块，放进开水锅中加入葱30克、黄酒100克、姜15克，煮10分钟后拣去葱、姜，滗去汤汁。

鲍鱼放进笼屉蒸烂取出洗净，每个批成三片，锲上十字花刀，放入大盆中再加入清汤250克、黄酒15克，放进笼屉用旺火蒸1小时取出（滗去汁）。干贝洗净，装在碗中加入清水50克上笼屉蒸30分钟，用小火煮20分钟捞起，放入清水浸20分钟后去壳，用酱油少许上色。

鸡、鸭去头、颈、脚、内脏，蹄尖剔去蹄壳，拔净杂毛洗净，将肘刮洗干净。以上四种原料各切成12块。鸭肫切开去膜，放入开水锅余去血水捞起。猪肚洗净，先用开水余两次，切为12块，再放进骨汤250克，锅中加黄酒75克，余一下捞起，滗去汁。

刺参切片，猪蹄筋切成长6.6厘米的段，香菇去蒂，火腿加清水150克放进笼屉蒸30分钟取出，滗去汁，切成1厘米厚片。冬笋每只直剖成四，用刀轻轻拍扁。萝卜去皮切成直径2.65厘米的圆球形（每粒50克）。炒锅放在旺火上，下猪油烧到七成热时，下鸽蛋炸2分钟捞起，下萝卜球、冬笋炸2分钟，滗去油，加入骨汤250克、味精5克、酱油50克，煨烂捞起待用。

鱼肚切成长5厘米、宽2.65厘米的块，炒锅放猪油50克，烧到七成热时，下葱35克、姜45克，炒出香味后，倒入鸡、鸭、羊肘、蹄尖、鸭肫、猪肚炒几下，调入酱油75克、味精10克、冰糖适量、黄酒2250克、骨汤500克、大茴香、桂皮翻炒几下，加盖煮20分钟去葱、姜，捞起，汁另装碗中。

取酒坛一个洗净，坛底放一个小竹箅，倒入煮过的鸡、鸭等原料，再放入鱼翅、火腿、干贝、鲍鱼（纱布包成长形），纱布包上面排上香菇、冬笋、萝卜球，倒入煨汁，坛口用荷叶盖上，盖上小碗，把坛放在木炭炉上，用小火煨 2 小时后，启盖迅速放进刺参、蹄筋、鱼唇、鱼肚，封口后再煨 1 小时即成。上菜时，倒出坛中菜肴于大盆中，放上鸽蛋，跟上梭衣萝卜一碟、油辣椒一碟、火腿拌菜心一碟、冬菇豆苗一碟及点心二式。

【光饼】

[文化联结]

福州"光饼"是福建省沿海一带的民间传统食品。传说：清代有位施鸿保还专门写了一篇文章，说"光饼"的生产跟明代抗倭名将戚继光有关。

明代嘉靖年间，我国东南沿海经常有倭寇从海上侵入，登陆后烧杀掳掠、无恶不作。浙闽近海地区的老百姓饱受这些侵略者造成的苦难，许多人不得不背井离乡、到处流浪、乞讨求生。在朝廷授意之下，名将戚继光在浙江沿海迅速组建了一支精锐的军队，人称"戚家军"，专门对付倭寇。经过大小战斗十多次，"戚家军"英勇杀敌，取得一个又一个胜利，狠狠地打击了侵略者。

从 1562 年起"戚家军"多次赴闽作战，拯救福建渔民于水火之中。倭寇为了躲避"戚家军"的锋芒，狡猾地改变了战术，采取"游击战"，打了就跑，继续骚扰沿海地区，还让"戚家军"数次扑空。戚继光研究了敌情之后决定长途奔袭，亲自率领将士不顾山路险阻和疲劳，寻找战机，决心一举全歼倭寇。福建沿海的老百姓被"戚家军"的勇武精神深深地感动了。他们想尽一切办法帮助和支援自己的军队，于是家家户户制作香咸可口的白面饼送到军中。为了让战士们行军作战携带方便，人们还在制饼时中间留有一孔，好用绳子穿起来，以供战士们随时食用。在人民的热情支援下，"戚家军"将士更加奋勇作战，狠狠地打击了侵略者的嚣张气焰，使倭寇连遭重创，死伤惨重。"戚家军"所向无敌，侵略者闻风而逃，再也不敢轻易登陆骚扰了。此后，数十年的和平安定局面在福建沿海出现了。"戚家军"所食用的饼也被称为"光饼"而流传了下来。

[制作参谋]

制作原料：面粉 1750 克、酵母 250 克、苏打 25 克、精盐 5 克（以

80 个计算）。

制作方法：将面倒在案板上，加苏打、精盐，掺水 500 克左右，溶化调匀再加入酵母，和成面团，搓成长条，揪成 80 个面剂，每个剂揉团，擀成扁圆形，中间戳个小洞，制成光饼生坯。

在光饼炉里放进木炭，待炉温升到 50℃—70℃时，把炉中木炭收拢，让四周火熄灭，除炉内水汽，迅速将饼坯贴进炉壁内，用手将清水轻轻洒到饼上，使饼面发亮。旺火使饼面呈浅黄色到金黄色，速将火拨拢，用小铲铲掉后出炉。

【四堡漾豆腐】

[文化联结]

相传四堡漾豆腐已有 300 余年的历史。明清时期，四堡的木刻雕版印刷业非常繁荣，由于油炸煎炒过的食物易火气上身，而日夜劳作的印刷工人又要讲究清心润胃、滋阴养元。因而，豆腐文化在四堡就有了历史起源。

[制作参谋]

它以境内独有的（五月黄）豆为主原料，用熟石膏调煮豆浆做成白豆腐。佐料要精选新鲜猪瘦肉和无筋膜的嫩牛肉，加入少许红菇、香菇、葱白等剁烂成鲜肉酱为馅。取团状肉馅塞入用小指啄成窟隆的一块块方寸大的鲜豆腐块中。锅中猪油煎热后将肉馅朝上的豆腐轻放入锅，添入新鲜鸡汤、撒少许乌豆豉，以文火微焖至熟时揭开锅盖，只见锅内豆腐微黄见白，在文火中似摇似动。此时撒少许胡椒粉、小葱花，待汤水全被豆腐吸收时起锅，赶滚（即趁热）品尝。那白中淡黄、似摇似动的盘中豆腐谓之为漾豆腐。不难想象，品尝闽西客家传统名菜四堡漾豆腐，品味历史文化与客家食文化的发展和升华，必然是一种高雅的享受。

【西施舌】

[文化联结]

"西施舌"又名"沙蛤"，是福建著名的海珍。其生长在浅海的泥

沙中，肉质鲜嫩爽口，深受食客的
欢迎。

据传春秋战国时期，越王勾践灭
吴后，他的夫人偷偷地叫人骗出西施，
将石头绑在西施的身上，而后沉入大
海。从此沿海的泥中便有了一种似人
舌的"海蚌"贝类，人们称它为"西
施舌"。福建地区很早就用"沙蛤"
制成美味佳肴。20 世纪 30 年代著名作家郁达夫在福建时，曾称赞"西
施舌"是闽菜中色香味形俱佳的一种"神品"。

［制作参谋］

制作原料：净西施舌 350 克，水发香菇、净冬笋各 15 克，芥菜叶
柄 20 克，湿淀粉 10 克，绍酒 15 克，白糖 5 克，白酱油 15 克，味精 5
克，上汤 50 克，芝麻油 5 克，生油 40 克。

制作方法：将西施舌肉去裙，每只均片成相连的两扇，洗净。芥菜
叶柄切成长 2 厘米的菱形片，香菇每朵切成 3 片，冬笋切 2 厘米长、
1.3 厘米宽的薄片。用白酱油、白糖、味精、绍酒、芝麻油、上汤、湿
淀粉调成卤汁。

将片好的西施舌放入 60℃ 的热水锅氽一下捞起，沥干水分。炒锅
置旺火上，下生油烧热，将芥菜叶柄、香菇、冬笋片放入颠炒几下，随
即倒入卤汁煮沸勾芡，汁粘时放进西施舌肉片，再迅速颠炒几下，装盆
即成。

第三节　饮食物语——怪俗怪吃

俗话说"百里不同风，千里不同俗"。我国幅员辽阔、民族众多，
不同的历史渊源、人文地理环境，造就了东西迥异、南北殊同的饮食文
化现象。所以，单看风情各异的怪吃怪俗，就够品味一番的了。

一、面条好像裤腰带

关中盛产小麦，面条是关中人的主食。关中面条种类繁多，有棍棍

面、拉面、扯面、臊子面等。关中人最喜欢将面和硬揉软、擀厚、切宽，就像条裤腰带那样。这种面吃起来都很光滑、筋道，很有嚼头，真可谓"既好食又饱肚"。

二、三个辣子一道菜

关中人吃辣椒比起湖南人、四川人来有过之而无不及。四川人只是把辣椒作为一种调味品，而关中人则是实实在在地把辣椒当菜来吃，"三个辣子一道菜"足以见证。关中的辣椒色红、个长、头尖、味极辣，看着红、闻着香、吃着辣，令人食欲大增。

三、泡馍食客掰

俗语说：没吃牛羊肉泡馍，不算真正到过西安，而到西安则必定要品尝这"三秦第一碗"。西安的馍状似烧饼，它不是咬着吃的，厨师只将它烧到八成熟，让食客自行掰成一小块一小块的，再端回厨房，经调料师傅加工后才可吃。而再次从厨房端出来的便是地地道道的牛羊肉泡馍了，吃到嘴里，馍筋味醇，实为佳肴。

四、三条沙虫一碗菜

这是海南人所特有的一个食俗。所谓"沙虫"，系一种栖息在海南沙滩边的蚕科小动物，身体呈灰白色，富含高蛋白、低脂肪，营养价值很高。海南人吃沙虫除有沙虫火锅外，还喜红烧沙虫。一般以香菜或生菜加上三条沙虫进行红烧，其味道非常鲜美。

五、面锅里面煮锅盖

这是江苏镇江的一个非常有趣的饮食怪俗。传说从前镇江有一对夫妻，丈夫老是有病，胃口不开。妻子给他下面吃，不是嫌太硬，就是嫌太烂。一次，在煮面时，妻子不小心将汤罐盖子碰掉到锅里面去了，谁知丈夫吃了这碗面觉得爽口适味。以后，妻子便天天给丈夫烧锅盖面吃，从此锅盖面在镇江便传开了，成了远近闻名的风味小吃。

六、肴肉不当菜

此怪吃亦源于民间传说。从前，镇江酒海街有一个夫妻店，由于不慎，丈夫错把硝当盐腌了猪蹄。谁知硝过的猪蹄越烧越香，连路过的八仙之一张果老闻到肉香之后，都非要吃几口。后来，因硝肉不好听，就改为"肴肉"。就这样，"肴肉不当菜"的习俗便流传到今天。

七、吃的饼子像锅盖

陕北盛产麦子，日常生活以面食为主。饼子又称大饼，每个重达数斤，形如一张大锅盖，吃时可切成三角形的一块块，以便全家老少分而食之。陕北大饼表皮黄亮脆香、内瓤松软，虽是陕北人的主食，而旅游者初次品尝，又何尝不是一次地方风味的美餐呢！

八、米饭用手抓

这是指维吾尔族人最爱吃的食品"抓饭"，当地人叫"波罗"。抓饭的主要原料有大米、羊肉、胡萝卜、洋葱和青油。做出来的抓饭油亮生辉、香气四溢、味道可口、营养丰富。就是吃时，应按维吾尔族的习俗用手抓着就食。

九、生肉当馍又当菜

此菜即青海玉树地区所特有的"下更保"。在每年的10月至11月期间将肥壮健康的牛羊宰杀后，劈成大小相同的块状（或只取净肉切块），也有把整头牛破为18块，穿串悬挂在避光通风处晾干。这样炮制出来的干肉，色、香、味俱佳，且保持了新鲜牛肉的营养成分，食时不加任何烹调，入口脆嫩鲜美、易饱耐饥、别有风味。特别是天气转暖、青黄不接的春季，"下更保"更是野外游牧藏民的食中之王。

十、蚂蚱当作下酒菜

　　这是云南十八怪之一。云南人叫蝗虫为蚂蚱，在大理白族地区，人们尤其喜欢将"蚂蚱"当作下酒菜。其吃法是：将蚂蚱烫死晒干，除去翅膀、刺脚、尾部和肠肚，只留下头、身子和大腿。洗洗干净，入铁锅以文火炒熟炒香，晒晾后配上盐、姜、蒜、辣椒、花椒、八角、红糖等佐料拌匀，装入瓦罐中，封严罐口，食用时取出来便可，味道十分可口。这实际是作腌制品食用，的确不多见。

第 七 章
苏　菜

第一节　苏菜文化溯源

　　苏菜系中国八大菜系之一，主要由淮扬菜、苏锡菜、金陵菜、徐州菜组成。其用料广泛，以江河湖海水鲜为主；刀工精细，烹调方法多样，擅长炖、焖、煨、焐；追求本味、清鲜平和；菜品风格雅丽、形质均美。

　　苏菜历来以重视火候、讲究刀工而著称。著名的"镇扬三头"（扒烧整猪头、清炖蟹粉狮子头、拆烩鲢鱼头）；"苏州三鸡"（叫花鸡、西瓜童鸡、早红桔酪鸡）以及"金陵三叉"（叉烤鸭、叉烤桂鱼、叉烤乳猪）都是其代表名品。

　　苏菜的菜式组合也颇有特色。除日常饮食和各类筵席讲究菜式搭配外，还有颇具独到之处的"三筵"：其一为船宴，见于太湖、瘦西湖、秦淮河；其二为斋席，见于镇江金山、焦山斋堂、苏州灵岩斋堂、扬州大明寺斋堂等；其三为全席，如全鱼席、全鸭席、鳝鱼席、全蟹席等。

　　江苏地处我国东部温带，气候温和、地理条件优越，东临黄海、东海，源源长江横贯中部，淮河东流，北有洪泽湖，南临太湖，滔滔运河纵流南北，省内大小湖泊星罗棋布，号称江南鱼米之乡。其时令水鲜、蔬菜四季常熟，镇江鲥鱼，两淮鳝鱼，太湖银鱼，南通刀鱼，连云港的海蟹、沙光鱼，阳澄湖的大蟹，以及桂花盛开时江苏独有的斑鱼享誉全国。还有中外驰名的南通狼山鸡、高邮鸭、如皋的火腿、泰兴的猪、南京的矮脚黄清菜、苏州一带的鸭血糯、泰州的豆制品，以及遍布水乡的鹅、鸭、茭白、藕、菱、芡实等令人目不暇接。相传西汉淮南王刘安发明了豆腐，南北朝时就已用面筋制作菜肴，笋、蕈等为素食原料。以上丰富的烹饪原料为江苏烹饪的发展提供了良好的物质基础。

　　江苏烹饪历史悠久，秦汉以前长江下游地区的饮食主要是"饭稻羹鱼"，《楚辞·天同》中记有"彭铿斟雉帝何飨？"之句，即名厨彭铿所制之野鸡羹，供尧帝所食，深得尧的赏识，封其建立大彭国，即今彭城徐州。隋唐两宋以来，金陵、姑苏、扬州等地繁荣的市场促进了江苏烹饪的发展。如北宋的《清异录》中记有隋炀帝在扬州大筑宫苑定为行都，江苏所产的糟蟹、糖蟹均为贡品，并将蟹壳表面揩拭干净，用金纸剪成的龙凤花密密地粘贴在上面。扬州用碧绿的竹筒或菊之幼苗，将鲫鱼肉、鲤鱼籽缠裹成的"缕子脍"；苏州用鱼鲊之片拼合成牡丹状的著名花色菜品"玲珑牡丹鲊"等都说明在唐宋时期江苏已有制作复杂、色泽鲜艳、造形美观的工艺菜了。明清时期江苏内河交通发达，船宴盛行，南京、苏州、扬州皆有船宴。时至清代江苏烹饪技法日益精细，菜肴品种大为丰富，风味特色已经形成，在全国的影响越来越大。清人徐珂所辑的《清稗类钞》中记有："肴馔之各有特色者，如京师、山东、四川、广东、福建、江宁、苏州、镇江、扬州、淮安。"

　　江苏的烹饪文化也十分灿烂，如元代无锡人倪瓒所著的《云林堂饮食制度集》是一部反映元代无锡地方饮食风格的专著。明代江苏吴县人韩奕所著的《易牙遗意》一书为仿古食经之作。清人袁枚所作的《随园食单》是在南京写成的，书中菜点多为淮扬菜，是清代烹饪文献之集大成者，也是研究中国烹饪史和烹饪理论的重要文献，在国内外广泛流传，成为世界著名的中国古代烹饪专著。由以上均可看出江苏烹饪文化遗产之丰富。而且，江苏的烹饪教育开办较早，20世纪40年代金陵女子文理学院家政系就开设了烹饪课程，但真正发展烹饪教育还是在新中国成立以后，特别是近年来江苏出现了不少颇有成就的烹饪教育工作者。

　　众所周知，苏菜主要由淮扬（淮安、扬州）、金陵（南京）、苏锡（苏州、无锡）、徐海（徐州、连云港）等四大地方风味组成。淮扬菜以扬州为中心，包括镇江、两淮地区。扬州自隋炀帝开辟大运河以来直到清代都是我国南北交通的枢纽，为当时东南的经济文化中心、对外贸易的重要商埠、历代帝王将相南巡或游玩的必经之地以及富商大贾常来常往之地。唐代的扬州是"雄富冠天下"的"一方都会"，有"腰缠十万贯，骑鹤下扬州"之说，当时经济繁荣，可谓"夜市千灯照碧云，高楼红袖客纷纷"。明代的《扬州府志》中记有"扬州饮食华侈，制作精巧，市肆百品，夸视江表"。扬州在历史上为南北要冲，因而在其菜品口味上吸取南甜北咸之特点，形成了自己咸甜适中的特色，口味上适应性广，其影响甚远。1949 年开国大典前夕，周恩来总理招待中外宾客的第一次国宴即为淮扬风味菜。淮扬菜历史悠久、刀工精细，擅制江鲜等淡水产品及鸡、肉的菜品，富有特色，注重火功，擅长炖、焖、煨等烹调方法，口味咸甜适中、清淡适口，还擅瓜果雕刻，是苏菜的重要组成部分。

金陵菜以南京为中心，擅长炖、焖等烹调方法，以口味醇和为主，素以鸭馔驰名，淡水产品制作的菜品丰富多彩、花色菜品玲珑细巧、清真菜肴独树一帜、夫子庙小吃花色品种丰富。南京历史悠久，据史料记载：2400 多年前的春秋末年，越王勾践灭吴，范蠡在今南京中华门外建一小城叫越城，后来楚亡越，公元前 333 年始置邑，改称金陵。吴孙权建业定都后，当时经济繁荣，金陵富豪"珠服玉馔"，非常讲究饮食。而且，"钩饵纵横，网罟接绪"（《吴都赋》）也说明其渔业发达、淡水产品丰富。

北宋陶谷所著的《清异录》记的"建康七妙"中云"金陵，士大夫渊薮，家家事鼎铛"。南唐主李煜派顾问中考察韩熙载的夜宴，画了著名的长卷《韩熙载夜宴图》就是当时金陵家宴的真实写照。"建康七妙"云："有七妙：虀可照面，馄饨汤可注砚，饼可映字，饭可打擦擦台，湿面可穿结带，醋可作劝盏，寒具嚼者惊动十里人。"即切碎捣烂的腌酸菜，均匀清洁得像镜子一样可以照出人面；馄饨汤清得可以入砚磨墨；饼薄如蝉翼可以透过它看出下面的字；饭煮得颗粒分明、柔韧有劲；调和好的面，筋韧如裙带，打结也不断；醋味醇美得可以当酒，馓子香脆，嚼起来清脆大声，可惊动十里以内的人。

唐宋时金陵饮食市场繁荣，杜牧的《泊秦淮》诗中云："烟笼寒水夜笼沙，夜泊秦淮近酒家。"说明不仅有日间闹市也有夜市酒家。明清时期江宁食肆振兴，明洪武二十七年（公元 1394 年）8 月南京新建酒楼 15 座，可见饮食市场繁荣，而且秦淮河上船宴盛行，南京夫子庙更是繁荣，小吃摊贩林立，酒楼、小食店、茶社鳞次栉比，供应品种繁多，风味丰富多彩。

南京是我国著名的四大古都之一，曾有十代王朝在此建都。新中国成立后南京是江苏省省会，全省政治、经济、文化中心。南京水陆交通发达，是长江流域的中心城市，其烹饪发达自然在情理之中。

南京烹饪天厨美名始自六朝，如六朝天厨之代表——南京的虞。他善于调味，所制之杂味菜肴非常鲜美，胜过宫中大官膳食，号称天厨当之无愧。

而且，南京菜肴尤以鸭菜著名，驰名中外。南京鸭肴颇多，如盐水鸭、黄焖鸭、裹炸鸭、料烧鸭、加汁鸭等，而首推盐水鸭。清人陈作霖所撰的《金陵琐志》中记有："鸭非金陵所产也。率于邵伯、高邮间取之。幺凫稚鹜千百成群，渡江而南，阑池塘以畜之。约以十旬肥美可食。杀而去其毛，生鬻诸市，谓之'水晶鸭'；举叉火炙，皮红不焦，谓之'烧鸭'；涂酱于肤，煮使味透，谓之'酱鸭'；而皆不及'盐水鸭'之为无上品也，淡而旨，肥而不浓；至冬则盐渍，日久呼为板鸭，远方人喜购之，以为馈献。市肆诸鸭，除'水晶鸭'外，皆截其翼足，探其肫，肝零售之，名为'四件'。"由此看出，早在清代盐水鸭就以"淡而旨，肥而不浓"的"无上品"而著称，为南京鸭馔之佼佼者。而南京板鸭因经过较长时间的腌制，其鲜味已失去几分，但对于外地没曾尝过此味道者，仍不失其诱惑，且便于携带，到南京出差办事的人都喜欢买来做馈赠礼品。盐水鸭四季皆有，但以秋季桂花开时最肥美，此时新鸭上市，皮白肉细、鲜嫩异常、品质极优，俗称桂花鸭。盐水鸭选料讲究，程序严格，要经盐腌、复卤、吊坯、汤锅等工序，有口诀："热盐擦、清卤复、吹得干、焐得透，皮白肉嫩香味足。"南京制鸭，除上述外又发展到一鸭多吃，品种繁多，如盐水鸭肫鲜美柔韧，愈嚼愈出味；炒鸭腰鲜嫩异常；烩鸭掌别有滋味；鸭心、鸭血等也可入馔。其中以鸭肝为主料制作的"美味肝"一菜为清真名菜，又名"美人肝"，成菜后鸭肝柔软鲜嫩，冬笋、冬菇味美爽口，此菜为南京百年清真老店马祥兴菜馆四大名菜（美味肝、松鼠鱼、蛋烧麦、凤尾虾）之一。可以说，该菜的制作发扬了中国烹饪物尽其用的优良传统。

南京菜中的河虾菜品也很著名，特别是现代南京厨师用虾制成的各种形象菜品，如凤尾虾、宫灯大玉等。而且，尤其善用河虾制成茸泥（南京俗称为虾缔，可分为硬缔、软缔、嫩缔），再造形制出形态各异、风味独特的菜品，如形象逼真的桂花虾饼、苹果虾、炸虾球等。

苏锡菜主要以苏州、无锡两地菜肴组成，擅烹制河鲜、湖蟹、蔬菜等，菜点注重造型、菜品清新多姿、讲究火候、善于调味、口味略甜。

苏锡地区的烹饪早在2500多年前的春秋战国时期就有很高的造诣。据《吴越春秋》记有：吴国公子光想谋杀王僚，便请猛士专诸向太湖烹制鱼菜的高手太和公学做"炙鱼"三个月，然后宴请王僚时将鱼肠剑藏于炙鱼腹中，待上菜时取剑将王僚刺死。《风土志》中载"吴王阖闾女，骄恣，尝与王争鱼炙，怨恚而死"为争吃烧鱼，竟郁怨而死。吴玉还筑鱼城以养鱼，置冰室以藏膳馐。《姑苏志》中记有："吴地产鱼，吴人善治食品，其来久矣。"

隋唐以来大运河开通，姑苏客商云集，船宴盛行。吴郡进献隋炀帝的蜜蟹，"贴以镂金龙凤花鸟，为食品第一"。五代时的"玲珑牡丹鲊"，唐时民间取荷叶包食品以增香味，白居易就诗云："就荷叶上包鱼鲊"。据《虎丘山志》载：唐敬宗宝历元年（公元825年）白居易任苏州刺史，兴修水村，建"白公堤"，乘船宴游虎丘从官府走向民间，使苏州船点进一步发展。苏锡一带，河湖密布，盛产鱼虾，苏州之西又临太湖，36000顷茫茫大湖盛产银鱼等淡水产品，这使得苏锡菜肴以水产鱼馔为主的风味特色在唐宋时期就基本形成。宋代随着政治中心的南移，苏州饮食业兴旺发达，当时苏州官办酒楼就有花月、丽景、跨街、清风、黄鹤等。

明清时期江南经济进一步发展，周履靖在苏州人韩奕所撰的《易牙遗意》一书的序言中说，他按《易牙遗意》中的方法做出的菜"（酉农）不（革免）胃，淡不槁舌"，与今日苏州菜肥而不腻、清而不淡的风格一脉相通。清康熙、乾隆时期苏州饮食业十分繁荣，乾隆年间常辉所撰的《兰舫笔记》中说"天下饮食衣服之侈未有如苏州者"。乾隆七下江南，每次都要在苏州停驻。清《清稗类钞》中指出的十处"肴馔各有特色者"便有苏州，足见当时苏州烹饪之发达。

"上有天堂，下有苏杭"，"吃在苏州，穿在杭州"，"一出门来两座桥"的苏州被称为"东方威尼斯"。"苏州美，无锡富"，太湖之滨的名城无锡也是著名的旅游和美食胜地。苏锡一带历来都因其风景秀丽为诸多文人雅士、官宦商贾的流连忘返之地，如今更是全国重点旅游城市之一，因而苏锡菜点在国内外的声誉与日俱增。

苏锡名菜中的莼菜氽塘鱼片、清烩鲈鱼片、四鳃鲈鱼汤菜等都深受欢迎。太湖莼菜人称"江东第一妙品"，鲜美、滑嫩、清香，常用来作汤菜或炒菜，"尤宜莼鱼羹"（《吴郡志》）最为著名。我国历史上还有

"莼鲈之思"的著名故事。据《晋书·张翰传》中记：苏州人张翰（字李鹰）在洛阳当官，"因见秋风起，乃思吴中菰菜、莼羹、鲈鱼脍，曰'人生贵适志，何能羁宦数千里以要名爵乎？'遂命驾而归"。张翰还乡弃官，当然是有其他原因的，但"莼鲈之思"却成了思乡之词。菰菜、莼羹、鲈鱼也随之提高了身价。莼菜塘鱼片、四鳃鲈鱼汤等菜不仅菜肴精美，还因与思乡有联系而深受港澳台、海外侨胞等顾客的欢迎。

苏锡传统名菜还有如清乾隆时已有的樱桃肉；由传说变为名菜的叫化鸡；无锡的典型功夫菜鸡茸蛋、梁溪脆鳝；用太湖名产银鱼制作的香松银鱼；无锡灯船上的必备的船菜白汤大鲫鱼等。

徐海菜指自徐州沿东陇海路至连云港一带地方风味菜（连云港古称海州，故这一区域称为徐海）。地处苏北的徐州、连云港一带，北邻山东，而我国第一位典籍留名的职业厨师彭铿就出生在徐州。彭铿被尊为厨师的祖师爷，并有雉羹、羊方藏鱼等名菜。秦汉时期，徐州一带的反秦主要人物刘邦、项羽及后被称为汉三杰的张良、萧何、韩信等人物在此聚众收兵，一时商贩云集、市肆饮食振兴。《汉书》中记有："汉颍川尹遑为徐州刺史，以小铜釜甄，一日十炊。"以轻巧的铜釜为炊具，小炉旺火使菜肴速成，一日十炊。当时已有龙凤宴、"八盘王簋"等。从近年来徐州出土的汉画像来看，有关烹饪方面的不少，如有烹饪原料鸡、鱼、兔、雁、鹿等；有庖人凭案宰牲、烧火作菜等场面。唐宋时韩愈曾任徐州通判，自制烧鱼后称为"愈炙鱼"；自称"老饕"的苏东坡在徐州任州牧之职二年，他的四道菜被称为"东坡四珍"。民国初年徐州诗人时鸿有诗云："学士风流号老饕，烹调有术自堪豪，四珍千载传佳味，君子无由夸远庖。"明代食疗菜在徐州广泛出现，当时徐州有一家易牙菜馆是因易牙当年落脚徐州而得名，据传该菜馆有四种风味迥异、流传于世的菜，即养心鸭子、四谛丸子、杏仁豆腐和三正鸡。

徐海风味以鲜咸为主、五味兼蓄，并兼有齐鲁风味。名菜有霸王别姬、沛公狗肉、彭城鱼丸等。

江苏自古以来就为富庶之地，物华天宝、人杰地灵、交通便利、经济繁荣、文化发达，历史名城颇多，历代厨师辛勤劳作，使江苏烹饪驰誉神州。近年来江苏经济建设飞跃发展，加之江苏旅游资源丰富，烹饪教育迅速发展，为江苏烹饪的进一步发展提供了良好的条件，江苏烹饪必将走上更新、更高的阶段。

第二节　撷粹漫品——苏菜纵览

　　苏州人是美食家，苏州菜是出了名的精致细巧。这跟当地的文化水准有关系，自古以来有不少朝代在苏州建都，古迹名胜又多，饮食方面自然就会精益求精。但是所谓讲究，并不是指山珍海味、燕窝鱼翅等材料上的选取，而是着重割烹、配料和调味的技艺。切菜时的刀法不论细切粗斩，均要整齐；横切竖切，纹理均要分明。大火煮、小火熬、武火爆炒、文火清蒸，都要处理得恰到好处，差一点火候就不是那种味道了。苏州人就连平常吃的菜肴，也是清淡而素净、重质不重量，真是大荤大肉嫌粗气、浓油浊酱怕伤胃。

　　扬州菜的特征则是不管如何烹调，都要讲究原汤原味，所以不同菜式就滋味各异了。扬州点心花色繁多，加上厨师们肯下功夫去改良，闻名遐迩也就不是侥幸得来的了。不过油重厚腻，喜好清淡的人就不太喜欢了。

　　还有人把南京菜跟苏州菜混在一起，统称为京苏菜。其实，若要认真品评，两地口味是完全不相同、不能比拼的。南京跟北京一样，虽有不少菜式，可是要拿出成桌的南京菜，还真不容易。

　　无锡船菜是闻名全国的，所谓"船菜"，是指船上所供应的佳肴，其中最好的都是姑娘们亲自下厨烹调的拿手菜，所以很难开列成一张菜单子，划分出哪些是"船菜"，哪些不是"船菜"。

　　无锡菜中的两大特色是"甜"与"臭"。几乎所有的菜里都少不了"冰屑"——冰糖末子，外地人偶尔吃吃还好，吃久了未免生厌。不过无锡菜不论刀工火候，都可列为菜里的上品。至于"臭"，无锡的臭豆腐干子非常特别，很多人喜欢，而且认为愈臭的就愈香。他们做出这种干子的材料有两种：一种是把苋菜梗切成三寸的长段，用温水浸泡个十来天制成"香"水；另外还有一种用笋子泡成，比较鲜美。这种对"臭"的喜好，倒是一绝。

【松鼠桂鱼】

[文化联结]

松鼠桂鱼又名"松鼠鳜鱼"，是苏州地区的传统名菜，江南一带将此菜列为宴席上的上品佳肴。在其他地区，用桂鱼制作的菜肴一般以清蒸为主，而制作成松鼠状的菜是苏州首创。

相传有一次，乾隆皇帝下扬州，广游扬州的名胜美景，心里十分高兴。他微服走进了松鹤楼，见神台上放有鲜活的元宝鱼（鲤鱼），执意让随同拿下做好供他食用。但在旧时，神台上的鱼是用来敬神的，是绝对不可食用的。但因乾隆是皇帝，堂倌无可奈何，于是便与厨师商议如何处理此事。厨师发现鲤鱼的头很像松鼠的头，而且想到本店招牌的第一个字就是个"松"字，顿时灵机一动，计上心来，决定将鱼做成松鼠形状，以回避宰杀神鱼之罪。菜做好后，厨师端给乾隆皇帝吃。乾隆细细品尝后，感到外脆里嫩、酸甜可口，赞不绝口，便重赏了厨师。自此以后，苏州官府传出乾隆来松鹤楼吃鱼的事，从此松鼠鱼就闻名于世了。因此菜的鱼形似松鼠，故名松鼠鱼。乾隆每逢节日和寿辰之日，都要吃松鼠鱼。

1963年长春电影制片厂在拍《满意不满意》这部影片时，将松鼠鱼搬上了银幕，从而使此菜知名度更大了。

[制作参谋]

制作原料：鲜活桂鱼（或鲤鱼）1尾（750克），虾仁30克，熟笋丁20克，香菇丁15克，青豌豆10克，绍酒20克，精盐8克，香油10克，猪油1000克（实用200克），排骨汤100克，干淀粉50克，湿淀粉300克，蒜2克，葱10克，香醋、番茄酱100克，白糖150克。

制作方法：将桂鱼收拾干净，将鱼头切下剖开，并轻轻拍平，将鱼身部分片开，去脊骨、胸刺，在鱼身上用刀剞菱形刀纹。

将绍酒、盐入碗内调匀，均匀地抹在鱼身上，并将鱼身抹上干淀粉。

　　将番茄酱、排骨汤、白糖、香醋、绍酒、水淀粉、盐一起放入盆内搅成调味汁。

　　将锅中放入猪油烧至八成热时，将两片鱼肉翻卷，使鱼尾呈鼠形，一手提着鱼尾放入油锅中，炸 20 分钟，炸好后再放入鱼头炸至金黄色捞出盛入盘中，拼成松鼠形状。

　　将锅中猪油烧热，放入虾仁熘熟，捞起沥去油。

　　在锅内留下少量熟猪油，放入葱白、蒜末、笋丁、香菇、青豌豆煸炒，加入排骨汤、调味汁拌匀，再加入热猪油、香油搅匀，起锅浇在桂鱼上，最后撒上熟虾仁。

　　特点：形似松鼠、色泽红亮、外脆里嫩、甜中带酸、鲜香可口。

【糖醋活鲤鱼】

[文化联结]

该菜用鲜活鲤鱼快加工而成，系苏州名菜。

鲤鱼又名鲤拐子，其品种有红鲤、镜鲤、团鲤。

在名目繁多的鲤鱼种类中，以黄河鲤鱼最为有名，民间就流传有鲤鱼跳龙门的神话故事。在《三秦记》神话故事中，有这样一段："龙门山在河东界，夏禹凿山断门一里余，黄河自中流下，两岸不通车马。每岁春季有黄鲤鱼自海及诸川争来赴之。初登龙门，即有云雨随之，天火自后烧其尾，乃化为龙。"凡鱼要想跳过龙门，化为神，变为脂，的确是件不易之事。古代科举考试，千千万万文人墨客正像那妄图跳过龙门的黄河鲤鱼，他们之中只有极少数人能得中，绝大多数是跳不过龙门的。

我国民间对鲤鱼一贯有崇敬、神往之情，一向把鲤鱼看作极为贵重的鱼类，有谁家添了孩子，亲朋好友就以鲤鱼相赠，以此祝愿"新生儿壮如鲤"。不少地方赠送胖娃娃骑在鲤鱼身上的年画，就寓意"年年有余"，期望子孙后代从小像鲤鱼那样不畏艰险、敢闯风浪。

在唐代，因为唐朝皇帝姓"李"，与"鲤"谐音，尊"鲤"之风尤为盛行。皇帝和身边的官吏身上都佩有鲤鱼形的饰纹，朝廷发布文告或调兵遣将都使用形似鲤鱼的兵符，称为"鲤符"。皇上还曾传下圣旨：

鲤鱼不论大小，一律放生。

[制作参谋]

制作原料：鲜活大鲤鱼1尾（1000克），虾仁25克，青豆10克，梨片25克，白醋15克，白糖125克，水淀粉50克，绍酒、盐15克，蒜泥10克，番茄酱125克，花生油600克（实用200克）。

制作方法：将炒锅置于旺火上烧热，倒入花生油600克，烧至4成热时，放入虾仁，熘热后捞出。原锅内留底油（约30克），仍放旺火上，放入蒜泥煸一下，加入青豆、番茄酱、白醋、精盐、绍酒、白糖，烧开后加入水淀粉勾芡，再将梨片倒入糖醋汁内待用。

将活鲤鱼迅速收拾干净，在鱼背上剞上瓦楞刀，拍上干淀粉，用手抓住鱼头，将鱼身放入热油锅内炸1分钟，放入盘内，浇上已备好的糖醋汁，撒上热虾仁即成。

制作此菜的奥秘在于"一鲜三快"。一鲜即鲤鱼需要活蹦乱跳；三快即加工快、烹调快、上菜快。要求厨师刀工娴熟、烹艺精湛。

特点：此菜视之鱼嘴、鱼鳃张合活动，食之鱼肉鲜嫩、酸甜可口。

【神仙蛋】

[文化联结]

神仙蛋以鸡蛋为主料制作，系江苏名菜。

相传在古代，江苏溧阳县城里有位绅士设家宴，宴请当地的一些文人名士。他吩咐家厨在菜中为每位宾客配只熟鸡蛋。家厨因一时疏忽，不慎将蛋壳煮破，他害怕惹主人生气便索性将蛋壳磕开一个小孔，取出蛋黄，然后填入猪肉茸，用淀粉封好口，再蒸、炸过后上桌。宾客们从未吃过这种蛋，他们见蛋中有肉，感到非常新奇，而且吃起来味道鲜美，便齐声赞好，并询问主人这道新奇的肉蛋叫何名字。主人又去问家厨，家厨告诉他说，这菜乃八仙所食，名叫神仙蛋，此菜由此而得名。随着时间的推移，各路厨师发挥自己的聪明才智，在原来的基础上选用了一些新的原料，使"神仙蛋"更有特色、味道更加鲜美。

[制作参谋]

制作原料：鸡蛋10个、猪腿肉200克、绍酒25克、盐6克、酱油40克、白糖20克、味精2克、姜10克、鸡汤200克、水淀粉60克、熟猪油 1600 克（实用 110 克）、香油 5 克。

制作方法：先将鸡蛋洗净放入凉水锅中用小火煮 5 分钟将蛋白煮熟凝固（蛋黄仍未熟呈液状），然后将蛋捞出，放凉水中冷却，将蛋壳打一小孔，将蛋黄倒出。

将猪瘦肉剁成茸，在茸中加入盐、味精、白糖、姜末、绍酒等调匀拌成馅，然后把馅逐一酿入蛋内，用水淀粉封住各蛋开口处，再将蛋蒸熟，去壳。

将加工好的蛋放入油锅中炸呈金黄后倒去锅中的油，然后在锅中放入鸡汤、酱油、盐、糖、绍酒，煮沸后用小火煮 15 分钟，加味精，用水淀粉勾芡，淋入香油即可上桌。

特点：色泽金黄、鲜嫩可口。

【金针银鱼】

[文化联结]

金针银鱼是生长在太湖的一种细长的鱼类，身体圆滚、眼如丹砂、全身洁白、娇美无比，被人称为太湖一宝。清人有诗写道："银缕寸肌游嫩白，丹砂双眼漾鲜红。"

据民间传说，在古代风景如画的太湖湖畔，有一漂亮而娇弱的女子，与丈夫相亲相爱。他们有一个十分可爱的孩子，一家人和美幸福。不料有一日，丈夫被官府征去服苦役。一年冬天，这女子千里迢迢去看望丈夫，沿路克服无数艰险，终于找到了丈夫服苦役的地方。她满以为可与丈夫团聚，诉说别后思念之情，可根本没有想到丈夫不久前就因过度劳累，身患疾病而惨死。女子闻后悲痛欲绝、恸哭不已。后来，她那悲痛和辛酸之泪流入湖中，化成了尾尾银鱼，在湖中自由自在地游来游去。

金针银鱼无鳞、无刺、无腥，极嫩，肉细腻，营养价值很高。

[制作参谋]

制作原料：银鱼 400 克，鸡蛋 3 个，面粉、淀粉 20 克，排骨汤 100 克，盐、白糖 2 克，辣酱油 20 克，味精、葱花、姜末 1 克，香油 1500 克（耗 100 克），香菜少许。

制作方法：金针银鱼去头，洗净沥干水，放入盆内，加入盐、料酒、胡椒粉、味精腌渍 15 分钟，香菜洗净切成段。

将鸡蛋磕破放入碗内，用筷子打散，加入面粉调成蛋糊，银鱼先用淀粉和面粉拌一下，再放入蛋糊内。

取一只小碗，放入辣酱油、料酒、精盐、白糖、胡椒粉、味精各 1 克和少量清汤调成卤汁。

将炒锅放在旺火上，倒入香油烧至六成热时，将挂匀蛋糊的银鱼逐条下锅，炸至皮脆呈金黄色时捞出。

将葱花、姜末下锅煸出味来，倒入炸好的银鱼，即放入制好的卤汁，端着锅颠翻均匀，淋上香油即可。

特点：滑嫩细腻、鲜香可口、营养丰富。

【叫化鸡】

[文化联结]

叫化鸡又称黄泥煨鸡，用嫩母鸡为主料用独特方法制作而成，既是江苏常熟的传统名菜，也是闻名四海的佳肴，曾被评为江苏省名特食品。

相传在明末清初时期，江苏常熟的虞山一带有个叫化子，平时到处行乞，讨要一些残菜剩饭聊以充饥，有时一天难以讨到一碗剩饭，只得忍饥挨饿。这一天，他运气很不错，除了要到一些充饥的饭菜外，还遇到一位好心肠的老太太送给了他一只老母鸡，他高兴得手舞足蹈。但他是个叫化子，除了手中的破碗，别无所有，怎样才能把这只鸡做熟呢？他想了好久，也没有想出个好办法来。突然，他灵机一动，计上心来。于是他就近找了一户人家，向主人借了把刀，将鸡宰杀，除去内脏，到山上挖了些黄泥涂于鸡的表面，取来枯树枝叶点起火，将包好的鸡放在火堆中烧焖，待泥烧干，他估计鸡也熟了，就用棍子敲去泥壳，鸡毛也随泥脱落，顿时香气四溢。叫化子十分惊喜，遂抱起鸡狼吞虎咽地吃起来。正当叫化子吃得起劲时，明朝大学士钱牧斋散步路过此处，闻到鸡的香味，并老远看到叫化子吃鸡的情景，便差人前往打听叫化子是如何做出这样美味的鸡的。差人打听了一番，并取了一小块鸡肉给钱牧斋，他品尝后，觉得味道确实很不平常。回到家中，他令家厨按叫化子所说的方法制作，并在鸡肚子里加进肉丁、火腿、虾仁及香料等各种调味品，用荷叶包着，涂上黄泥，在火中烘烤，并取名"叫化子鸡"。有一天，江南名妓柳如是来到钱家，钱牧斋以叫化鸡款待，并问柳如是："虞山风味如何?"柳说："味道好极了，"并说，"宁食终身虞山鸡，不吃一日松江鱼。"

　　叫化鸡至今有300多年的历史。据说：最先经营叫化鸡的是常熟山景园酒家，他们在民间制法的基础上加以完善，并将此菜改名为"黄泥煨鸡"，成为中国名菜之一，特别是闻名于沪宁、沪杭地区。杭州著名的杭邦名菜"叫化鸡"也由此而来。现此菜在国内外享有很高的声誉，在日本常作为最珍贵的中国名菜而用于宴会酒席。

　　[制作参谋]

　　制作原料：嫩母鸡1只（1000克），以头小体大，肥壮细嫩的三黄（黄嘴、黄脚、黄毛）母鸡为好。鸡丁50克，瘦猪肉100克，虾仁50克，熟火腿丁30克，猪油400克，郁金、香菇丁各20克，鲜荷叶4张，酒坛泥3000克，绍酒50克，盐5克，酱油100克，白糖20克，葱花25克，姜末10克，丁香4料，八角2颗，玉果末0.5克，葱白段、甜面酱、香油、熟猪油各50克。

　　制作方法：将鸡去毛，去内脏，洗净。加酱油、黄酒、盐，腌制1小时取出，将丁香、八角碾成细末，加入玉果末和匀，擦于鸡身。

　　将锅放在大火上，内加入猪油烧至五成热时，放入葱花、姜末、鸡丁、瘦猪肉丁、虾仁、熟火腿丁、香菇丁，然后加入绍酒、盐、白糖、酱油炒到断生，待放凉后填满鸡腹，鸡的两腋各放一颗丁香夹住，再用猪网油紧包鸡身，用荷叶包一层，再用玻璃纸包一层，外面再包一层荷叶，然后用细麻绳扎牢。

　　将酒坛泥碾成粉末，加清水调和，平摊在湿布上（约1.5厘米厚），再将捆好的鸡放在泥的中间，将湿布的四角拎起将鸡紧包，使泥紧紧粘牢，再去掉湿布，用包装纸包裹。

　　将裹好的鸡放入烤箱，用旺火烤40分钟，如泥出现干裂，可用泥补塞裂缝，再用旺火烤30分钟，然后改用小火烤90分钟，最后改用微火烤90分钟。取出后敲掉鸡表面的泥，解去绳子，揭去荷叶、玻璃纸，淋上香油便可食用。另备香油、葱白、甜面酱供蘸食。

特点：皮色金黄橙亮、肉质鲜嫩酥软、香味浓郁、原汁原味、营养丰富、风味独特。

【无锡肉骨头】

[文化联结]

无锡肉骨头又名无锡排骨和酱炙排骨，用猪肋排烧煮而成，是历史悠久、闻名中外的无锡传统名菜。

传说宋朝时期，有一次，济公和尚慕名来到无锡。他遍游了九龙十三泉后，在大雪纷飞的年三十夜里，腹中饥饿，向一肉庄老板讨要肉吃。老板慷慨地送他一大块肉，他一口气吃了个精光。离去时，济公送给肉庄老板几根蒲扇上的硬茎，叫老板将这东西放在肉里一起煮。老板从命，结果烧出的肉很不一般，奇香扑鼻、美味无比，整个无锡城的人都能闻到。从此，无锡肉骨头就出名了，肉庄老板的生意也大大兴旺起来。还有一个传说：800年前的某一天，济公和尚来到无锡南门外的南祥寺，将狗肉放在砂缸里，投入炽热的香炉中，一夜过去，肉香四溢，十分美味可口。至今，无锡各熟肉店肉骨头的烧煮方法各有不同，逐渐形成南北两个派系。制作方法主要区别在于紧汁与汤汁。南派烧煮时汤少汁浓，北派烧煮时汤多汁淡。后来有人在三凤桥附近开设肉庄，聘请了两派名师，融合两派长处，独创一格，并以三凤桥地名为牌号，从此三凤桥肉骨头名声大震。另据史料记载：到了清代，无锡南门莫兴盛经营的酱肉排骨制作独特、颇负盛名。后来，无锡三凤桥附近的余慎肉店专门聘请了几位技艺高超的烧肉师傅，在选料、调味、操作等方面吸取众家所长，并加以改进，使肉骨头的味道更加美味。至清末，三凤桥肉骨头与无锡清水油面筋、惠山泥阿福一同成为无锡的三大名产而名声大噪。

[制作参谋]

制作原料：猪排骨5000克，绍酒125克，盐10克，酱油50克，白糖25克，葱、姜、八角、桂皮各2克。

制作方法：将排骨洗净，斩成适当大小的块，用盐拌匀，放入大碗中腌12小时。

将腌制好的排骨取出，放入铁锅内，加入清水浸没，用旺火烧沸，捞出洗净，将锅里的汤倒掉，放入竹箅垫底，将排骨整齐地放入，加入绍酒、葱结、姜块、八角、桂皮，舀入清水 250 克，盖上锅盖，用旺火烧沸，加入酱油、白糖，盖好盖，用中火烧至汁稠，食用时改刀再装盘，并浇上原汁即可。

特点：色泽鲜明、肉质酥松、芳香四散、咸中带甜、油而不腻。既可热吃，也可冷食，佐酒下饭宜，是馈赠亲友的佳品。我国著名戏剧家周贻白吃了此道菜后专门写了一首赞美诗："三凤桥边肉骨头，朵颐足块老饕流，味同鸡肋堪咀嚼，莫负樽中绿蚁浮。"无锡肉骨头因选料严格、配料考究、做工精细、火功适度而具独特的风味。"好肉出在骨头边"，意思是说骨头上的肉吃起来特别鲜美，其营养价值也高。

【虾仁锅巴】

[文化联结]

锅巴有许多不同名称，古代有锅焦、饭底板、铛底焦饭等名称，另外在《本草纲目拾遗》中称黄金粉，袁枚在《随园食单》中称白云片。按地域不同，其则有锅粑、饭焦、饭根、嘎巴等名称。别名如此之多，或许是因为不论是谁，都有将米饭做焦的时候。

将锅巴烹制成菜肴，早在唐代以前便出现了，不过当时只是一种民间小吃，多用糖汁或肉末调制，不登大雅之堂。到了明末清初，锅巴菜肴才渐渐丰富起来，并以其香脆可口的特点受到人们的喜爱。其中虾仁锅巴最为有名，又名"平地一声惊雷"，流传至今，倍受人们推崇，甚至被誉为"天下第一菜"。

据传，此菜始于清乾隆年间。乾隆皇帝三下江南时，在无锡某地一家小饭店就餐，店家将家常锅巴用油炸酥，再用虾仁、熟鸡丝和鸡汤熬制成浓汁，送上餐桌时将卤汁浇在预先准备好的锅巴上，顿时发出吱吱的响声，阵阵香味扑鼻而来。乾隆皇帝仔细品尝，觉得此菜又香又酥、美味异常。他当即称赞这道菜说："此菜如此美味，可称天下第一！"此菜后经不断改进，现已有特制的、现成的锅巴出售和使用，制作起来很方便，全国各地大小餐馆都有这道菜的身影。

[制作参谋]

制作原料：特制锅巴、虾仁 50 克，蘑菇、熟鸡丝 10 克，精盐 5 克，番茄酱 10 克，鸡油 5 克，味精 2 克，白糖 3 克，酒 2 克，熟猪油 500 克，麻油 5 克，水淀粉 10 克，蛋清 20 克。

制作方法：将虾仁收拾干净，沥干水后加入蛋清、精盐、味精。

将干淀粉拌和上浆，锅巴掰成大小均匀的中方块，入油锅中炸至金黄酥脆后取出。将炒锅烧热，加入油烧至五成热下入虾仁滑熟后取出。锅内留少许油，加入蘑菇丁、熟鸡丝、精盐、番茄酱、鸡油、味精、白糖、酒等制卤汁，再下虾仁，用水淀粉少许勾成流水芡，淋上热油，倒入碗内，与出锅的热锅巴一起上席，迅速将热卤汁倒入锅巴里，立即会发出"吱吱吱"的响声。稍放一会便可食用。

特点：卤汁鲜红、锅巴金黄、鲜香松酥、酸甜咸鲜、美味可口。

【扬州煮干丝】

[文化联结]

清朝乾隆皇帝可算是一个洒脱快活的皇帝，其在位之时国富民安、天下太平。闲暇之余，乾隆皇帝便专事游玩，兴之所至还会起驾出宫，离京出游。他所到之处在民间留下许多趣味典故，不管真假，都被今天的影视导演们一股脑拿来，添油加醋，烹制成廉价的电影、电视快餐。

据史料记载：乾隆皇帝曾六下江南，每到一处，地方官必献以珠玉宝贝，飨之以珍馐美馔。"上有天堂，下有苏杭"，江浙一带风光秀丽，美景数说不尽，乾隆皇帝自然特别留恋此地。当时扬州的地方官员为了取悦皇帝，将本地酒楼的烹饪高手重金聘请来，专门为乾隆烹制菜肴。厨师们也都不敢懈怠，一个个拿出看家本领，精心调制出花样繁多的菜品。其中有一道菜名叫九丝汤，是用豆腐干和鸡丝等烩煮而成的。因为豆腐干切得极细，经过鸡汤烩煮，汇入了各种鲜味，食之软熟可口，别有一番滋味，乾隆吃过大为满意。皇帝的夸赞比做什么宣传都强，这道菜从此名声大震，清代的《调鼎集》中便有关于此菜的记载。

九丝汤现在被人们叫作煮干丝，在不断的制作食用过程中，人们在用料上不断开拓，陆续推出一些新菜品：有以鸡丝、火腿丝加干丝制成的鸡火干丝；以开洋加干丝制成的开洋干丝；以虾仁加干丝制成的虾仁干丝等。其中鸡火干丝特别受到青睐，有国外宾客品尝后称许它为"东亚名肴"。

鸡火干丝又被当地人称为大煮干丝，这道菜对刀工与火候都有特别严格的要求。一块1厘米厚的特制豆腐干，要用刀片成24张均匀的薄片，然后再将片切成丝，丝要细如火柴梗。将干丝用沸水烫两遍，以去除豆腥味。接着配以鸡丝、鸡肫肝、腰花、笋片等辅料，加鸡汤、调料烧制而成。烧时先用大火，后转用小火焖片刻，方能入味。装盘时盖以熟虾仁、豌豆苗、火腿丝等（配料随季节而定，夏令可加脆鳝，冬月可加冬菇）。这道菜色泽鲜艳、干丝绵软、配菜香嫩，口味别致佳美。

清人惺庵居士在《望江南》词中写道："扬州好，茶社客堪邀。加料千丝堆细缕，熟铜烟袋卧长苗，烧酒水晶肴。"这首词像一幅旧时扬州风俗画，描绘了食客们一边喝酒抽烟，一边吃肴肉和煮干丝的情景。应当说，昔日的煮干丝与今日鸡火干丝相比，在制作精致方面恐怕要略逊一筹了。

除鸡火干丝外，扬州还有一种烫干丝。做法是将干丝用沸水多次浸泡后，挤干入盘，浇以麻酱油，撒上开洋、嫩姜丝而成的，食之清新爽口，为广大食众所喜爱。由于鸡火干丝和烫干丝既富有营养，又清淡美味，所以成为人们餐桌上常用的菜品。如今到扬州酒店、茶楼进餐的顾客，每每要点上一盘鸡火干丝或烫干丝。有些老食客有一瓶酒一盘干丝便心满意足了，足见扬州煮干丝的诱人魅力。

[制作参谋]

制作原料：白豆腐干300克，熟肝2副，熟火腿丝30克，豌豆苗少许，虾仁、笋片、熟鸡丝各50克，虾子、精盐少许。

制作方法：将豆腐干片成薄片，再切成像棉纱线一样粗细，放入开水锅中焯水，再捞起用冷水漂清。

锅内放熟猪油75克，烧热后放入清汤、鸡丝、肝片、笋片、虾子、干丝。先用旺火将汤烧沸，随即加盐，盖紧锅盖，用中火煮 5 分钟左右，起锅时放入豌豆苗。

用虾仁、豌豆苗、火腿丝盖顶即成。

【八宝豆腐羹】

[文化联结]

康熙帝不仅在治国方面是个有所作为的皇帝，而且在生活方面也是比较俭朴的。封建皇帝多好吃，他们一餐千金，食则水陆百物、山珍海味，饮则琼浆玉液，而康熙帝的俭食却是有名的。法国天主教传教士白晋在《康熙皇帝》一书中就记载了康熙帝的日常膳食："康熙皇帝满足于最普通的食物，绝不追求特殊的美味；而且他吃得很少，在饮食上从未看到他有丝毫铺张浪费的情况。"

据史载，康熙皇帝十分喜爱吃质地软滑、口味鲜美的清淡菜肴。有一次他到南方巡视，暂住在苏州曹寅的织造府衙门里。这曹寅就是《红楼梦》作者曹雪芹的祖父。为了接驾并伺候好皇上，曹寅派人从各地采购回来大量山珍海味，又吩咐名厨精心操持。无奈不对康熙皇帝的口味，珍馐美馔吃起来也味同嚼蜡，这下可急坏了曹寅。他多方苦寻，终于用重金从苏州"得月楼"酒家请来了名厨张东宫，要求他做出清淡、爽口、有苏州特色的菜来讨皇帝高兴。张东宫绞尽脑汁，使出浑身解数，最后终于做出一道色、香、味诱人的佳肴。这道菜极合康熙口味，他品尝以后极为满意。因为这道菜是用豆腐和八种食料配成的，因而皇帝赐名为"八宝豆腐羹"。返回京城时，康熙传旨把张东宫带回北京，赏他五品顶戴，安排在御膳房工作。从此这道八宝豆腐羹常上御膳桌，康熙十分欣赏，久吃不厌，后来还把它作为宫廷珍品赏赐给告老还乡的大臣。御膳房专门印制了"八宝豆腐羹"的配方，受到赏赐的大臣都要到御膳房去领取配方。

[制作参谋]

制作原料：嫩豆腐 250 克，虾仁、鸡肉、火腿、莼菜、香菇、瓜子、松子各 40 克，食用香葱、味精、酱油、盐、浓鸡汤等各适量。

制作方法：把豆腐、火腿、虾仁、鸡肉等切成小丁；炒锅上火，待油热后把各种菜炒熟后放入鸡汤，再加各种调料烩成羹状即成。

第三节 饮食物语——文人与美食

"饮食男女，人之大欲存焉。"这里说的是人的本能要求，和美食似乎扯不上。然而，好吃也是人的天性。人若能吃得好一些，多食美味，就未必安于粗茶淡饭。"食不厌精，脍不厌细"，圣人尚且如此，况凡庸乎？从"染指于鼎，尝之而出"（事载《左传》）可见，即使贵为公子，见熊掌仍忍不住在国君前甘冒大祸，正说明了人性好吃。当然，陈蔡绝粮，三月不知肉味，到了这步田地，圣人也就不会再追逐于精细了。可见，饮食之道也因客观条件而异，并非完全取决于经济基础。

所谓经济基础，并非就一定要是巨商大贾方具有。笔者认为：环观古时，凡是以众多美食具盛名之地，大抵都是地主文化高度发达的城市，而非商业城市。其原因在于：商人或资本家忙于经营，无暇营美食；而地主（无论大中）则有闲，良田在乡，到时伸手收租而已，有时间去吃、去研究吃。或许有人曰不然，问"吃在广州"或如今之所云"吃在香港"，以至于上海、扬州等云集众家美食之城又该做何解释？这也简单。经济发展、城市繁荣，各帮名食自然云集，非商业城市本身之创造美食也。

美食文化的创造首先应归功于厨师，但厨师未必都是美食家。即使烧得一手好菜，厨师往往也只是一个匠人。只有能明饮食文化的渊源、融会贯通，知其然且知其所以然，信手拈来，皆成美味，治大国如烹小鲜，轻而易举，方可谓大厨师、可为大师，亦可兼称美食家。这自然是食界众生所仰望的。

其次，文人的贡献也不可忽略。苏东坡是一位大美食家，有人称赞苏东坡写的《菜羹赋》《老饕赋》等文，笔者以为此类文字似尚不能列入对美食文化有什么创造，那只不过是好吃之徒的食颂。只因他就地取材地创造了一些吃法与美味，方可列入真正的美食家。"东坡肉"未必为苏东坡所创，很可能是后人附会。杭州的"东坡肉"和四川的"东坡肘子"，烧法就大不相同。至于东坡墨鱼、东坡豆腐之类，恐怕也是后人所加名目，借以招徕。黄冈有东坡饼，曾在游赤壁时蒙主人专命做成，确为美味，然亦非苏东坡所创，传说是某寺和尚所做，苏东坡食之而赞，因以得名。

简言之，食有三品：上品会吃，中品好吃（好读去声），下品能吃。能吃无非肚大，好吃不过老饕，会吃则极复杂。能品其美恶，明其所以，调和众味，配备得宜，借鉴他家所长，化为己有，自成系统，乃上品之上者，算得上是真正的美食家。要达到这个境界，就不是仅靠技艺能成的，最重要的是一个文化问题。最高明的烹饪大师达此境界者，恐怕微乎其微；文人达此境界者较多较易，这就是因由所在。

曹雪芹可称为美食家，不然写不出那么细致入微的菜谱。明代状元杨升庵（慎）、清末文人李伯元，皆有美食著作传世，二人必为美食家。李劼人以作家、教授的身份而自开饭馆"小雅"，夫妻下厨，烧出精致的美食，简直和他的小说齐名。张大千以善吃著名，尽管有家厨，厨师却常听他的提点。"大千鱼"为张所创，至今流传蜀中。旧时文人或官宦之家（也是文人），总有一些家创名菜，大千鱼是其一，其他甚多，如前文所举的"宫保鸡丁"之类，就不一一列举了。

文人即使不能创造美食，然天性好食，食后品题点染，就是有力的宣传，大有助于美食的扬名。苏州木渎"石家饭店"的"鲃肺汤"，诚然是天下美味，于右任的题诗更使此名菜大增光彩，这是众所周知的事。昔日北京的"烤肉宛""烤肉季"，破屋之中遍贴著名文士的赞词，也为老食客们所熟知。此是宣传手法，但也应包含在饮食文化之中，比起在店里张贴美女照，显得有文化多了。可现在唯香港著名的镛记酒家，尚可见一些著名文人题字，可称难得。

第八章
浙　菜

第一节　浙菜文化溯源

　　具有悠久历史的浙菜品种丰富，菜式小巧玲珑，菜品鲜美滑嫩、脆软清爽，其特点是清、香、脆、嫩、爽、鲜，在中国众多的地方风味中占有重要地位。浙菜主要由杭州、宁波、绍兴、温州四方风味组成，各自带有浓厚的地方特色。

　　杭州菜是浙菜的代表，名声最盛。它以爆、炒、烩、炸等烹调技法见长，菜肴清鲜爽脆、淡雅精致。著名佳肴有：龙井虾仁、西湖醋鱼、宋嫂鱼羹、东坡肉、生爆鳝片、西湖莼菜汤、薄片火腿、八宝豆腐、叫化童鸡、荷叶粉蒸肉等。

　　宁波菜擅长烹制海鲜，口味鲜咸合一，烹调技法以蒸、烤、炖见长，讲究鲜嫩软滑，注重保持原味，色泽较浓。著名菜肴有：雪菜大汤黄鱼、苔菜拖黄鱼、目鱼大烤、冰糖甲鱼、锅烧河鳗、溜黄青蟹、三丝拌蛏、宁波烧鹅等。

　　绍兴菜富有江南水乡风味，作料以鱼虾河鲜和鸡鸭家禽、豆类、笋类为主，讲究香酥绵糯、原汤原汁、轻油忌辣、汁浓味重。其烹调常用鲜料配腌腊食品同蒸或炖，且多用绍兴酒烹制，故香味浓烈。著名菜肴有：糟溜虾仁、干菜焖肉、绍虾球、头肚醋鱼、鉴湖鱼味、清蒸桂鱼等。

　　温州菜又称"瓯菜"，以擅烹海鲜闻名，菜品口味清鲜、淡而不薄，烹调讲究轻油、轻芡、重刀工。著名菜肴有：爆墨鱼花、锦绣鱼丝、马铃黄鱼、双味梭子蟹、纲油黄鱼、炸溜黄鱼、蒜子鱼皮等。

　　浙江菜的四方风味既各有特长，又具有共同的四个特点：选料讲究、烹饪独到、注重本味、制作精细。

选料讲究，就是做到"细、特、鲜、嫩"四条原则。细，即精细，注重选取物料的精华部分，以保持菜品的高雅上乘；特，即特产，注重选用当地时令特产，以突出菜品的地方特色；鲜，即鲜活，注重选用时鲜蔬果和鲜活现杀的海味河鲜等原料，以确保菜品的口味纯正；嫩，即柔嫩，注重选用新嫩的原料，以保证菜品的清鲜爽脆。

烹饪独到，就是烹调技艺上用浙菜最擅长的炒、炸、烩、溜、蒸、烧六种方法。在烹制河鲜、海鲜上也有许多独到之处。浙菜的炒，以滑炒见长，烹制迅速；炸，讲究外松里嫩；烩，力求嫩滑醇鲜；溜，注重细嫩清脆；蒸，讲究配料和烹制火候，主料做到鲜嫩腴美；烧，力求浓香适口、软烂入味。这些特点都是受当地民众喜清淡鲜嫩的饮食习惯影响而逐渐形成的。

注重本味，就是突出主料，注重配料，讲究口味清鲜脆嫩，以纯真见长。浙菜大多以四季鲜笋、火腿、冬菇、蘑菇和绿叶时菜为辅料相衬，使主料在造型、色彩、口味等方面都更加芳香浓郁，如清汤越鸡烹制时，衬以火腿、笋片、香菇、菜心等，其汤更加鲜香诱人。

制作精致，是指浙菜的菜品造型细腻、秀丽雅致。这种风格特色，始于南宋，经过长期的发展衍变，今日的浙菜则更加讲究刀工、刀法和配色造型，其所具有的细腻多变幻刀法和淡雅的配色，深得国内外美食家的赞赏。

浙江菜富有江南特色，历史悠久、源远流长，是中国著名的地方菜种。其起源于新石器时代的河姆渡文化，经越国先民的开拓积累、汉唐时期的成熟定型、宋元时期的繁荣和明清时期的发展，基本风格已经形成。

一、浙江菜的起源时期

浙江饮食的起源应该追溯到新石器时代的中晚期。距今7000年左右的河姆渡文化遗址，是长江下游、东南沿海地区已发现的新石器时代最早的地层之一。发掘的遗址可以有力地说明这一时期浙江地区的饮食风貌。

出土的文物中有大量的籼稻和谷壳，专家鉴定这些稻谷不是野生的，而是人工栽培收获的。从目前发现最早的人工稻谷的记录来看，泰国保存了 6000 年前的稻谷遗物，而河姆渡出土的稻谷比泰国的又早了近千年。因此，可以断言中国已成为亚洲与世界水稻最早的发源地。同时，也可以说明从 7000 年前的河姆渡人开始，已形成了浙江地区以大米为主食的饮食习俗。

出土的文物中有陶制的古灶和一批釜、罐、盆、钵等生活用陶器，说明河姆渡先民已经学会简单的手工制作，并能利用器具进行简单而原始的烹调活动，可见在 7000 年前的河姆渡已是遍地炊烟袅袅、鼎香四溢了。

出土文物中还有很多菱角、葫芦、花生、芝麻、酸枣等食品，可见河姆渡人已经学会蔬菜和果品的培植。

遗址中有家猫及其他动物的骨骼，有许多淡水鱼和龟鳖的遗骨，还有不少产于长江中咸淡水交界处的鲻鱼骨和用于射鱼的骨镞。这些充分说明了河姆渡时代已经有基本的养殖业和捕捞业。

遗址中还有人工开凿的水井。在水网地开凿水井，说明河姆渡人已懂得用水卫生，这意味着浙人的祖先已摆脱了必须依傍河湖水源聚居的历史，开辟了广阔的生存领域。

从遗址出土的陶釜中还发现，在釜底有大米饭的焦结物（即今天所谓的"锅巴"）。在先秦一些古籍中，传说黄帝发明烧饭，但河姆渡中"锅巴"的发现把中国先民烧饭的历史从黄帝时代向前推进了 2000 年。

由以上的种种考古发掘可得出以下结论：浙江地区的河姆渡先民已经学会种植水稻并以此为主食；有基本的养殖、捕捞和培植蔬菜、果品的能力，有一定数量品种的副食；能掌握简单的制陶技艺和进行简单的烹调；能有意识地利用井水改变生存环境。这些显然得出 7000 年前的河姆渡文化时期是浙江菜的起源时期，它为浙江菜的积累、成熟、繁荣、发展起到了不可磨灭的作用。

二、浙江菜的积累时期

夏、商、周三代是中华民族以黄河流域为中心，逐步开发长江流域和辽河流域的时期，尤其到了东周时期，长江流域的开发步伐大大加快。进入三代（夏、商、周三朝统称"三代"）后，饮食的发展也进入了一个新的阶段，诸如青铜铸造业的出现；烹调理论的初步总结；地方特产和地方名菜的初步形成；饮食的社会层次分化等，无不为三代以后饮食行业的发展铺平了道路。

到了春秋时期，生活于稽山麓古老部落的越人建立了越国，这是浙江境内出现的最早的国家，曾一度成为长江下游地区的霸主。越国地处东海之滨，土地肥沃，适宜农业、种植业，兼有渔盐之利，中原各国经济、文化和生产技术的影响为钱塘江流域奠定了坚实的基础并使之得以很快发展。从《越绝书》的记载看，越国的粮食以水稻为主，此外还有大豆、大麦、稷等品种。当时主食品种主要有：稻米饭、麦饭、豆饭、黍饭等。粥有豆粥、麦粥、稻米粥等。除饭粥外，他们还磨米为粉，制饼成干粮。这些都充分显示了浙江先民的主食特色。

当时长江下游地区的蔬菜品种主要有水芹、荠菜、白菜、芥菜、笋、苋菜等十余种。狗肉、鸡肉与猪肉为越国人饮食的上等原料，据载越国还开辟有专门的畜养场。鱼、虾为常用的菜肴原料，常见的有鲤鱼、青鱼、鲫鱼、龟、鳖等，人工养鱼已十分普遍。据《越绝书·外传记地传》中载："（会稽）山下为目鱼池，其利不租（免收鱼税）。"可见当时已有大量近水居民以鱼捞为主。大臣范蠡曾于公元前460年撰成的《养鱼经》便足以说明这一点。

值得一提的是，当时的人们已经懂得原始的食物保鲜和贮藏方法。古代的王室或诸侯到了夏天有特设的阴凉餐厅，称"冰室""凌阴"。《越绝书》中就记载着勾践和阖闾都有自己的"冰室"。《越绝书·外传记地传》中载："休谋石室，食于冰厨。……冰室者，所以备膳羞也。"

由上可见，越国时潇洒先民的主食制作方法和品种多样，以及食物原料的范围进一步扩大。因此也可以说，三代到越国时期是浙江菜的积累时期，为浙江菜的进一步发展起到了承上启下的作用。

三、浙江菜的成熟时期

公元前221年，秦始皇统一中国，现在的浙江省基本属于稽郡的范围。至东汉以后，三国鼎立，浙江成为东吴国辖地，此后历六朝，均定都建康（今南京）。当时中国已逐渐形成了以长江为界，南、北两大不同饮食体系，即"南食"和"北食"。"南食"泛指长江以南广大地区的饮食体系，浙江就是"南食"的重要地区和代表之一。西汉史学家司马迁在《史记·货殖列传》中记述："楚越之地，地广人稀，饭稻羹鱼；……地势饶食，无饥馑之患，……是故江淮以南，无冻饿之人，也无千金之家。"由此可见，浙江人饮食生活的特点是"饭稻羹鱼"。

六朝间，浙江经济发展迅速，但从唐初魏徵监修的《隋书·地理志》中对浙江之地的记载："江南之俗，火耕水耨，食鱼与稻，以渔猎为业。"可见"饭稻羹鱼"的饮食结构未变，水稻仍是浙江主要的粮食作物。西汉年间，杭嘉湖平原已作为全国五大片水稻稳产高产区之一。东晋、南朝时，会稽地区（今宁波、绍兴）、吴兴（今嘉兴、湖州）已成为重要的产稻区。隋唐以后，中国产粮区南方占了一大半。粮食的丰足促进了主食品种的多样化，饭、粥、饼已是主食的三大类。

同时，副食品种也大大丰富，主要有水产、蔬菜、禽畜三大类。海错河鲜的广泛使用，已成为当时"南食"的首要特征。南朝齐国大臣虞悰（浙江余姚人）曾说："会稽海味，无不毕致。"另据《临海水土志》中载，沿海盛产乌贼、带鱼、蛤蜊、蚶、比目鱼等水产近百种。

南北朝后，江南几百年没有战乱，这使得当地居民的生产和生活水平得以迅速提高。隋唐开通京杭大运河，就是南北经济文化交流的需要和进一步开发东南资源的历史趋势的产物。京杭大运河的开通也促进了南北方饮食文化的进一步交流。东南地区自汉代以来就开辟了一条海上陶瓷之路。三国时，孙吴政权与中亚和东南亚各国都有信使往来。这些史实充分说明当时对外经济交往的状况，以及宁波、温州两地海运事业的发展使对外经济贸易交往日益频繁，浙江地区的饮食受"北食"或外来饮食体系的影响正是在这样日益频繁的交流中产生的。

自秦至唐这1100多年是浙江菜的成熟期，浙江菜已经成为当时"南食"的典型代表。

四、浙江菜的繁荣时期

唐末五代时期，浙江经济日趋繁荣。特别是公元12世纪宋王朝从汴京迁都杭州后，大量北方人口流入浙江，社会经济得到进一步发展，饮食业也随之空前繁荣起来。南北烹饪技艺广泛交流，推动了以杭州为中心的南方菜肴的革新和发展。元灭南宋后，虽然政治中心北移，但浙江经济仍持续繁荣，言及物产之富庶、文化之发达、工商之繁荣，浙江必居其一。

南宋饮食繁荣最突出、最集中的表现就是以杭州为全国饮食的最大中心，浙江成为"南食"体系最典型的代表。而且，南宋饮食的繁荣突出体现在以下几个方面：

烹饪原料大大丰富，原料范围日益扩大。据地方志记载：常见的蔬菜品种已达 30 余种；海错河鲜品种繁多；各种畜禽使用相当普遍。同时还出现各种加工制品，如"鲝"，当时杭城的鲝店达百余家。

店铺遍布，饮食市场繁荣。杭州作为南宋都城，人口剧增，从南宋初的 20 万急增至近百万。人口的增加，为饮食业的繁荣聚集了十足"人气"。据《梦梁录》中载，杭城的店铺具有种类全、规模大、经营专的特点，有酒楼、饭店、面店、茶肆、市食点心等。同时又出现了夜市，打破了饮食供应时间的昼夜界限，夜市极为繁荣，《梦梁录》中记载了当时的盛况："杭城大街，买卖昼夜不绝"；"如顶盘担架卖市食，至三更不绝"；"大街一两处面食店及市西坊西食面店，通宵买卖，交晓不绝。缘金吾不禁，公私营干，夜食于此故也"。并出现了为宴席服务的新行业——"四司六局"，"四司"即帐设司、茶酒司、厨司和台盘司；六局即果子局、蜜饯局、蔬菜局、油烛局、香药局及排办局。《都城纪胜》中有评价说，租赁四司六局，"便省宾主一半之力"。"四司六局"原来是官府贵胄后院饮食业务班子的职责分工，市面上出现这类专业服务商店，是适应市民大规模宴饮的需要，也反映了当时商品经济的发达。当时还有专设台凳、食器和炊具的租赁商店，四五百人的宴席，当天就可以办成。

南北烹饪广泛交融，烹饪技艺不断提高革新。宋室南渡，汴京厨师与本地厨师云集，南北风味荟萃一地，使得浙江菜的烹调技术精益求精，渐渐形成许多有独特风味的名菜佳肴。

市食菜谱逐渐形成，部分名菜初具雏形。《梦梁录》中收罗了南宋都城各大饭店的菜单，菜式共有 335 款，另外还有 70 多种市食糕点的记录，《武林旧事》中还载有南宋的名酒 54 种。在世界饮食史上，800多年前的杭州已有如此丰富的菜式糕点品种，那么今天的中国被称为"烹调王国"就不是偶然的了。同时，一些名菜在当时已渐渐形成，如"宋嫂鱼羹""蟹酿橙"都起源于南宋期间，至今仍被人们所推崇。

宫廷饮食结构发生根本性转变。北宋以前，封建王朝的都城多在中原内地，宫廷饮食原料大多以畜禽为多，兼取部分山珍海味。而南宋定都杭州后，取之不尽的海错河鲜促进了宫廷菜用料的彻底变革。有记载说：宋室皇帝多喜食蟹，高宗喜食"蟹酿橙""洗手蟹""螃蟹清羹"，孝宗喜食湖蟹。

由上可见，宋元时期，尤其是南宋时期是浙江菜的发展史上的繁荣期。

五、浙江菜的飞跃时期

明清时期（公元 1368—1911 年）的 500 多年时间是浙江菜迅速发展的重要阶段。明洪武九年（公元 1376 年）正式设浙江承宣布政使司，清初改为浙江省。洪武十四年（公元 1381 年），又把原归属江苏、安徽两省的嘉兴、湖州划归浙江省。从此，近 600 年来浙江省境基本不变，省名一直沿用至今，省会一直设在杭州。行政区划的稳定，有利于社会经济的发展和生活的安定，为浙江菜的发展创造了良好的外部环境。

浙江菜的发展与江南商品经济的发展是密不可分的。浙江是全国最早出现资本主义生产关系萌芽的地区之一，农业商品经济的发展促进了饮食原料的丰富和饮食市场的繁荣。明清时期，浙江城镇增多，城镇经济发展较快，再加上人口的集中，促使城镇的饮食店铺也日益增多，厨师队伍基本稳定。同时各店为了生存、发展，竞相以各种方式招徕顾客，竞争手段多样，更促使浙江各地厨师的烹饪技艺进一步提高，浙江菜在品种与技术上又上了一个新台阶。

浙江菜的发展还与一大批文人墨客和美食家们的饮食理论研究分不开。明清时期有一部分相当著名的浙江籍学者，对饮食理念研究颇有建树。他们从不同角度把饮食理论与实践结合起来，大大推动了浙江菜的发展，如明代高濂所著的《遵生八牋》中的《饮馔服食牋》、清代李渔所撰的《闲情偶寄》、朱彝尊撰写的《食宪鸿秘》、顾仲编著的《养小录》、袁枚所著的《随园食单》等。这些著作的出现，是浙江菜研究与发展的重要依据和有力推进。从他们的研究成果中，人们可以看出明清时期浙江菜的总体特点：

烹调方法多样，并以蒸、炖、煨、炒、焖、烩等为多见。在《随园食单》中有"台鲞煨肉""火腿煨肉"。蒸法中介绍了鲥鱼的蒸制，"鲥鱼，用蜜酒蒸食，如治刀鱼之法便佳"；羹法中提到了蛎黄"剥肉作羹"的方法。

主、配料搭配灵活巧妙，并突出主料。李渔在《闲情偶寄》中说："吾为饮食之道，脍不如肉，肉不如蔬，亦以其渐成自然也。"又说："从来至美之物，皆利于孤行。"

注重调味，口味宜于清淡。顾仲的《养小录》中说："凡烹调用香料，或以去腥，或以增味，各有所宜"；朱彝尊的《食宪鸿秘》中提到"饮食宜忌"时说"五味淡泊，令人神爽气清少病"。

菜品制作日益精雅多样。如《养小录》中介绍鸡的食法就有：卤鸡、鸡松、蒸鸡、鸡鲊、鸡羹、糟鸡等十几种。《随园食单》中介绍蟹的食法，"蟹宜独食，不宜搭配他物，最好以淡盐汤煮熟，自剥自食为妙。蒸者味虽全，而失之太淡"。《闲情偶寄》中提到食鸭，"诸禽尚雌而鸭独尚雄，诸禽贵幼而鸭独贵长，故养生者曰：烂蒸老雄鸭，功效比参蓍（黄芪）"，今浙江各地喜食老鸭的风俗仍甚流行。

浙江菜作为中国著名的地方菜，其发展有诸多有利因素。归纳起来，主要有地理与物产、政治与经济、历史与文化、风味与品种等几方面的独特优势。正是这些优势因素的综合作用，才使得浙江菜具有旺盛的生命力。

1. 地理与物产优势

浙江地处沿海，素称"鱼米之乡"，物产丰足，"吃"的条件胜过别的地方。而且，其面积十万多平方公里，地形以丘陵山地为主，地势南高北低。北部为水网密布的杭嘉湖平原，南部为山地丘陵，丘陵间多河谷盆地。省内海岸曲折，多港湾和岛屿，沿海岛屿有1800多个，约占全国岛屿总量的36%，舟山群岛为我国最大的群岛。浙江河流众多，主要有钱塘江、曹娥江、甬江、瓯江等，都自成流域，注入东海。另有著名的京杭大运河，它北起北京，南达杭州，沟通了海河、黄河、淮河、长江、钱塘江五大水系。浙江地处亚热带季风气候区，温暖多雨、四季分明、降水丰富、无霜期长。

优越的地理条件、温和的气候，必定有富饶的物产。由于浙江地处东海之域，滩涂广袤连绵，沿海岛屿密布，盛产多种海产经济鱼类和贝壳类水产品，如大黄鱼、带鱼、鲳鱼、墨鱼、青蟹、梭子蟹、蛏子、泥蚶、海虾、海鳗等500余个品种；又由于省内江河纵横，内河稠密，淡水资源也十分丰富，河虾、湖蟹、草鱼、鲢鱼、鳜鱼、黄鳝、河鳗、甲鱼等应有尽有；同时又有土地肥沃的平原丘陵，种植业、养殖业也十分兴旺发达，鸡鸭成群，牛猪肥壮，四季蔬菜源源不断，时鲜果品频频上市，还有诸如萧山鸡、宁波鹅、金华猪、湖州羊、天目笋、奉化芋艿头、绍兴霉干菜、黄岩蜜橘、平湖西瓜等特产，不胜枚举。

由此可见，浙江菜在禽肉蔬果、山珍水产等物产上占尽一切优势，这都得益于独特而优越的地理条件。地理与物产优势为浙江菜的兴盛、发展提供了坚实的物质保证。

2. 政治与经济优势

饮食业的兴盛繁荣与社会的稳定、经济的发展是密不可分的。浙江是长江下游、东南沿海已发现的新石器时代最早的遗址地层之一。春秋时期的越国是浙江境内出现的最早国家，历时 200 余年，曾一度成为长江下游地区的霸主，为现在的浙江奠定了坚实的基础。三国时，浙江为东吴辖地，从东吴到东晋，到南朝的宋、齐、梁、陈计六朝，均定都建康（今南京）。浙江地域靠近京畿，加上北方人口南移，促进了江南经济的发展，使其成为当时南、北两大饮食体系中"南食"的重要地区和典型代表。

南北朝后，江南几百年没有战事，地方经济得到了长足的发展。隋唐开通京杭大运河，再加上宁波、温州两地海运事业的发展，对外经济贸易交往日益频繁。尤其在五代，吴越钱镠建都杭州，经济文化日益发达、人口剧增、商业繁荣。北宋时，曾有汴梁人称杭州为"地上天宫"。后来，宋室南迁，定都杭州，杭州成为南宋政治、经济、文化中心。元灭南宋后，浙江经济仍持续繁荣，虽然政治中心北移，但浙江仍为工商、文化的繁庶、发达之地。明清时期，江南商品经济发展迅速，浙江是全国最早出现资本主义萌芽的地区之一。

得益于如此深厚底蕴的历史基础，足见浙江菜在政治、经济上的优势所在。新中国成立后，尤其是改革开放以来，浙江各地经济发展迅速。杭州作为国际著名旅游城市，宁波、温州作为沿海开放城市，使浙江经济发展的步伐大大加快，经济实力明显增强。浙江的工农业总产值位居全国前列，人民生活水平稳步提高，这些都有力地促使浙江菜的进一步繁荣昌盛。

3. 历史与文化优势

浙江是长江流域、东南沿海古文化的发祥地，7000 年前的河姆渡遗址足以说明这一点。从出土的大量粮食原料、动物残骸及生活陶器等器物不难看出：浙江先民在当时已开始利用自然资源，学会种植和手工制作，并能进行简易的烹调，开创了长江流域丰富灿烂的原始文化。2000 多年前在浙江境内的越国，从《越绝书》的记载中可以看到越国的一些饮食风貌。浙江菜经历了以河姆渡时期为起源，经过春秋越国时期的积累，再经秦汉至唐的成熟过程，宋元时期的繁荣，以及明清时期的发展。辉煌的历史、扎实的基础，造就了闻名的浙菜，同时也为浙菜的发展创新积累了丰富的历史文化底蕴。

历朝历代，浙江籍名人雅士辈出，如晋代的张翰，宋代的高似孙，明代的高濂，清代的袁枚、李渔等。他们著书立说，为浙江菜的理论研究、继承发扬立下了不朽的功勋，使浙江的烹饪文化得以代代相传、薪火不断。

悠久的饮食历史、深厚的文化内涵，为浙菜的兴盛奠定了坚实的基础，也为提高浙菜的文化品位增添了宝贵的历史素材。

4. 风味与品种优势

浙菜具有明显的地方风味和品种特色，这些风味、特色的形成，与浙江菜的组成流派有密切关系。浙菜主要有杭州、宁波、绍兴和温州四个地方流派组成，其中以杭州最为代表。

杭州在唐代已成为"东南名郡"，自南宋以来，是东南经济文化重镇。杭州菜以资源充足、品种繁多、选料严谨、制作精细、注重原味、清雅细腻为特点，在诸多佳肴中别具一格，为浙江菜的主流。浙菜有许多家喻户晓的传统名菜，如西湖醋鱼、宋嫂鱼羹、叫化童鸡、龙井虾仁、东坡肉、西湖莼菜汤等。

宁波为我国东南沿海最大的古代港口城市之一，海岸线长，岛屿多，又临舟山渔场。宁波菜具有咸鲜合一，讲究鲜、嫩、软、滑，原汁原味，以烹制海鲜见长的特点。有许多富有地方特色的名菜，如雪菜大汤黄鱼、锅烧河鳗、冰糖甲鱼、腐皮包黄鱼、苔菜拖黄鱼、三丝拌蛏等。

绍兴位于宁绍平原，是典型的江南水乡。绍兴菜以河鲜家禽见长，富有浓郁的乡土气息。有一些家乡味浓厚的传统佳肴，如干菜焖肉、清汤越鸡、白鲞扣鸡、清汤鱼圆、绍式虾球等。

温州地处东南沿海，而且地形多样，既有山川平原，又有海岛湖泊。近几十年来，温州菜异军突起，成为浙菜的重要组成部分。温州菜以海鲜入馔为主，具有口味清鲜滑嫩、淡而不薄、轻油、轻芡、重刀工的特点。有许多能体现海味特色的名肴，如三丝敲鱼、五味煎蟹、双味蝤蛑、三片敲虾、锦乡鱼丝、蒜子鱼皮、爆墨鱼花等。

由以上四个地方菜肴所组成的浙菜从整体上看，体现了四方面的独到之处：

（1）选料刻求"细、特、鲜、嫩"。意为浙菜选料一要精细，二用特产，三讲鲜活，四求柔嫩。

（2）烹调擅长蒸、炒、炸、烩、熘、烧等，烹制海错河鲜有独到之功。

（3）口味注重清鲜脆嫩，保持原料本色和真味。这主要是由原料本身特点、烹调方法和浙江人民饮食习俗等客观因素综合体现的。

（4）形态讲究精巧细腻、清秀雅丽。浙江菜中有很多讲刀工、重造型、雅俗共赏的菜肴，大大提高了浙江菜的鉴赏性和艺术品位。

第二节　撷粹漫品——浙菜纵览

浙菜以杭州、宁波、绍兴、温州等地的菜肴为代表发展而成，其特点是选料讲究、烹饪独到、注重本味、制作精细。现在，具有悠久历史的浙菜更是以其品种丰富，菜式小巧玲珑，菜品鲜美滑嫩、脆软清爽，在中国众多地方风味中独树一帜，占有重要的地位。

【西湖醋鱼】

［文化联结］

西湖醋鱼是杭州的一道传统风味名菜，系用草鱼经氽煮而成，味道鲜美，一向为人们称道，被认为是游览西湖时必吃的菜肴。清人方恒泰曾赋诗咏之："小泊湖边五柳居，当筵举网得鲜鱼。味酸最爱银刀烩，河鲤河鲂总不如。"碧波浩渺的西子湖里流淌着千年史话，也流淌着有关西湖醋鱼的美食传说。

相传在南宋时有宋氏兄弟二人，他们聪明过人、才华出众，虽有满

腹文章，却始终怀才不遇，二人长年隐居西湖湖畔，以打鱼为生。哥哥的妻子是一位能干而又漂亮的江南女子，当地一个恶棍大官人早就盯上了她，对她怀有不良之心。为了霸占这位良家妇女，那官人凭借自己的权势将她的丈夫害死。宋家叔嫂悲愤万分，上诉官府，以求申

冤雪恨。可那时，哪有穷人鸣冤叫屈之地？他们不仅没有打赢官司，反而遭到一顿毒打。弟弟被逼无奈，决定出外谋生。临出家门时，嫂嫂精心制作了一碗风味独特的鱼为弟弟送行。这碗鱼做法奇特、味道鲜香、颇不寻常。鱼中加的作料有糖和醋，吃起来甜酸之味俱有。弟弟以前从未吃过这种味道的鱼。他不解地问道："今天嫂嫂做的鱼为何是这个味道？"嫂嫂含泪答道："今天我为你送行所做的鱼，味道有甜有酸，我的意思是想让你外出得了功名之后，过上了甜美的日子，不要忘记你兄长是如何惨死的，也不要忘记嫂嫂饮恨的辛酸，更不要忘记老百姓们倍受欺凌的辛酸。"弟弟听了这番话，感动得泪流满面。

弟弟牢记嫂嫂的话语，背井离乡，发愤图强，求取功名。数年之后，弟弟得了功名，回到家乡报了兄仇，只是不见了嫂嫂的下落，他便四处寻找。一次他在赴宴中偶尔吃到餐桌上的一道美味菜肴，那鲜美的鱼味使他猛然想起与嫂嫂临别时的情景和当时所吃鱼的滋味。他断定这鱼肯定出自嫂嫂之手，立即唤来饭店的老板询问做鱼之人是谁。当他得知后喜出望外：这回真的找到自己的嫂嫂了！后来，天下太平了，他辞去官职，接回嫂嫂，重新过着打鱼的生活。此后，以"叔嫂传珍"为名的西湖醋鱼便广为流传，人们喜爱那鲜美可口的西湖醋鱼，更喜爱那淳朴感人的传说。

[制作参谋]

制作原料：活草鱼1条（重约700克），绍酒25克，姜末1.5克，酱油75克，白糖60克，醋、湿淀粉50克，麻油少许。

制作方法：将鱼饿养一二天，使鱼肉结实，促其排泄尽草料及泥土味；烹制前宰杀去鳞、鳃、内脏，洗净。将鱼背朝外，鱼腹朝里放在砧板上，一手按住鱼头，一手持刀从尾部入刀，用平刀沿着脊骨片至鱼颔

下为止。取出刀，把鱼身竖起头部朝下，背脊朝里，再用刀顺着原额下口刀处将鱼头对劈开，鱼身即分成雌雄两爿（连背脊骨一边的称雄爿，另一边称雌爿）；斩去鱼牙，在鱼的雄爿上，从高额下 4.5 厘米开始斜着片一刀，以后每隔 4—5 厘米左右斜着片一刀（刀深约 5.5 厘米，刀口斜向头部，共片 5 刀，在片第 3 刀时要在腰鳍后 0.6 厘米处切断，使鱼成二段，以便烧煮）。在雌爿剖面高背脊部位 1 厘米处的脊部厚肉上划一长刀，刀斜向腹部，由尾部划至额下，不要损伤鱼皮。

锅内放清水 1 千克，用旺火烧沸，先放雄爿前半段，再将鱼尾段差接在上面，然后将雌爿与雄爿并放，鱼头对齐，鱼皮朝上（水不能淹没鱼头，使鱼的两根胸鳍翘起）盖上锅盖。待锅水再沸时，掀开锅盖，除去浮在水面的泡沫，将锅转动一下，继续用旺火烧煮。前后共烧煮约 3 分钟，用筷子轻轻地扎鱼的雄爿额下部，如能扎入即熟。

锅内留下 250 克左右的汤水，放入酱油、酒、姜末稍煮，即将鱼捞去，放入盘中。盛盘时鱼皮朝上，把鱼的两爿背脊拼连，将鱼尾段拼接在雄爿的切断处。

在锅内原汤汁中加入糖、湿淀粉和醋调匀勾芡，用炒勺搅拌成浓汁，此汁不能久滚，滚沸起泡立即起锅，浇遍鱼的全身即成。

另有一更简便的制作方法：将活鳜鱼用清水饿养半天，使鱼吐尽脏物。将水烧开，放进活鱼，水沸后用文火煮三四分钟，捞出装盘。用烧热的油少许，加糖、醋、葱、姜、酱油、鲜汤并用淀粉用调汁浇在盘中的鱼身上即成。

特点：鱼肉结实、鲜嫩红亮、酸咸微甜、酷似蟹肉。后一种方法烹调出的鱼更加鲜嫩可口、别具一格。

【荷叶粉蒸肉】

［文化联结］

荷花与西湖有不可分离的渊源。荷叶粉蒸肉是杭州的一款特色名菜，始于清末，相传与西湖十景之一的"曲院风荷"有关。"曲院风荷"在苏堤北端。宋时，九里松帝有曲院，造曲以酿官酒，因该处盛植荷花，故旧称"曲院荷风"。南宋四大家之一的杨万里曾题咏："毕竟西湖六月中，风光不与四时同；接天莲叶无穷碧，映日荷花别样红。"

荷花如醉、暖风似酒、佳景飘酒香、美酒需佳肴，心灵手巧的厨师从绝妙佳景中得到启发，适应夏季时令斟酒赏景游客的需要，创制了这道既可下酒，又可下饭，既可作点心，又可供旅游携带作野餐佐食、雅俗共赏的传统菜肴。有诗赞曰："曲院莲叶碧清新，蒸肉犹留荷花香。"

到清康熙时改为"曲院风荷"，同时还在东面建造了迎熏阁和望春楼，西面建复道重廊。此处荷花甚多，每到炎夏季节，微风拂面、阵阵花香、清凉解暑，令游人流连忘返。荷叶粉蒸肉是用"曲院风荷"中的鲜荷叶，将炒熟的香米粉和经调味后的猪肉裹包起来蒸制而成，其味清香、鲜肥软糯而不腻，并伴有浓郁的荷香，夏天食用很合胃口。后来随着"曲院风荷"美名的传扬，荷叶粉蒸肉也声誉日增，成为著名的特色菜肴。

[制作参谋]

制作原料：猪五花肉 500 克，鲜荷叶 5 张，米粉 100 克，盐 4 克，味精 2 克，酱油 20 克，料酒、白糖各 10 克，葱、姜各 5 克，腐乳 20 克，甜面酱、豆瓣酱各 15 克，胡椒面 1 克。

制作方法：将肉皮上的细毛拔净，切成长 7 厘米、厚约 0.2 厘米的片。葱、姜切成末。豆瓣酱剁碎。腐乳压碎。

将猪肉片放入大碗中，加入盐、味精、酱油、料酒、白糖、葱姜末、腐乳、甜面酱、豆瓣酱、胡椒面、米粉，搅拌均匀，肉皮朝上码在碗中。

将装有肉的碗放入蒸锅中蒸约 2 小时。

将荷叶洗净，剪成长、宽各 10 厘米的片。

把蒸好的肉取出，用筷子夹 2—3 片放在荷叶上，用荷叶包好，码放在盘中，再放入锅中蒸 10 分钟取出即成。

提示：炒米时不能炒焦，避免蒸肉焦苦，磨粉不宜过细，否则易糊；拌粉时，要使每块肉的表面和中间刀口处都均匀沾上米粉；蒸时火要旺，蒸至酥烂，否则粉肉脱落，影响口味。

【东坡肉】

[文化联结]

东坡肉又名滚网，是江南地区传统名菜。

中国菜肴中有不少是以名人的名字来命名的，其中尤以文人独领风骚。"食色，性也"；"食不厌精，脍不厌细"，自从大圣人孔子开辟了探寻饮食文化的先河之后，无数文人墨客紧跟其后，细研烹饪，将饮食文化的道路越拓越宽，终于形成了今日的洋洋大观。

北宋著名文学家苏东坡便是其中的佼佼者，他一生不但饮食著述甚多，而且还研究出不少美味佳馔，仅以他名字命名的美食就有许多种，如东坡肉、东坡鱼、东坡豆腐、东坡饼、东坡肘子、东坡羹等，而且每一道都附有典故。然而传说毕竟是传说，其中不免有牵强附会的成分，很难据以为信。

相传北宋文学家苏东坡在杭州做刺史时，曾为民排忧解难，做了许多有益于老百姓的事，尤其是他曾发动 20 万大军疏浚西湖，将挖掘出来的湖中泥土筑成沟通南北的长堤——苏堤，从而大大改善了交通。更重要的是：西湖增加了蓄水量，消除了水灾，并利用湖中水灌溉良田，使杭州地区年年获得丰收，这一带的老百姓都十分感激他。人们私下相议，用什么来报答自己的恩人呢？后来有人打听到，太守喜欢吃猪肉，他还写了一首关于猪肉的诗呢？于是人们为了报答苏东坡，每逢农历过年时，各地老百姓都要抬着猪肉给他拜年。这样一来，苏东坡每年都要收到许多猪肉。面对如此多的猪肉该怎么办呢？于是他叫人将所有的肉切成方块并烧得红酥酥的，按参加疏浚西湖的民工花名册给每家发送一份。当地老百姓都感激不尽，便将这种肉称为"东坡肉"。有位有眼识的饭店老板一眼看到了商机，便挂出"东坡肉"的牌子专卖东坡肉，生意顿时兴旺起来。后来"东坡肉"就成了杭州的名菜。

又有一说，苏东坡被贬官后，回到了杭州，整日在家闲着无事，常亲自烹制各种菜肴。有一次，家中来了客人，他烧了一锅肉招待客人。

他将肉下锅后，便与客人下起棋来，棋下了几个小时，才想起锅中有肉，他以为肉已烧焦了，不料，肉不仅没烧焦，而且香气扑鼻、色泽红润。他尝了尝，味道美极了，连忙端上桌，客人尝后亦赞美不绝。为此，苏东坡还写了首有趣的炖肉歌："黄州好猪肉，价贱如烘土，富者不肯吃，贫者不解煮，慢著火，少著水，火候足时它自美，每日起来打一碗，饱得自家君莫管。"苏东坡的"炖肉歌"在杭州广为传颂，不少人慕名来向他求教。有的是来向他学文章的，也有不少人是来向他求教如何做红烧肉的。人们用他在炖肉歌中所说的方法烹制出的肉肥而不腻、味美可口，并将这种红烧肉称之为"东坡肉"。除了杭州外，湖北黄州、四川、江西和云南以及全国各大中城市也可品尝到东坡肉，制作方法各有千秋，其色香味各有所长。

[制作参谋]

制作原料：带皮五花肉 750 克，笋片 150 克，荷叶夹 10 个，盐 1 克，料酒、冰糖各 20 克，葱 70 克，姜片 30 克，酱油 40 克，胡椒粉、味精各 2 克，鲜菠菜 3 棵。

制作方法：将带皮五花肉切成方块，每块肉上剞上十字刀纹。将肉块放入清水中煮至五成熟时捞出。

将锅底放一层姜片，将肉块摆上沙锅内（皮朝上）。肉上面放笋片，加料酒、酱油、冰糖、清水，先用旺火煮沸，再用小火久焖 2 小时，至肉酥烂味透时加入味精起锅装盘，肉皮朝上。将炒熟的菠菜放入肉盘的两端，两边摆上蒸熟的荷叶夹，撒上葱花、胡椒粉即成。

特点：其形方正、肥瘦相间，其色红亮剔透、肥润油亮。其味香酥、软烂可口、荤香扑鼻。吃起来糯而不腻、咸甜适中、风味独特，为可饭可酒之佳品。对大多数少荤多素的中国人来说，是不可多得的美味佳肴。

提示：制作时先在砂锅里用竹箅子垫底，铺上葱，以免出现焦底现象；用旺火烧开，小火做长时间焖制；调料要一次加足，加盖密封，阻止水分、香味流失；选料以皮薄、肥瘦相间的新鲜猪肋肉为宜。

【砂锅鱼头豆腐】

[文化联结]

此菜又称"鱼头豆腐"，为杭州的传统名菜。成菜具有鱼脑滑润、鱼肉肥美、豆腐细嫩、汤醇味厚的特点。相传有一年乾隆下江南来到杭州，微服私游吴山，恰遇大雨，躲避于半山腰一户人家的屋檐下，又饥又冷，便推门入室以求午餐。屋主王小二是饭店伙计，见状便把家中仅有的一块豆腐拿来，一半用来烧菠菜，一半与一个鱼头放在砂锅中炖了，送给乾隆食用，其味鲜美无比。他回京后仍念念不忘这顿美餐，当他再次来杭时，为了答谢王小二留餐的盛情，他赐银助他在吴山脚下开了一爿"王润兴"饭店，又亲笔御书"皇饭儿"三字，专门供应鱼头豆腐等菜。经过王小二的精心经营，生意十分兴隆。有人为此题曰："肚饥饭碗小，鱼美酒肠宽，问客何所好，豆腐烧鱼头。"自此，"鱼头豆腐"成为经久不衰的传统名菜。

[制作参谋]

制作原料：

主料：鳙鱼头半爿（约重 600 克）、嫩豆腐 2 块（约重 700 克）。

配料：熟笋片 75 克、水发香菇 25 克。

调料：姜末 0.5 克、青蒜 25 克、豆瓣酱 25 克、白糖 10 克、绍酒 25 克、酱油 75 克、味精 5 克、熟猪油 250 克（约耗 125 克）。

制作方法：鱼头洗净，去掉牙，在近头背肉处深剞两刀，鳃盖肉上划上一刀，鳃旁肉上切一刀，用沸水氽过。剖面涂上碾碎的豆瓣酱，正面抹上酱油。

豆腐切成长 4 厘米、厚 1 厘米的片，用沸水稍焯一下。

炒锅置旺火上，下入熟猪油，烧至 240℃。

鱼头正面下锅煎黄，滗出余油。

将绍酒、酱油、白糖加入略烧，后将鱼头翻身，加入适量汤水，放入豆腐片、笋片、香菇、姜末。

烧沸后转入中号砂锅，在微火上烧 5 分钟，改用中火烧 2 分钟，撇去浮沫。

将青蒜、味精、熟猪油加入即成。

提示：鱼头和豆腐均应沸水氽过，去腥；鱼头下锅要热锅旺油，并掌握好火候，防止煎焦；倒入砂锅动作要轻，使鱼头在下，配料在上，保持外观完整。

【龙井虾仁】

[文化联结]

龙井虾仁是杭州传统名菜，属浙菜系。

龙井茶叶为我国四大名茶之一，唐代《茶经》一书就有记述。元代虞集在游龙井时，曾写诗赞美："烹煎黄金茶，不取谷雨后。同来二三子，三咽不忍嗽。"龙井茶素以"色绿、香郁、味甘、形美"四绝著称。

相传乾隆皇帝下江南时，恰逢清明时节。他将当地官员进献的龙井新茶赐给御膳房一部分，当时御厨正在烹炒"玉白虾仁"，闻到皇帝赐的茶叶有一股清香，不忍自饮，随手往炒虾仁的锅中撒了一些，做出了此道名菜。"龙井虾仁"取用清明前的龙井新茶与时鲜的河虾烹制，具有色如翡翠白玉、清香诱人、食之极为鲜嫩的特点，是一道具有浓郁地方特色的杭州传统名菜。

[制作参谋]

制作原料：

主料：鲜活大河虾 1000 克（挤成虾仁约 250 克）。

配料：龙井新茶 1 克。

调料：葱 2 克、绍酒 15 克、精盐 3 克、味精 2.5 克、鸡蛋清 1 个、湿淀粉 40 克、精制油 1000 克（约耗 75 克）。

制作方法：将河虾洗净，挤出虾肉放在小竹筐中，用清水反复搅洗至虾仁洁白，盛入碗中，加精盐和鸡蛋清，搅拌至有黏性时，加进湿淀粉、味精拌匀，静置一小时，使虾仁入味，浆好。

炒锅置中火上，下入精制油，烧至 120℃，后将浆虾仁放入锅内。迅速用筷子划散，至虾仁呈玉白色时，捞出沥油待用。

取茶杯一只，放进新龙井茶叶，用沸水 50 克沏泡（不要加盖），1分钟后，滗去大部分的茶汁（40 克），剩下茶叶和余汁。

炒锅内留底油（10 克），用葱炝锅，将虾仁放入锅内，后将绍酒、茶叶及余汁依次放入。

将炒锅转动两下，装盘，即成。

提示：虾仁上浆前一定要漂洗干净；上浆动作要轻，咸淡吃准，浆后要放置一段时间再用；油温不能过高过低，以使虾仁成熟。

【炒里脊】

[文化联结]

炒里脊用上好的猪里脊肉制作而成，是杭州传统名菜。

传说在清代雍正年间，杭州一秀才娶了一贵妇人为妻，妻子不仅长得漂亮，而且还是把烹饪的好手。有一次，秀才想让她做道好菜尝尝。妻子说：别的不会，只擅长小炒猪肉，就是炒里脊。秀才说："那就炒个小炒肉，让我尝尝鲜吧！"

妻子说："谈何容易，我在家也做过这种菜，但那时府中做一盘肉，要杀一头活猪，任我选用身上最嫩的一块肉来做小炒肉，你买得起一头猪吗？"秀才听罢直摇头，心中不免郁闷。

过了些时日，村里举办每年一次的赛神会，照例要宰猪祭祀。这一年正好是秀才主持祭祀。于是，秀才趁机又一次向妻子提出做小炒肉的要求。妻子高高兴兴地来到杀猪的现场，让秀才买下猪身上最嫩的那块肉，炒了一小碟里脊肉给秀才品尝。谁知，这小炒肉鲜美无比，秀才因贪食过急，下咽时竟把自己的舌头也一块吞了下去，舌头塞住了喉咙，憋住了气，害得他差点儿为这道美食丢掉了性命。

这则故事记载于清代的《归田琐记》中，显然"将自己的舌头吞下肚去"是绝对不可能的，未免有点荒唐可笑，却巧妙地形容出那位巧妇人所做的"小炒肉"是何等美味可口。

[制作参谋]

制作原料：猪里脊肉 200 克，净冬笋、水发木耳各 50 克，葱段 25 克，蒜粒、姜料各 15 克，泡红辣椒 20 克，醋 10 克，盐 2 克，酱油 1 克，白糖 10 克，淀粉、肉汤各 20 克，植物油 50 克。

制作方法：将猪里脊肉切成肉片，冬笋切成片，木耳洗净，泡红辣椒剁成茸。

将肉片放入碗中，加入盐、淀粉拌匀。另取一只碗放入白糖、盐、醋、酱油、肉汤、湿淀粉兑成浓汁。

炒锅置于旺火上，下混合油烧至六成热时，下入肉片炒一会儿加入泡红辣椒、姜粒、蒜粒炒香上色，再加入冬笋片、木耳、葱段炒匀，烹入芡汁颠翻几下收汁亮油，起锅装盘即成。

特点：鲜、嫩、软、滑，味道可口，原料便宜，烹制简便，适合大众食用。

【猫耳朵】

[文化联结]

"猫耳朵"是杭州"知味观"的著名风味名吃。要说它是猫的耳朵，可实在是误会了，其实它是一碗地地道道的面疙瘩，只是有些像猫耳罢了。"猫耳朵"中有许多种名贵的配料，如虾仁、干贝、火腿、鸡肉、香菇、菜叶、葱姜等，还要淋上熟鸡油，非常鲜香味美，堪称一绝。

而且，杭州"猫耳朵"与乾隆皇帝游西湖有关。据说有一天，乾隆打扮成客商和内侍来到"柳浪闻莺"，雇了一只小船。老船家是个白胡老头，把船摇得又平又稳。小孙女只有十一二岁的年纪，怀里抱着个小花猫，好奇地上下打量这位外地来的客官。那日乾隆皇帝兴致极好，和小女孩闲聊片刻，便把目光投向湖上风景，三潭印月、雷峰宝塔、苏堤垂柳、平湖秋月……真是美如图画，让人心情无比舒畅。忽然船儿摇晃起来了，风儿一阵紧似一阵，太阳也被乌云遮住了。船家知道就要下雨了，忙安排客官进了舱内。小女孩则跑到船头去帮爷爷撑船。雨一会儿就下了起来，祖孙俩吃力地将小船撑到桥洞下。这时，狂风骤雨已扑天盖地而来。舱里的乾隆衣衫单薄，冷得直打寒战。风雨一时难停，乾隆觉得又冷又饿，便叫内侍找船家弄碗热面充饥。船家一听便犯了难，说："面粉船上倒有，只是不会擀面。"内侍说："主人平日口味极高，您想法做好面，一定会有重赏的。"小女孩说："爷爷，要不让我给客官做面疙瘩，保证好吃。"船家连忙摇头，说："快别多嘴！咱平时吃的粗淡饭食，怎能待客？"内侍说："反正是凑和一餐。我看只要调制得有滋有味，也能行。"小女孩听罢便走到后舱忙活开了。她先从盆里抓来一些活蹦乱跳的大虾，剪头去尾下了汤锅，又和好面，再用手指巧妙地一个一个地捻成卷起来的薄面片儿……很快制成了一碗满当当的面疙瘩，再往面里撒上些葱、姜、料酒、盐面、干虾子和胡椒粉，便端了出来。

乾隆此时正肚内闹饥荒，猛然嗅到一股扑面而来的鲜香，急忙接过内侍捧上的面食，乍看起来：卷曲的面片，不像面条却很美观；鲜红的虾籽映衬着乳白色的虾汤，恰似秀色可餐；还有胡椒粉和葱姜炸过的浓郁香味……此时皇上已顾不得其他，径自美美地享用起来，不一会儿便浑身发热了，不免暗自为自己刚才瑟瑟发抖的狼狈相好笑。

这时，小女孩又抱着小花猫进舱来了。乾隆问："小姑娘做的面真好吃，你是怎么做的？"小女孩痴痴地笑道："面疙瘩汤呗，又有什么稀罕？"乾隆故意问："这面疙瘩汤也该有什么名称吧？"小女孩一时被问住了。这面疙瘩本来就没有什么名称，但小姑娘看客官好奇，便想了起来。突然，她的眼光正好落在小花猫耳朵上，便说道："就叫'猫耳朵'呀！"乾隆夸赞道："这名称好听，叫'猫耳朵'好。为了答谢你，我送你一件小礼物。"说着，便解下随身所佩的一块玉麒麟送给了她。

风雨终于过去了，西湖又重现明媚秀色。船家重新撑船回到湖中，乾隆尽情观赏美景直到日落时分才登岸离去。临别之时，内侍拉住老船家悄声说："送您孙女儿玉麒麟的，就是当今圣上。"此时，乾隆已坐上早在西湖边上等候多时的官轿，在众人簇拥之下离去了。祖孙俩立刻跪倒在地，望着圣上的身影不住地叩拜。

许多年过去了，西湖船家的小女孩已成湖畔点心铺子的老板娘了。夫妇俩在铺子门脸上挂出"御用名点猫耳朵"的醒目招牌招徕顾客，果然哄动了杭城内外，前来品尝"猫耳朵"的人络绎不绝。后来"知味观"成了独家经营"猫耳朵"的名店，打的也是这个醒目招牌。

【宋嫂鱼羹】

[文化联结]

此菜是南宋时的一道名菜，已有 800 多年的历史。南宋迁都临安（今杭州），当时有一老妇，人称宋五嫂，她也从东京（今开封）逃难来杭，同小叔一起在西湖边捕鱼为生、相依为命、勉强度日。一日小叔患病，一连几天卧床不起。宋嫂为使小叔开开胃口，就将未卖出的鲜鱼加姜、酒、椒、醋等佐料，烧制了一碗鱼羹。结果此羹特别鲜美，小叔食后胃口大开，而且迅速恢复了健康。后来南宋皇帝游西湖，听说了此事，便召见宋嫂，品尝了她做的鱼羹，大加赞赏，并赐金银绢匹。从此，宋嫂鱼羹"人所共趋"，成了当时杭州城的"名家驰誉"者。

后历代厨师不断研制提高，配料更为精细讲究。鱼羹色泽油亮、鲜嫩滑润、味似蟹肉，故又有"赛蟹羹"之称。

[制作参谋]

制作原料：主料：鳜鱼 1 条（约重 600 克）。

配料：熟火腿 10 克、熟笋 25 克、水发香菇 25 克、鸡蛋黄 3 个。

调料：葱段 25 克、姜块 5 克（拍松）、姜丝 1 克、胡椒粉 1 克、绍酒 30 克、酱油 25 克、精盐 2.5 克、醋 25 克、味精 3 克、清汤 250 克、湿淀粉 30 克、熟猪油 50 克。

制作方法：鳜鱼剖洗干净，去头，沿脊背片成两片，去掉脊背及腹腔，将鱼肉皮朝下放盆中。放入葱段（10 克）、姜块、绍酒（15 克）、精盐（1 克）。

稍渍后，上笼用旺火蒸 6 分钟取出，拣去葱结、姜块，卤汁滗在碗中。

把鱼肉拨碎，除去皮、骨，倒回原卤汁碗中。

炒锅置旺火上，下入熟猪油（15 克），油热后放入葱段（15 克），待煸出香味，舀入清汤煮沸，拣去葱段落，后放入绍酒（15 克）和熟笋、香菇细丝（1.5 厘米长），待煮沸后放入碗中的鱼肉和原汁，放入酱油、精盐（1.5 克）、味精，待烧沸后勾薄芡和蛋黄液，搅匀后，待到羹汁再沸时，加入醋，并洒上 240℃热的熟猪油（35 克），起锅装盘，撒上火腿丝、姜丝和胡椒粉，即成。

提示：选用刺少肉鲜鳜鱼，蒸熟后去净骨刺，鱼肉剔取尽量保持片状，不要太散碎；勾芡时锅要离开火口，芡要均匀适度；淋蛋液要慢，边淋边搅，形成蛋片状。

【金华火腿】

[文化联结]

金华火腿即浙江南腿，是我国三大著名火腿之一（另外两种为云南的云腿、江苏的北腿）。金华火腿的历史最为悠久、名气最响。它始于唐，盛于宋，至今已有1200多年的历史。

相传北宋末年，金人大举入侵中原，俘获了徽、钦两帝，小康王赵构慌忙之中南迁商丘，号称高宗。祖籍浙江金华的名将宗泽见局势紧张，决心收复失地，就在家乡金华招兵买马。他所率的"八字军"英勇善战，收复了大量失地。义乌县农民将当地所产的大量"两头乌"良种猪肉犒劳众将士。可这么多猪肉要用船运到河南，得走上半个月之久，肯定要变质的。这时宗泽想出了个好办法，将硝盐撒在猪肉上，腌渍一下挂起来风干。风干后将一大船猪肉运到了前线，打开船舱一看，所有的猪肉全部变成红色，散发出一股扑鼻的奇香，烧熟后一尝比鲜肉还美味。宗泽将这种美味无比的两头乌献给宋高宗赵构，赵构大为喜悦。他一面饮着御酒，一面品味猪肉，赞不绝口。赵构高兴地说："这不是猪肉，是火腿！要不它怎么这样火红呢？"于是高宗皇帝还赐名为"金华火腿"。

金华火腿从清朝光绪年间起就行销欧美、南洋各地，曾在德国莱比锡举办的国际博览会上获金奖，后又在1915年巴拿马万国商品博览会上荣获一等奖，被公认为世界三大名火腿之一（另两类分别产自德国和意大利）。1981年被评为全国优质产品，荣获国家金质奖章。金华火腿之所以能够驰名中外，是因为它选料严格，用金华特产"两头乌"猪的后腿制作。这种猪以颈臀两部乌黑、身段四腿雪白为典型特征。选料时要求皮薄爪细、腿心饱满、精多肥少、大小适中，以5000克左右的后腿最为相宜。

［制作参谋］

金华火腿的腌制加工极为精细，从选腿开始，要经过修边、上盐、洗晒、发酵、整形等五道工序，费时10个月。该火腿以色、香、味、形等"四绝"而闻名于国内外市场，皮色黄亮、香馨清醇、味鲜脆嫩。金华火腿最易走油、生虫和变味。所以，保存火腿时，一定要猪爪向下，置于通风阴凉处，并且用菜油和面粉调成糊状，抹在上面。当然，现在有冰箱，放在冰箱里保存是最好的。

【生爆鳝片】

［文化联结］

生爆鳝片是浙江一带的特色传统名菜。鳝鱼又称黄鳝、长鱼，我国

东部各水系均产，为我国特产鱼类，以江浙和沿长江各省产量较多。鳝鱼喜底栖生活，在水体泥底钻洞或石隙中穴居，每年小暑时节最为肥美。鳝鱼肉厚骨少，味美营养好。

此菜吸取北方"蒜爆"之特点，是一道"南料北烹"的代表菜。鳝嫩蒜香、别具一格，采用先炸后熘的烹调技法，使鳝肉外脆内嫩、清香四溢、酸甜可口、更显特色。

[制作参谋]

制作原料：主料：大鳝鱼 2 条（约重 500 克）。调料：蒜头 10 克，绍酒 15 克，酱油 25 克，醋 15 克，白糖 25 克，精盐 2 克，面粉、湿淀粉各 50 克，芝麻油 10 克，熟菜油 750 克（约耗 100 克）。

制作方法：把鳝鱼摔昏，在颌下剪一小口，剖腹取出内脏，剔去脊骨，斩去头尾，洗净后平放在砧板上，用虚刀排斩，然后片成菱形片，盛在碗中，加精盐、绍酒（5 克）浸渍，再加入湿淀粉（40 克）、面粉和清水 25 克拌匀。

炒锅置旺火上，下入熟菜油，烧至 210℃，将鳝鱼片逐片迅速投入锅内，炸至外皮结壳，捞起拨散。

待油回升至 240℃时，再将鳝片下锅炸至外皮松脆，捞出装盘。

蒜头拍碎，斩末，放在碗中，加入酱油、白糖、醋、绍酒（10 克）、湿淀粉（10 克）和清水（50 克），调成芡汁。

炒锅留底油（25 克），将对汁芡倒入，后用手勺推匀后淋入芝麻油，即成卤汁。将卤汁浇淋子鳝片上，即成。

提示：上浆不宜过早，应现浆现烹，注意浆液厚度；炸制要采用复炸，以使鳝片成型和外部松脆；芡汁厚薄适度、色泽适当、酸甜咸比例适中。

【爆墨鱼花】

[文化联结]

墨鱼又称乌贼，系软体动物中的头足类，体呈袋形，头发达。墨鱼为近海种类，每年春夏之际为捕捞旺季，其肉具有肉质肥厚、味鲜美、易卷曲的特点。

此菜选用新鲜墨鱼为原料，经精细的花刀处理和旺火速烹，使墨鱼卷曲成麦穗花状。成菜具有色白形美、脆嫩爽口、卤汁紧包的特点，是一道刀工与火候并重的温州名菜。

[制作参谋]

制作原料：主料：净墨鱼肉 400 克。调料：葱末 2 克、姜末 3 克、蒜末 5 克、绍酒 15 克、精盐 5 克、味精 3 克、胡椒粉 1 克、白汤 75 克、湿淀粉 15 克、精制油 1000 克（约耗 80 克）。

制作方法：墨鱼肉剞上麦穗花刀，再切成长 5 厘米、宽 2.5 厘米的长方块。

炒锅置旺火上，加清水 1000 克烧沸，将墨鱼块入沸水锅一氽，立即捞出沥干水。

另取炒锅置旺火上，下入精制油烧至 210℃，放入墨鱼块，炸至八成熟时，捞出沥油。

取小碗一只，放入精盐、绍酒、胡椒粉、味精、白汤、湿淀粉，调成芡汁。

原炒锅留底油（25 克），下入蒜末、葱末、姜末煸香，放入墨鱼花和芡汁快速翻炒，使卤汁紧包墨鱼即成。

【平湖糟蛋】

[文化联结]

平湖糟蛋用新鲜鸭蛋为主料制作而成，是浙江特产。

相传平湖有一个叫吴埭的村子，住着一位吴阿财。他想改变咸鸭蛋的口味，不用盐腌鸭蛋，而是改用出酒后的酒糟腌，结果很成功，制出了似皮蛋又不是皮蛋的酒糟蛋，味道好极了。从此，他年年泡制此蛋。一日，微服私访的乾隆来到平湖，他信步走在街上，不自觉地来到了阿财家门前。此时正值吃午饭的时辰，乾隆感到腹内咕咕作响，便朝阿财家望去，见一家人正围桌吃饭，于是走进去向阿财讨要点吃的。阿财见一秀才模样的过路人向他要食吃，忙叫妻子添烧几个菜，并拿来几只剥去壳的糟蛋请乾隆坐下来吃。乾隆从未见过此物，只见它乳白色、半透明，内有一颗红似琥珀的东西，心想这是何东西，一时不敢贸然举筷。阿财见他犹豫，解释说这是用酒糟腌制的糟蛋，客官尽可放心地吃。乾隆这才夹起一个放进嘴里咬了一口，顿觉一股清凉浓郁的酒香直沁心脾，心想天底下竟有如此好吃的东西，不觉暗暗称奇，临走时还带了几个回去品尝。乾隆回京后，始终念念不忘这一美味，便发一金牌差人送往杭州，叫浙江巡抚去平湖请吴阿财带糟蛋来京。当官差到阿财家宣旨之时，吴阿财才知道那天来他家讨吃的秀才原来是皇帝，就携带了一大瓮糟蛋进京见乾隆皇帝。乾隆高兴，赐该蛋名为"平湖糟蛋"。乾隆金牌召糟蛋的事情就在平湖传开了，生意人纷纷做起糟蛋生意，至今平湖糟蛋已名扬四海。

［制作参谋］

制作原料：新鲜鸭蛋 100 个、酒糟 5 千克、黄泥 3 千克。

制作方法：将新鲜鸭蛋逐个洗净。用一大瓮（坛子也行），码一层蛋，撒一层酒糟，再码一层蛋，一层酒糟，如此码放完毕，用黄泥封严瓮口，腌 30 天，起封，取出蛋即成糟蛋。

特点：蛋壳柔软、蛋白凝固透明、蛋黄红色艳丽、酒味扑鼻、醇香浓郁、口感细嫩、回味悠长。

第 九 章
湘　　菜

第一节　湘菜文化溯源

　　湘菜为中国八大菜系之一，以湘江流域、洞庭湖区和湘西山区的菜肴为代表发展而成。其在世界上也具有相当的知名度，是欧美传媒界所热衷推介的一种中国风味。"东安仔鸡"等湘菜在北美颇受赏识，长沙火宫殿的臭豆腐还被美国前总统布什写入了他的笔记本。

　　湘菜的特点通常被认为是辣，但这并不全对。湖南人嗜辣，全国知名，甚至超过同样嗜辣的四川人，其实，只说辣并不完全，因为辣通行于中国西南地区。但他们的辣又不尽相同：四川是麻辣、贵州是香辣、云南是鲜辣、陕南是咸辣、湖南则是酸辣。这酸并不同于醋，酸而不酷、醇厚柔和，与辣组合，形成一种独特的风味。尤其是农村和山区的百姓家中的家常菜，简直是不可一日无酸辣。

　　湘菜的特点也是因其特定的空间与时间条件所决定的，加上特定的人文因素，便形成了独特的湖南烹饪文化。这是湖南人民在烹饪实践中所创造的物质财富与精神财富。探讨这一文化的蕴含，是很有意味的。

　　很早以前，学界就曾有人指出：由北非、东南欧东向，经中亚、南亚到东亚、东南亚，存在一条地理上的"辣带"，湖南适在其间。不久前，学界又提出从北非的古埃及文化向东延伸，到达中国东部的吴越文化，存在一条"古文化带"，湖南属于大溪文化的遗存，其楚文化又在其间。不需向更早去溯寻了，仅此就赋予了湖南烹饪以地理的和历史的得天独厚的发展"基因"了。

　　湖南地处长江中游，西、南、东三面环山，北向敞开至洞庭湖平原，是一个马蹄形盆地。这种地貌在中国是很独特的，在烹饪上便构成了三大风味流派：

三面山区及聚居其间的苗族、瑶族、侗族、土家族等少数民族同胞，多用山野肴蔌和腊制品，似粗拙而质朴，不假饰而纯真，是浓郁浑厚的山乡风味。

水网密布、水乡泽国的洞庭湖区，渔农之家常用水产动植物原料，多用煮、烧、蒸法制作的菜肴，清鲜自然、不尚矫饰，特别是"渔家菜"和蒸钵炉子之类，充溢着乡土的田园风味。

以长沙、株洲、湘潭为中心的湘东地区，是湖南政治、经济、文化交汇之地，社会活动活跃频繁之所。这里的烹饪继承历史之传统、荟萃全省之精华、广取海内外之信息，再经名师高手们在融汇之中提炼、融合、升华，创制出具有概括意义的湘菜、湘点，由酸辣寓百味、从酥软出鲜香，尽显刀工、火工之功力。在色、形、香、味上，湘菜既高贵典雅、华彩富丽，又清新淡雅、秀逸素丽，还有质朴古雅、粗放壮丽，是湖南烹饪的典型，中国风味一大流派的代表。面对它的风味特色，食客们从未因酸辣而却步，相反为之倾心、迷恋。不然的话，那位翰林出身的曾广钧安能写出"麻辣子鸡汤泡肚，令人常忆玉楼东"这样传诵遐迩的名句呢？其实，这种吟咏从《楚辞》时代就开始了。在《招魂》《大招》等篇章里，在所列举的多款楚地肴馔中，便有"大苦咸酸，辛甘行些"这样的句子。晚些时候的马王堆汉墓出土的《竹简·食单》中列出有百余种菜品，还有多款实物，其中的火焙小鱼至今仍遗存在山村生活中。直到近代谭延家厨所创制的"组庵菜系列"，可见湖南烹饪的历史渊源。近些年来，考古发现了属于大溪文化的澧县出土的陶釜和7000年前的水稻遗存，联系学界关于长江流域也是中华民族摇篮的观点，证明湖南农耕文化和饮食文化之早，与世界农耕始发时间相近，还证明湖南烹饪的历史悠久和湖南烹饪文化的积淀深厚，也证明"辣带"与"古文化带"之说古来有之。

湖南烹饪以酸辣风味为主体，还是一种养生的优选，更是一种饮食养生文化的体现。一方面，由于湖南的地貌，加上它正处在孟加拉湾暖湿气流与太平洋暖湿气流相拮抗之地，年降水量达1300—1800毫米之多，而大小河流密布成水网，下泄又常遭洞庭湖水顶托引致内涝，从山区到平原自古就被称为"卑湿之地"，生活在这里的人们常受寒暑内蕴之侵而易致湿郁。于是，发汗、祛湿、开郁的辛辣就成了必然的选择，嗜辣之习甚于巴蜀。另一方面，热辣寒酸，开放的辣与收敛的酸相互制约又相互协调，使三湘人民获得了养生保健的呵护，得以在这片独特的土地上休养生息。这就是酸辣风味的科学阐释，也是湖南烹饪文化的内涵，是味觉艺术和食养科学的辩证统一。

总的来说，湖南菜有以下三个特点：

刀工精妙、形味兼美。湘菜的基本刀法有 16 种之多，具体运用、演化参合，使菜肴千姿百态、变化无穷。诸如"发丝百页"细如银发，"梳子百页"形似梳齿，"溜牛里脊"片同薄纸，更有创新菜"菊花鱿鱼""金鱼戏莲"，刀法奇异、形态逼真、巧夺天工。湘菜刀工之妙不仅着眼于造形的美观，还处处顾及烹调的需要，故能依味造形、形味兼备。如"红煨八宝鸡"，整鸡剥皮，盛水不漏，制出的成品不但造型完整俊美，令人叹为观止，而且肉质鲜软酥润，吃时满口生香。

长于调味、酸辣著称。湘菜特别讲究原料的入味、注重主味的突出和内涵的精当。调味工艺随原料质地而异如急火起味的"溜"、慢火浸味的"煨"、选调味后制作的"烤"、边入味边烹制的"蒸"等。味感的调摄可谓精细入微。而所使用的调味品种类繁多，可烹制出酸、甜、咸、辣、苦等多种单纯和复合口味的菜肴。湖南还有一些特殊调料，如"浏阳豆豉""湘潭龙牌酱油"，质优味浓，为湘菜增色不少。湘菜调味特色是"酸辣"，以辣为主，酸寓其中。"酸"是酸泡菜之酸，比醋更为醇厚柔和，辣则与地理位置有关。湖南大部分地区地势较低，气候温暖潮湿，古称"卑湿之地"。而辣椒有提热、开胃、去湿、驱风之效，故深为湖南人民所喜爱。久而久之，湖南便形成了地区性的、具有鲜明味感的饮食习俗。

技法多样，尤重煨。湘菜技法早在西汉初期就有羹、炙、脍、濯、熬、腊、濡、脯、菹等多种技艺，经过长期的繁衍变化，到现代技艺更精湛的则是煨。煨在色泽变化上又分为"红煨""白煨"，在调味上则分为"清汤煨""浓汤煨""奶汤煨"等，都讲究小火慢煨、原汁原味。诸如"组庵鱼翅"晶滢醇厚、"洞庭金龟"汁纯滋养等，均为湘菜中的佼佼者。

第二节　撷粹漫品——湘菜纵览

湘菜以腴滑肥润为尚，湖南人的共通嗜好是辣，几乎什么都要放辣椒。例如：煮碗蛋花汤，汤里要放辣椒；吃个甜豆沙包也要蘸些辣豆瓣酱。他们吃辣椒喜欢切开生吃，或是晒干后切碎直接入菜，不以点到为满足，而是要辣得热汗淋漓，嘴唇通红才算。虽然湖南人嗜辣，不过成桌的筵宴，照老规矩是不见丝毫辣味的。

另外，湘菜还有一个大特色，就是它们的菜盘、饭碗、汤匙都比别的地方大个一两号，而一尺多长的筷子更像是炸油条专用的。为什么会这样呢？据说湖南实行大家庭制度，桌面大，坐的人多，所以各种盛器就都是大的。

【猪血丸子】

[文化联结]

此菜用猪血、猪肥肉、豆腐等为主要原料制作而成，故取名"猪血丸子"，也称猪血饼、血饼、血粑等，是湖南名菜。

据传湖南武冈历史悠久，明代是朱元璋第十八子朱岷王（俗称"朱王"）的封地。"朱王"倚仗着其皇帝老子的权势作威作福、骄奢残暴、草菅人命、加税加赋，致使民不聊生。当地百姓对他的胡作非为深恶痛绝、恨之入骨。许多人常用猪血、猪肥肉、豆腐，分别代表"朱王"的血、肉、脑做成"猪血丸子"，邀请亲朋好友前来食用，借此发泄对封建统治者的不满和仇恨。这样食用的人多了，做的人也就多了，久而久之，这种菜竟做得特别可口，流行甚广。数百年来，人们对封建帝王罪行渐渐淡忘，但猪血丸子这种美味菜肴却在民间一代一代流传下来，其制作方法也越来越精致。

[制作参谋]

制作原料：豆腐500克、肥猪肉200克、猪血200克、盐5克、花椒粉1克、味精0.5克、柑橘皮3克。

制作方法：先将豆腐榨干水分搓碎，再将猪肥肉切成丁块，把猪血掺入其中，再拌适量的盐、花椒粉、味精、柑橘皮等，搅拌均匀，做成椭圆形、拳头大小的丸子，置于太阳下晒干，后用微火烘烤到表面成黑红色整个八成干为止。食用时，可炒可蒸，可做冷盘、热盘，方便快捷。

特点：吃起来软而细腻、腊香可口、回味无穷。农历正月初二，武冈人都喜欢用它摆盘宴客，这道美食堪称盘中美肴。

【东安子鸡】

[文化联结]

东安子鸡始于唐代，距今已有一千多年的历史。传说唐玄宗开元年间，湖南东安县城里有一家由三个老妇开的小饭店。一天晚上有几个客商经过，要求做几道鲜美的菜肴。当时店里的菜已经卖光，仓促之间来不及准备，店主便现捉了两只活鸡，宰杀洗净，切块，加葱、姜、蒜、辣椒等作料，用大火热油炒过，再加盐、酒、醋焖烧，浇上麻油出锅。菜端上桌后香气馥郁，几位客商吃过觉得鲜嫩可口，非常满意，事后到处夸赞，引来许多吃客，小店名声渐渐传播开来。东安县知县风闻此事后半信半疑，便亲自前往品尝，觉得名不虚传，赞赏之余将此菜命名为东安子鸡，从此成为湖南的传统佳肴。

东安子鸡在长期的发展演变中，烹制日臻完美，受到众多名人的赞赏。国民革命军第八军军长唐生智是东安人，平时非常讲究美食。北伐战争胜利后，他曾在南京设宴款待宾客，以东安子鸡遍飨宾客，大家食后赞不绝口。郭沫若的《洪波曲》中也记载：抗日战争时期，唐将军在长沙水陆洲的公馆里曾设宴款待了他，其中东安子鸡菜味最佳。1972 年 2 月美国总统尼克松访华期间，毛泽东设宴款待尼克松时，席间也有东安子鸡这道菜，尼克松边吃边赞赏，回国后还大加赞扬东安子鸡味道绝佳。

[制作参谋]

制作原料：500 克重的雏鸡 2 只、青红柿子椒 200 克、葱 100 克、姜 25 克、盐 2.5 克、味精 5 克、料酒 25 克、香油 15 克、醋 1.5 克、熟猪油 50 克。

制作方法：雏鸡择净，从腹部开刀，取出五脏、食管、气管和食嗉。洗净血水，煮成白鸡。拆下鸡肉，切成一寸半长、一分宽的条。

葱和青、红柿椒均切成条，姜切丝待用。

用勺上火，打上熟猪油，下入葱、姜和青、红椒煸炒后下入鸡条，加入盐、料酒和味精出锅时淋上醋和香油即成。

特点：菜色呈红白绿黄、咸甜适口、酸辣兼备、鸡肉肥嫩、回味深长。

【龟羊汤】

[文化联结]

龟羊汤是湖南一道风味药膳名菜，以乌龟和羊肉炖制而成，不但是一道珍贵美味，而且对肾阴肾阳虚、面色无华、心烦口渴、须发早白、畏寒怕冷、腰膝酸软、小便清长等病症有显著的医疗效果。

在上古时期，龟与麟、凤、龙同为"四灵"，被视为神物，不可食用。春秋时代，其开始被列为珍肴食用。到了明代，乌龟不仅成为药材，而且将其作为食疗佳品。《本草纲目》中记载：龟肉"甘、酸、温、无毒……煮食，除湿痹、风痹、身肿。治筋骨痛及一二十年寒嗽"。

中国食羊已有 3000 年的历史，《周礼·天宫》篇所载"八珍"里面，除捣珍、渍均用羊肉外，还有一道称"炮牂"的美馔，是将羊肉以烧、烤、炖的方法烹制而成。羊肉用于食疗大概始于宋代，据《松窗百说》中记载："羊肉、白面、法酒，善调之，自能壮健补益。"元代忽思慧的《饮膳正要》中记载的羊肉菜肴多达 73 款，其中就记载了用羊肉相配的团鱼汤一菜的食疗作用，宫廷御医均以此菜作为滋补佳肴。所以羊肉与乌龟共煮，是一道历史悠久的药膳名菜。

[制作参谋]

制作原料：净羊肉、净龟肉各 500 克，党参 10 克，当归 10 克，附片 10 克，熟猪油 75 克，精盐 5 克，鸡精 1 克，胡椒粉 0.5 克，料酒 50 克，葱结 15 克，姜片 10 克，冰糖 15 克。

制作方法：将净龟肉用沸水烫一下，清洗干净。羊肉先烙毛，再浸泡在冷水中刮洗干净。

龟、羊肉随冷水下锅，煮沸 2 分钟，去掉血腥味，捞出再用清水洗 2 次，然后切成 3 厘米见方的块。

炒锅用大火烧热，放猪油，烧至八成热时，放龟、羊肉煸炒，烹绍酒，继续煸炒，收干水离火。

取大砂锅内放龟肉、羊肉，再放冰糖、党参、附子、当归、葱结、姜片，加清水，用大火烧沸后，转用小火炖，至九成烂时，放枸杞子，继续炖 10 分钟，拣去葱、姜，加盐、味精、胡椒粉，倒入汤碗即成。

特点：芬芳馥郁、软烂鲜嫩、咸甜适口、风味独特。

【发丝牛百叶】

[文化联结]

发丝牛百叶系湖南传统名菜,是以牛百叶切丝急火爆炒而成的。此菜是长沙市清真菜馆李合盛的名菜,该馆曾以善烹牛肉菜肴著称,其中发丝牛百叶、烩牛脑髓、红烧牛蹄筋尤为出色,被誉为"牛中三杰",而发丝牛百叶更是其中的佼佼者。现在,此菜已在湖南广为流传。

牛丝牛百叶精工制作,选用牛肚内壁皱褶部位,切细如发、色泽美观、味道酸辣、质地脆嫩,入口酸、辣、咸、鲜、脆五味俱全。红烧牛蹄筋选用牛蹄筋,加桂皮、绍酒、葱节、姜片等精制而成,软糯可口、味道鲜香。

[制作参谋]

制作原料:生牛百叶750克、湿淀粉15克、水发玉兰片50克、味精1克、干红椒末1.5克、精盐3克、牛清汤50克、芝麻渍2.5克、葱段10克、熟茶油100克、黄醋20克。

制作方法:将生牛百叶分割成5块,放入桶内,倒入沸水浸没,用木棍不停地搅动3分钟,捞出放在砧板上,用力搓去上面的黑膜,以清水漂洗干净,下冷水锅煮1小时,至七成烂捞出。

将牛百叶逐块平铺在砧板上,剔去外壁,切成约5厘米长的细丝盛入碗中,用黄醋10克、精盐1克拌匀,用力抓揉去掉腥味,然后用冷水漂洗干净,挤干水分。

将玉兰片切成略短于牛百叶的细丝。葱切成2厘米长的段,取小碗1只,加牛清汤、味精、芝麻油、黄醋10克、葱段和温淀粉兑成芡。

把炒锅置旺火,放入茶油,烧至八成熟时,先把玉兰片丝和干椒末下锅炒几下,随下牛百叶丝、精盐2克炒香,倒入调好的汁,快炒几下,出锅即成。

提示:本品注重刀工,百叶切得愈细愈好。火旺油热,迅速煸炒,烹汁后颠翻几下,立即出锅。

【油淋庄鸡】

[文化联结]

"油淋庄鸡"被誉为三湘名菜的代表作，该馔入口香酥软烂、味美无比，食后口齿留香。那么，为何名为"油淋庄鸡"呢？原来是与清朝光绪年间在长沙任职的湖南布政使庄赓良有关。

庄赓良是江苏武进人氏，生长在官宦之家，早就见识过不少南北大菜，是一个美食家。自他任职湖南后，先后吃遍了长沙各种美味佳馔，各大餐馆也都以拿手好菜奉献地方长官为快。有一天，庄大人来到豫湘阁，把店里名厨肖麓松叫来，想吃他亲手制作一款新鲜口味的菜肴。肖师傅是厨师老手，一向构思奇巧，以厨艺严谨称著。他一边细品庄大人的心思，一边留意厨下各种制菜原料，忽然看到一位同行正在烹制红爆鱼唇和油淋鸡。他心里一动，想到如果将两款传统菜馔的特色集于一身不是更好吗？于是肖师傅将已经用多种调味品煨好的鸡取出来，巧妙地进行油淋加工，装盘后端到了庄大人身旁的餐桌上。庄赓良看到盘中整鸡保持了完好的造型，且油润美观，十分赞赏。操筷取食时，肉烂喷香，连进口的鸡骨都酥碎了，越吃越觉得过瘾。肖师傅在一边看着，知道庄大人满意，心里也十分高兴。

此后，庄大人在长沙官场上不时提起豫湘阁的油淋鸡如何好吃，便有慕名者纷纷前往见识此馔，慢慢地油淋鸡就出了大名。肖麓松师傅忘不了是庄大人提示之下才创出此品的，所以对外介绍品名时称之为"油淋庄鸡"。许多年过去了，长沙豫湘阁和"油淋庄鸡"成为湖南人心目中的名家名品，盛誉一直不减。

[制作参谋]

制作原料：肥嫩母鸡1只、湘潭原汁酱油50克、绍酒50克、葱25克、精盐7.5克、白糖5克、冰糖10克、花椒1.5克、菜油1500克、姜25克。

制作方法：将鸡宰杀后去掉鸡毛，清洗干净，在食袋旁开口除去食袋，拉出气管、喉管，再从肛门附近切口掏出内脏，洗净，沥去水。

葱、姜去皮用刀拍松，加入精盐、花椒1克拌匀涂抹在鸡身内外，盛放在瓦钵里腌约1小时，除去葱姜。

取 1 只大瓦钵，用竹箅子垫底，把鸡放入。再下花椒 0.5 克、酱油、绍酒、冰糖和清水，置旺火上烧开，移到小火上煨 2 小时至软烂时，取出沥干。

炒锅放旺火上，加入茶油，烧至八成热时，将煨好的整鸡用铁钩子勾住鸡翅，手拿钩柄悬置油面，用手勺舀沸油淋在鸡身上，先淋鸡胸、鸡腿，再淋鸡背、鸡头。肉多的部位要反复多淋几勺油，待外皮起酥、呈深红色为止。

把鸡放在砧板上，除去胸骨、脊骨和腿、翅的粗骨；剁去脚爪，把鸡头、鸡颈从中劈开，再将鸡颈用刀切成 5 厘米长的段；鸡肉切成 5 厘米长、3 厘米宽的条。然后，拼成整鸡形状，放在盘里，淋 45 克香油。

炒锅放火上，放入精盐 50 克炒干水分后，拌入花椒粉。葱 50 克切成小段，拌进芝麻油 3 克、精盐 3 克，与椒盐粉、油炸花生米、甜面酱汁四种调味品分别摆放在盘子四角，以备蘸食。

【口味虾】

[文化联结]

口味虾是湖南省的一道传统名菜。据说口味虾 20 世纪 90 年代出现在长沙南门口，为一孔姓家庭首推，后流派众多，又出现教育街派和南门口派，做法也分几种，发展到今天，尤以辣味为主流。吃口味虾一般从清明起到冬至止，夏秋间为最佳；白天吃缺少情趣，晚上当宵夜吃最过瘾。这种虾长沙人喜欢叫它为龙虾，其实不是，哪里有这么多的龙虾吃呢？何况，龙虾在海洋中才有，而这种虾子只在湖区生长；虾子大的约五寸长，有双钳，壳硬，传说是从澳洲引进的，由于没有天敌，加之繁殖能力很强，搞的到处都是，甚至还喜欢在大堤下面打洞，危害一方。现在，长沙人一边吃它还一边带着一股为民除害的神情。

[制作参谋]

先将虾子在开水锅中走一道，待虾子全变红的时候起锅。然后炒锅中加油烧至八成熟，将虾子下锅猛炒，再将准备好的作料除葱花外全部倒入。其中，猛辣的辣椒、姜、花椒、精盐、酱油、腐乳必不可少，炒十几秒后，稍放点料酒，加水至主料的一半，盖了锅盖，闷烧十分钟即可，起锅后加葱花盛碗。

特点：口味独特，系开胃佳肴。

【子龙脱袍】

[文化联结]

子龙脱袍是一道以鳝鱼为主料的传统湘菜。因鳝鱼在制作过程中需经破鱼、剔骨、去头、脱皮等工序，特别是鳝鱼脱皮，让人联想到凯旋归来的将军脱下铠甲战袍，故得名馔美名。相传：三国名将常山赵子龙（赵云）英勇盖世、百战百胜。当曹操大军和刘备血战当阳长坂坡一带时，由于双方力量悬殊，刘备只好在众将掩护下且战且退。赵子龙负责保护两位夫人和太子阿斗。眼看曹兵重重围困，二夫人犹恐受辱，便含泪嘱托赵云千万护阿斗杀出血路，为刘皇叔保留一条血脉，说罢便投井而死。赵云含悲推倒土墙掩埋土井后，转身奋力冲向敌群。好一个常山赵子龙，不愧五虎上将之誉，只见一条银枪盘旋飞舞，所到之处，敌手一一落马而亡。他怀揣阿斗左冲右突，拼死连杀几十员曹将，浑身伤痕累累。为了不负主子重托，他拼着最后一丝气力，终于从曹兵薄弱之处冲了出去。几经辗转，子龙找到了刘皇叔。当刘备看到赵云把鲜血染红的战袍从重伤的身上脱下来时，裹着的儿子阿斗还在酣睡之中。赵云将阿斗双手送到皇叔怀里时，刘备竟一下子将儿子抛到地下，感慨地说："为了这个小东西，竟险些损失我一员大将呀！"在场的将士无不为之震撼。后来，湘楚名厨为了表示对长坂坡英雄赵云忠心救主的美德的钦敬，创制了美馔"子龙脱袍"，并以鳝鱼寓子龙之意。

解放前，李宗仁任中华民国代总统时，曾在曲园南京分店大宴宾客，席间对"子龙脱袍"赞不绝口，因此曲园曾名震金陵古都。子龙脱袍不仅制法独特、脍炙人口，且菜名别致新奇、耐人寻味，一直吸引着不少名士。如齐白石、吴晗、田汉等都曾光顾曲园，品尝此菜。解放后，曲园的老厨师还曾被召往中南海，为毛主席献艺。现今只有又一村饭店芙蓉厅预约生产供应。

[制作参谋]

制作原料：鳝鱼 300 克，玉兰片、水发香菇、香菜、绍酒、肉清汤、湿淀粉、百合粉各 25 克，青椒 50 克，鲜紫苏叶、芝麻油各 10 克，黄醋、盐各 2 克，鸡蛋 1 个，味精、胡椒粉各 1 克，熟猪油 500 克。

制作方法：用刀划开鳝鱼，将皮撕下。将肉放入开水中汆一下，捞出剔刺，切成 5 厘米长的细丝。青椒、玉兰片、香菇均切成 4 厘米长的细丝。紫苏叶切碎。

将鸡蛋清倒入碗内，搅打起沫后，放百合粉、盐调匀，再放入鳝丝搅匀上浆。

炒锅放熟猪油，上中火，烧至五成热时下鳝丝，用筷子拨散，半分钟后，倒入漏勺沥油。

炒锅内留油 50 克，烧至八成热时下玉兰片、青椒、香菇、盐，炒一会，再下鳝丝，加绍酒合炒，速将黄醋、紫苏叶、湿淀粉、味精、肉清汤对成味汁，倒入炒锅，颠几下，盛入盘中，撒上胡椒粉，淋入芝麻油，香菜拼放盘边即成。

特点：颜色晶莹洁白、质地鲜嫩美味、造型美观自然、寓意形象生动。

第十章
徽　菜

第一节　徽菜文化溯源

　　徽菜菜系又称"徽帮""安徽风味"，是中国著名的八大菜系之一。其以沿江、沿淮、皖南三地区的地方菜为代表而构成，特点是选料朴实、讲究火功、重油重色、味道醇厚、保持原汁原味。徽菜还以烹制山野海味而闻名，早在南宋时，"沙地马蹄鳖，雪中牛尾狐"就是那时的著名菜肴了。其烹调方法擅长于烧、焖、炖。著名的菜肴品种有"符离集烧鸡""火腿炖甲鱼""腌鲜桂鱼""火腿炖鞭笋""雪冬烧山鸡""红烧果子狸""奶汁肥王鱼""毛峰熏鲥鱼"等。徽菜的菜肴具有"三重"的特点，即"重油""重酱色""重火工"。"重油"主要与皖南山区的生活习惯有关，因山区人民常饮用含有较多矿物质的山溪泉水，再加上那里是产茶区，人们常年饮茶，需多吃油脂润肠胃。"重酱色""重火工"能突出菜肴的色、香、味，使菜肴色泽红润，保持原汁原味。

　　徽菜的形成、发展与徽商的兴起、发迹有着密切的关系。徽商史称"新安大贾"，起于东晋，唐宋时期日渐发达，明代晚期至清乾隆末期是徽商的黄金时代。其时徽州营商人数之多、活动范围之广、资本之雄厚，皆居当时商团之前列。宋朝著名数学家朱熹的外祖父祝确，就是当时徽商的典型代表。他所经营的商栈、邸舍（即旅店）、酒肆，曾占据歙州城的一半，号称"祝半城"。明嘉靖至清乾隆年间，扬州著名商贾约80人，其中徽商就占60人之多；十大盐商中，徽商竟居一半以上。徽商富甲天下、生活奢靡，而又偏爱家乡风味，其饮馔之丰盛、筵席之豪华，对徽菜的发展起了推波助澜的作用，哪里有徽商，哪里就有徽菜馆。明清时期，徽商在扬州、上海、武汉盛极一时，上海的徽菜馆一度曾达至 500 余家；到抗日战争时期，上海的徽菜馆仍有 130 余家，武汉也有 40 余家。有趣的是据《老上海》中的资料称 1925 年前后"沪上菜馆初唯有徽州、苏州，后乃有金陵、扬州、镇江诸馆"，而所谓的"苏州"亦指原在姑苏的徽商邰之望、邰家烈迁移到沪开设的天福园、九华园、鼎半园等菜馆。可见徽菜的发展也很迅速，据曾觉生在《解放前武汉的徽商与徽帮》一文中介绍，直至解放后，武汉的徽菜馆仍居饮食市场的首要地位："可以说武汉酒菜业中最大的一帮……为人们所欢迎、所光顾。"

在漫长的岁月里，经过历代名厨的辛勤创造、兼收并蓄，特别是解放以后，省内名厨交流切磋、继承发展，徽菜已逐渐从徽州地区的山乡风味脱颖而出，如今已集中了安徽各地的风味特色、名馔佳肴，逐步成为一个雅俗共赏、南北咸宜、独具一格、自成一体的著名菜系。

徽菜的传统品种多达千种以上，皖南以徽州地区的菜肴为代表，是徽菜的主流与渊源。其主要特点是喜用火腿佐味，以冰糖提鲜，善于保持原料的本味、真味，口感以咸、鲜、香为主，放糖不觉其甜。不少菜肴常用木炭风炉单炖单熬、原锅上桌、浓香四溢，体现了徽味古朴典雅的风貌。沿江风味盛行于芜湖、安庆及巢湖地区，以烹调河鲜、家禽见长，讲究刀工，注重形色，善于以糖调味，擅长烧、炖、蒸和烟熏技艺，其菜肴具有清爽、酥嫩、鲜醇的特色。沿淮菜是以黄河流域的蚌埠、宿县、阜阳的地方菜为代表，擅长烧、炸、熘等烹调技法，爱以莞荽、辣椒调味配色，其风味特点是咸、鲜、酥脆、微辣，爽口，极少以糖调味。因此从风味特色来讲，徽菜菜系是由以上三个区域的地方菜肴组成的一种既有个性又有共性的中国地方风味。其总体风格是：清雅纯朴、原汁原味、酥嫩香鲜、浓淡适宜，并具有选料严谨、火工独到、讲究食补、注重本味、菜式多样、南北咸宜的共同特征。

徽菜的原料，资源丰富、质地优良、取之不尽、用之不竭。安徽地处华东腹地，气候温和雨量适中、四季分明、物产丰盈。皖南山区和大别山区盛产茶叶、竹笋、香菇、木耳、板栗、山药和石鸡、石鱼、石耳、甲鱼、鹰龟、果子狸等山珍野味，著名的"祁红""屯绿"是驰名于世的安徽特产；长江、淮河、巢湖是中国淡水鱼的重要产区，为徽菜提供了鱼、虾、蟹、鳖、菱、藕、莲、芡等丰富的水产资源。其中长江鲥鱼、淮河肥王鱼、巢湖银鱼、大闸蟹等都是久负盛名的席上珍品；辽阔的淮北平原、肥沃的江淮、江南圩区盛产各种粮、油、蔬果、禽畜、蛋品，如砀山酥梨、萧县葡萄、涡阳苔干、大和椿芽、宣城蜜枣、安庆豆酱等都是早已蜚声中外，给徽菜的形成和发展提供了良好的物质基础。

徽菜的烹饪技法，包括刀工、火候和操作技术，三个因素互为补充，相得益彰。徽菜之重火工是历来的优良传统，其独到之处集中体现在擅长烧、炖、熏、蒸类的功夫菜上。"符离集烧鸡"先炸后烧，文武火交替使用，最终达到骨酥肉脱原形不变的质地；"徽式烧鱼"几分钟即能成菜，保持肉嫩味美、汁鲜色浓的风格，是巧用武火的典范；"黄山炖鸡""问政山笋"经过风炉炭火炖熬，成为清新适口酥嫩鲜醇的美味，是文火细炖的结晶；而"毛峰熏鲥鱼""无为熏鸡"又体现了徽式烟熏的传统技艺。不同菜肴使用不同的控火技术是徽帮厨师造诣深浅的重要标志，也是徽菜能形成酥、嫩、香、鲜独特风格的基本手段，徽菜常用的烹饪技法约有 20 大类 50 余种，其中最能体现徽式特色的是滑烧、清炖和生熏法。

徽菜的款式在长期适应消费需要的过程中，逐步形成了自己的套路，常有的款式有筵席大菜、和菜、五簋八碟十大碗、大众便菜和家常风味菜等，其适应性很广。筵席菜式是筵宴宾客的菜式，通常都是由一定数量的冷菜、热菜、大菜（包括汤菜）和数道精细面点及适量水果所组成的系列菜式，菜品用料视售价多少而定。因原料上乘、烹调工艺复杂、调味精美、品种丰富、餐具讲究、服务周到，很受高层次消费的欢迎；和菜（有的叫"合菜"）是低于筵席菜、高于大众便菜的一种限定数量的组合菜式，常用于三朋四友的聚餐和人数较少的集体用餐，方便灵活、经济实惠；五簋八碟十大碗是安徽民间红白喜事或其他重大、节日、寿诞筵宴宾客的传统菜式；大众便菜是城饮食店普遍供应的一种方便快捷、经济实惠的菜式，大体可分点菜、客菜、大锅菜三类。此外，从 20 世纪 80 年代起市场出现了"盒饭""快餐"，虽非独立菜式，但因菜饭并举、方便快捷、售价便宜，倒也适应了某些低消费的需求。至于家常风味菜则是安徽各地群众居家生活日常可以烹制的乡土风味，这类菜肴带有浓郁的地方性，市场饮食业也常有供应，为当地群众所青睐。

徽菜经过近千年的发展，不仅拥有一大批脍炙人口的名菜名点、美味佳肴，锻炼出一大批技艺超群、闻名遐迩的名厨，同时还涌现一批群众公认的著名餐馆。这些饮食名店的共同特点是：历史悠久、风味独特、服务周到、设施齐全、品种繁多、技艺超群、货真价实、信誉卓著。它们或以筵席大菜著称于世、或以风味小吃风靡一方、或以拿手品种招徕顾客、或以服务周到令人难忘，其经营服务体现了徽帮菜系的独特风格和技艺水平。这些名店共有20余家，如合肥的黄山徽菜馆、淮上酒家、合肥饭店、逍遥酒家、庐州烤鸭店、华侨饭店；蚌埠的金山饭店、淮河餐厅；芜湖的同庆楼、耿福兴、马义兴（回族）菜馆、镜湖餐厅、丰富酒家；安庆的京津菜馆、新兴餐厅、江万春饼面馆；淮北的上海餐厅；铜陵的同乐酒楼；黄山的屯溪徽菜馆；阜阳的凤凰酒楼；亳州的皖北饭庄；全椒的望屏楼等。它们共同支撑着徽菜烹饪的大厦，创造着安徽饮食文化的奇迹。继续办好这些饮食名店，使之向更高层次发展，适应时代的需要，是振兴徽菜刻不容缓的任务。

第二节　撷粹漫品——徽菜纵览

徽菜以沿江、沿淮、皖南三地区的地方菜为代表。沿江菜以芜湖、安庆的地方菜为代表，以后传到合肥地区，以烹调河鲜、家禽见长讲究刀工，注意色、形，善用糖调味，尤以烟熏菜肴别具一格。沿淮菜以蚌埠、宿县、阜阳等地方风味菜肴构成，菜肴讲究咸中带辣、汤汁色浓口重，亦惯用香菜配色和调味。皖南菜包括黄山、歙县（古徽州）、屯溪等地，讲究火工、善烹野味、量大油重、朴素实惠、保持原汁原味；不少菜肴都是取用木炭小火炖、煨而成，汤清味醇、原锅上席、香气四溢；皖南虽水产不多，但烹制经腌制的"臭桂鱼"知名度很高。

【曹操鸡】

[文化联结]

曹操鸡以嫩仔鸡为主料及多种开胃健身的辅料卤制而成，是安徽合肥一带的传统名菜。

相传在三国时期，庐州（今安徽合肥一带）地处吴国和蜀国交界，

是兵家必争之地。汉献帝建安十三年（公元208年）曹操统一北方后，
从都城洛阳率领83万大军南下征伐孙吴。行到庐州时，他带领士兵日
夜进行操练。曹操因统率千军万马、南征北战而过度疲劳，头痛病再度
发作，卧床不起。行军膳房厨师遵照医嘱，选用当地仔鸡配以中药、好
酒，精心烹制成食疗"药膳鸡"。曹操品尝了一下，感到味道不错，就
一连吃了不少，不知不觉感到头痛病轻了许多。为了尽快将病治好，指
挥军队打胜仗，曹操令厨师们每顿都做这种鸡给他吃。他接连吃了数
天，身体渐渐康复，数日后便下床重新指挥他的千军万马。从此以后，
不论大军到哪里，只要有条件，曹操都要吃这种"药膳鸡"。后来，这
种既有营养价值，又可防病治病的菜肴渐渐传开，人们还为这道美味的
药膳菜命名为"曹操鸡"。

[制作参谋]

制作原料：嫩仔鸡2只（共1500克），姜10克，饴糖30克，酱油
250克，盐50克，老汤1000克，药料袋1个（内装花椒0.6克，陈皮
0.6克，大料0.2克，小茴香0.6克，桂皮1.2克，白芷、肉蔻、草蔻、
桂条、草果、丁香、砂仁各适量），花生油500克（约耗100克）。

制作方法：将鸡收拾干净，摆出良好的造型。

用饴糖将鸡周身抹匀，锅内放入花生油烧至八成热时，将鸡放入炸
至金黄透红时捞出。

将炸出的鸡整齐摆入锅内，加入老汤、清水、姜、药料、酱油、
盐，放微火上焖煮6—8小时即成。

特点：造型美观、色泽红润、香而不腻、五味俱全、营养丰富，具
有食疗健体的功效。

【李鸿章炒杂烩】

[文化联结]

传说清朝末年李鸿章有一次出访欧美（想必是拿中国土地与洋人做
交易），在美国的中国菜馆曾宴请美国公使吃饭，席间上了一道烩燕窝，
因杂以鸡丝和火腿共煮，当公使询其菜名时，李鸿章以"杂碎"回之，
此菜由此得名。这件事在《清朝野史大观》中也有记载，说法略有出
入：李鸿章出使欧美时，"在美思中国饮食，嘱唐人埠之酒食店进馔数

次。西人问其名，华人难以俱对，统之名曰'杂碎'。自此杂碎之名大噪"。杂碎在安徽方言里即杂烩。因为李鸿章为安徽人，所以"李鸿章杂烩"便成为安徽名菜。据说此菜驰名中外，凡在欧美的中国餐馆无不经营此菜。

不过说来说去总是牵强，无非厨子们精明机巧，善于拿名人做文章罢了。真正与李鸿章大有瓜葛的乃是《辛丑条约》，而非什么杂烩。李鸿章杂烩的取料主要有水发海参、鱼肚、鱿鱼、熟火腿、玉兰片、腐竹，成菜以质地软熟、鲜味浓厚见长。至于烹制方法，因较为复杂，这里就不一一介绍了。

【虎皮毛豆腐】

[文化联结]

虎皮毛豆腐是以安徽省屯溪、休宁一带特产的毛豆腐（经特殊工艺制作而成，长有约3厘米长的白茸毛）炸制而成，是安徽省徽州一带非常驰名的素食佳肴。

相传明太祖朱元璋幼年时，因家境贫寒，不得不很早就去给地主当长工。他曾在一家财主家放牛，除了白天放牛外，半夜里还要起来与其他长工们一起磨豆腐。朱元璋年岁虽小，但很讨人喜欢，他手脚勤快、虚心好学，不明白的事情常向其他年长的叔叔、伯伯及兄长们请教，与其他一些长工们相依为命、亲如一家。长工们都把他当成自己的孩子或亲弟弟看待，有什么好吃的都会给他留着，有什么重活、累活，尽量不让他干，生怕累坏了他的身子。久而久之，财主得知他与其他长工们的关系颇不寻常，嘴上没说，可心中极为不满，后来便找了理由将他辞退了。朱元璋没有办法，只得到处行乞，常与一座破庙里的乞丐来往。仍留在原来财主家干活的叔叔伯伯及兄长们，时时刻刻惦记着朱元璋。他们得知朱元璋每天都要到那座破庙里去，便轮流从财主家悄悄地端些吃的去。他们将一些饭菜和鲜豆腐，藏在庙里的干草堆里。到时，朱元璋就悄悄地取走，与其他一些小伙伴们分食。就这样过了几年，朱元璋的父母和兄长都相继去世，剩下他独自一人，更加孤苦伶仃、无依无靠。不久，他到寺庙里当了和尚。长工们仍放心不下，还常常给他送吃的去。大家知道朱元璋喜欢吃豆腐，就每天给他送去一大碗新鲜豆腐。长工们每天都将豆腐放在固定的地方，朱元璋就每天去取。有一次，因寺庙做庙会，朱元璋忙于张罗别的事去了，一连好几天都没去取豆腐。数日之后，朱元璋才想起去取叔叔们给自己送来的豆腐，跑去一看，豆腐上已长了厚厚的一层白毛。他将豆腐拿起来闻了闻，不仅没有异味，反而有一股清香味。他深知这是叔叔及兄长们的一片心意，舍不得将豆腐丢弃，便将豆腐拿回庙中，将其切成小块，用油煎炸，顿觉香气扑鼻、令人垂涎。

元朝末年爆发了农民起义，朱元璋投奔了义军。公元 357 年春，他率领义军在徽州驻防时，常亲自教随军的厨师们煎制毛豆腐。自此以后，此道菜就在当地广为流传，并被后人美誉为"虎皮毛豆腐"。后来，朱元璋当了皇帝，不太喜欢皇宫中的美味佳肴，仍很怀念与他结下不解之缘的虎皮毛豆腐，常叫人按他亲口传授的方法制作正宗的虎皮毛豆腐。久而久之，这道菜便成了御膳房必备的佳肴。

［制作参谋］

制作原料：毛豆腐 10 块（500 克），小葱末、姜末各 5 克，酱油 25 克，精盐 2 克，白糖 5 克，味精 0.5 克，肉汤 100 克，菜籽油 100 克。

制作方法：将毛豆腐每块切成 3 小块。

将锅置旺火上，倒入菜籽油，烧至七成热时，将毛豆腐放油里煎成两面呈黄色。

待到表面皮起皱时，加入葱姜末、味精、白糖、精盐、肉汤、酱油烧 2 分钟，起锅装盘即成。

特点：味道鲜美、风味独特。

【无为熏鸭】

［文化联结］

"二十几岁放鸭郎，娶了一个好姑娘，若问是托谁的福，感谢熏鸭当红娘。"这首顺口溜里包含了一个纯朴美丽的爱情传说，也反映了安徽无为地区一种古老习俗，而这一切却又来自一道驰名中外的传统佳肴——无为熏鸭。

与南京板鸭齐名的无为熏鸭，素以配料精美、做工精细、皮色金黄、皮酥肉嫩、肥而不腻而著称。这道菜肴相传为当地的回民所创，已有 200 多年的历史。由于熏鸭被视为定婚礼品，如被拒绝，即表明姑娘对小伙还要考验一番。第二次再送的时候，若女方爽快收下，则意味着姑娘已经中意，并可在近期内论婚嫁。男方便立即筹办婚事，择吉期迎新娘入门。如第二次仍被拒绝，求婚就自行宣告结束。

把无为熏鸭作为相亲、定亲的信物、礼物品，足见此菜的名贵和人们对它的崇尚之深，也说明中国各地方传统佳肴均凝聚着历代劳动人民的珍爱之情。

另外一种说法是：从前，安徽省无为县鼓楼街有个回民清真馆，主人叫马常有，专门销售牛肉食品。

无为县依山临水，是个圩区，很少有人家养牛，更不养羊，马常有一直为货源缺乏而苦恼。有一天马常有出外散心，忽见河边岸上有人架起一堆篝火，迎风还飘过阵阵香味，不由得好奇起来。走到近前一看，才发现几个顽童正用烧过的草炭余火熏一只白生生的鸭子。马常有故意和小家伙闲聊："这样熏鸭子能好吃吗？"小家伙们都说好吃。一个小家伙还撕下一块鸭肉请马常有尝尝。马常有吃了一口，果然味道不错，又问他们怎么想起来用火熏鸭子的。小家伙都说是跟皇上爷爷学来的。

原来明太祖朱元璋小的时候家里穷，给人家放牛。但是东家不让他吃饱肚子，所以一群放牛童聚在一起，便干起捉野鸭子的活计来。他们不敢带回家去吃，就在野外割些茅草，架起火来熏烤。有时烤不熟，便埋在火灰里，到第二天再扒出来，鸭肉又香又烂，好吃极了。

马常有回到家里左思右想，决定做熏鸭的生意。他一次又一次地试验、请教别人，终于摸索出用锯末熏鸭的独特制作工艺。从此，无为的马常有清真熏鸭生意就做大了。后来，"无为熏鸭"成了安徽省出名的地方风味食品。

[制作参谋]

制作原料：活鸭 2 只，葱结、姜各 10 克，酱油 250 克，醋 5 克，盐 200 克，白糖 15 克，料袋（装八角、丁香、桂皮、小茴香、花椒适量），硝水 30 克，芝麻油 30 克。

制作方法：活鸭杀后洗净，清水浸泡 2 小时左右再洗沥干。腹内擦盐 25 克，注入硝水 15 克，堵住肛门，上下摇动，后将鸭背朝下放案上，平摔两下，翻身再摔两下，使盐和硝水分布均匀。再将鸭体表及嘴内、颈部刀口处擦盐，放入缸内腌 2 小时翻身，再腌 2 小时。

锅内加足清水，烧开后手提鸭脚，均匀烫透体内外，至鸭皮绷紧，提出略晾，折断双腿胯关节，擦净鸭身。

将鸭放铁算上，置点燃熏料的熏锅内，盖严熏 5 分钟，翻身加木屑再熏 5 分钟。

锅内加水，放入料袋，加酱油、醋等辅料烧开后放入熏好的鸭子，用盖压住鸭体，盖好用小火焖 10 分钟左右，改极小火，焖 30 分钟，再改小火焖 5 分钟即成。

将焖好的鸭斩成块，整齐摆码盘中，淋芝麻油，配醋碟上桌。

特点：鸭色金黄、油亮、肉质肥润鲜嫩，略带烟熏芳香。

【霸王别姬】

[文化联结]

"霸王别姬"是江苏徐州地区的传统名菜，是徽菜经典菜品。徽帮的菜馆大多经营"霸王别姬"。此菜给人的联想有悲壮之感，但食者总是怀古而奋发、品味而赞誉。这道江淮风味的传统菜源于壮士鏖战之地（今固镇镜内），历经百年之久而不衰。安徽厨师为纪念这个悲壮的历史故事，以这个典故制成名菜，将甲鱼与鸡同烹，因鸡与姬同音，甲鱼的俗名倒念谐音是霸王，故名。

[制作参谋]

制作原料：活甲鱼 1 只（1000 克），母鸡 1 只（600 克左右），鸡脯肉馅 150 克，熟火腿 15 克，水发冬菇、熟冬笋各 25 克，熟青菜心 10 棵，葱结 1 只，姜 4 片，绍酒 50 克，鲜汤少许，干淀粉、精盐、味精各少许。

制作方法：将甲鱼宰杀，掀起壳盖，取出内脏，如有甲鱼蛋留用，洗净，入开水锅中焯水，去净血污，捞出洗净，用洁布揩干，撒上干淀粉，酿入鸡馅，上放甲鱼蛋，盖上壳盖。把鸡去内脏，洗净，斩去爪子，鸡翅膀交叉塞入鸡口，放进开水锅中稍焯，然后去除血水洗净。

将甲鱼和鸡放入搪瓷锅中，加鲜汤、绍酒、精盐、葱、姜、火腿、冬菇、冬笋，加盖上笼，蒸至汤浓、鸡肉烂时，捞去葱姜，加味精、青菜心，稍蒸即成。

【大救驾】

[文化联结]

安徽省寿县有一种历史悠久的名点"大救驾"。其形扁圆、色乳白、层层酥，以青红丝拌肉做馅烤制而成，其实就是一种极精致的油酥饼。

公元 956 年，后周世宗征淮南，命大将赵匡胤率兵急攻南唐（今日的寿县）。南唐守军誓死抵抗，战斗激烈，赵匡胤久攻不下，差点误了军机。历经整 9 个月的围城之战，赵匡胤终于打进了寿县。由于操劳过度，赵匡胤一连数日水米难进，急坏了全军将士。这时军中一位厨师，向寿县有经验的厨师请教后，采用优质的面粉、白糖、猪油、香油、青红丝、桔饼、核桃仁等作主料，精心制作成带馅的圆形点心，送进帅府。赵匡胤只觉一股香气袭来，再看桌上摆着的点心形状美观，不觉心动。他拿起一只放进嘴里，只觉得香酥脆甜、十分可口。再仔细看那馅心，有如白云伴着彩虹一般美丽清爽，于是一连吃了许多，身子顿觉增加了力气。此后，他连续吃了几次，很快就恢复了健康，还率领军队又连续打了几个大胜仗。后来，赵匡胤黄袍加身，当上了大宋朝的开国皇帝，不时谈起南唐一战，对在寿县吃的点心总有念念不忘之意。他曾对部下说："那次鞍马之劳，战后之疾，多亏它从中救驾呢。"于是寿县的"大救驾"名声立时高了起来。甚至到了今日，许多人还慕名而来，到寿县和附近的淮北一带品尝"大救驾"的风味。

[制作参谋]

制作原料：（以 100 只计算）富强粉 5 千克、绵白糖 3 千克、冰糖250 克、猪肉 1500 克、果料 750 克、麻油适量。

制作方法：取面粉 2000 克，用全部熟猪油和成油酥面团；将余下的面粉用温水和成油酥面团软硬一致的水面团。

将白糖、冰糖、果料和在一起拌匀即成馅心。

将和好的两种面团按规定的重量各下成剂子。把油酥面剂团揉成圆形，再将水面剂揿成圆片，把油酥面团包入水面圆片内，用擀面杖擀成椭圆形薄片，从中段卷起呈圆筒形，再按扁后放在案板上用擀面杖擀成扁长条，再将扁长条横卷起，从中一切两段，把断面向上放在案板上，按平擀成两个圆片，将调好的糖馅包入封口，按成圆饼，即为大救驾生坯。

将做成的生坯，放入烧热的芝麻油锅中用慢火炸透即为成品。

【小红头】

[文化联结]

"庐江小红头"是安徽点心中的名品，享誉国内外。它又叫"油糖烧卖"，因其顶端染有一点红，尤显其可爱，故俗称"小红头"。

清朝乾隆年间，著名的将军吴筱轩经常奉旨出征，每次都打大胜仗，班师回朝后很受皇上恩宠。据说吴将军行军作战，总不忘携带家乡风味美食，更离不开随军而行的家厨。那位家厨做得一手好菜，更有绝活"油糖烧卖"，是将军三餐后缺少不得的点心。吴将军不仅个人喜食，更多的还是与部将、军士共享。也许正是将军体恤部下和平易近人，众将士才心悦诚服地为他卖命，作战时大都勇往直前、连战皆捷。

后来吴筱轩的家厨年老返回庐江老家，为了不让手中绝活失传，便和家人在庐江城内开设了一家专售"油糖烧卖"的店铺。由于他家的烧卖甜软香酥，很快就风靡了庐江全城。不久这件事传到了县太爷耳中，他便令人专程购些回来品尝，果然口味极佳。他灵机一动，趁进京述职之机，捎上几篓进献皇上。从此，"庐江小红头"身价倍增，登上了大雅之堂，后来又成了贡品。

说起来"小红头"的出名，真正在于它的品质上乘。它用猪油、面粉、糖桂花、青梅饼、金桔饼和核桃仁制作。不仅馅心甜美，而且造型有如大拇指一般的石榴花。入笼前在石榴花上点染一块红，让人倍觉可爱美观。它的口感滋润甜软，也属点心上乘。庐江人还很喜欢将"小红头"油炸而食。这种油炸点心可以装入精美的竹篓，成为亲友之间相互馈赠、增进情谊的极佳礼品。所以它一直在安徽省内外畅销，是我国食品市场上的佼佼者。

[制作参谋]

制作原料：富强粉 2500 克，净花生仁 50 克，酵面 150 克，青梅 25 克，猪板油 1100 克，精盐 15 克，绵白糖 2150 克，碱 10 克，桔饼、糖桂花各 75 克，食用红色素少许。

制作方法：取面粉 1350 克，放在案板上，加入酵面和清水 800 克，拌匀，盖上湿布，待面发酵后，加入碱搋揉均匀，做成大馍，入笼蒸熟，冷凉，撕去外皮切碎，搓成碎屑。将猪板油撕去皮膜，切碎，和大馍屑一起用绞肉机绞一次。另将花生仁、桔饼、青梅制成碎屑和糖桂花，均加入大馍屑中，拌匀成馅心。

将余下的面粉加入适量温热水和精盐，拌和均匀，搓成长条，切成每个重 24 克的面剂，先将面剂逐个按扁，再擀成直径 6 厘米左右、皱边的圆形面皮。

取面皮一张，包入馅心 8.5 克，收口捏成石榴形，高约 1 寸，如此一一做好，入笼用旺火蒸 7 分钟左右，取下。把食用红色素兑少许水化淡，在顶端各点上一红点，即成。也可将蒸好的小红头轻轻地翻倒在案板上，冷却后用小竹篾篓包装出售，若把冷的小红头用小火油煎或油炸（用素油较好）食用，味更美。

【方腊鱼】

[文化联结]

方腊鱼是安徽名菜，原名"大鱼退兵将"。史载北宋宣和二年（公元 1120 年），东南百姓不堪徽宗赵"花石纲"的奴役剥削之苦，徽州人方腊揭竿起义，震惊了北宋朝廷，遂派兵镇压。方腊义军经过数月苦战，终因寡不敌众退至安徽休宁县齐云山独丛峰。这里山势险峭、易守难攻，但不利于久守，于是官兵围困山下，欲断义军粮草。当时情势万分危急，方腊开始一筹莫展，后见山上有不少水地，鱼虾甚多，急中生智，下令义军捕捉鱼虾投向山下以迷惑敌人。山下围困的宋兵见此情景，误以为山上粮草充足，围之无用，便撤军而去。徽州厨师为了纪念农民起义英雄方腊智退宋兵而创造此菜，故名"大鱼退兵将"。

[制作参谋]

制作方法：它可采用多种不同的烹调方式制成。其中之一为选用一斤半左右的新鲜鳜鱼（桂鱼），洗净后切下鱼头、鱼尾，将鱼的中段炸成金黄色的鱼肉，配以番茄酱，用高汤烧好，炒匀，置于盘中部，将鱼头、鱼尾烧熟后置于盘的两端，再用 12 只炸过的大虾镶盘边而成。

特点：造形奇特，鳜鱼在盘中昂首翘尾，有凌波腾跃之势，而盘中则包含三味：头尾咸，中段甜，大虾鲜，风味特别，制作奇巧。

第十一章
满汉全席

第一节　由盛及衰的帝王宴

在中国，最民族、最著名、最豪华的大宴，当属"满汉全席"。其始于清代，集满族与汉族菜肴之精华，原是官场中举办宴会时满人和汉人合坐的一种全席，席间上菜数量一般达到 108 种，分三天吃完。"满汉全席"取料广泛、用料精细，山珍海味无所不有。其中既有突出满族菜品特色的烧烤、火锅、涮锅等，又有汉族烹调特色的扒、炸、熘、烧等，其精美的菜式、讲究的礼仪、隆重的形式是其他任何宴会所无法比拟的。因此，在中国的饮食文化中，"满汉全席"占有极其重要的位置。一直以来，如果能够排出一席"满汉全席"，都是令厨师自豪、观者惊叹的盛事。

作为一席盛大豪奢的御膳，满汉全席如今已很少有机会在餐桌上重现辉煌的表演了。但作为一个词语，满汉全席在当今社会却有着很高的使用率，并在现代生活中发展变化着，衍生出丰富的含义。

中国古代皇帝号称"天子"，历来倾天下所有为一己享用，总是为满足口腹之欲而穷奢极欲。到了清朝，吃的方面更可谓登峰造极，竟然摆出如此之大的排场。我们不妨从下面一份"四八珍"菜单中以观其盛况。"四八珍"是指四组八珍组合，即山八珍、海八珍、禽八珍、草八珍，各指 32 种珍贵原料。

山八珍——驼峰、熊掌、猴脑、猩唇、象拢、豹胎、犀尾、鹿筋。

海八珍——燕窝、鱼翅、大乌参、鱼肚、鱼骨、鲍鱼、海豹、狗鱼（大鲵）。

禽八珍——红燕、飞龙、鹌鹑、天鹅、鹧鸪、彩雀、斑鸠、红头鹰。

草八珍——猴头、银耳、竹荪、驴窝菌、羊肚菌、花菇、黄花菜、云香信。

不必说采集这些材料要何等大费周折，将它们制作出来又殚精竭虑，单单吃掉这些东西也够费力伤神的。一场满汉全席，皇族大臣们往往需要连续吃上三天，一千张嘴不停地张合咀嚼，那场面真像是一群蚂蚁在蛀食房屋，大好国家就在这般享用之中倾斜倒塌，落入侵略者掌中。

"紫驼之峰出翠釜，水晶之盘行素鳞；犀著厌饫久未下，鸾刀缕切空纷纶；黄门飞革空动尘，御厨络绎送八珍。"满汉全席的巨型宴会是超出常人想像的，也许杜甫的诗句能够帮我们勾勒出几分。

满汉全席延续至今，虽然依然能够摆出豪华的排场，但在菜肴的烹制方面已做了相应的调整。北京御膳堂是打出满汉全席招牌的一家酒店，它将满汉全席分为六种，分别为蒙古亲潘宴、廷臣宴、万寿宴、千叟宴、九白宴和节令宴。浏览一下它的菜单，虽称得上精品荟萃，但并无惊人之处。古为今用，人们不再追求满汉全席的奢靡豪华，而更多地是当作一种饮食文化来享受。

1978 年，日本一家电视台为了摄制一部烹饪影片，在香港"国宾大酒楼"订了一桌满汉全席。这桌盛筵动员了 22 位港九名厨，由当年两广水师提督李准的厨师主厨，并由岭南烧腊名家赵不争相助，烹制了七十几道名菜，分成两日四宴。四宴各有名

堂，计为"玉堂宴""龙门宴""金花宴""鹿鸣宴"，从11月2日中午开始吃起，直到第二天午夜才吃完散席，全部费用花了 10 万元港币。据参观过的人形容餐厅布置：云母螺甸琼枝台椅，案上除了官哥定汝、树石盆栽、宫薰炉鼎之外，环壁彩帐紫丝分沓各缀莳卉鲜葩。盛筵宏开，八音竞奏，雅乐迎宾，并由长袍马褂堂侍，高唱芳衔，依序在芬芳

滃郁、水泛柔香、犀玉镂金水盘中净手,然后当客入座,每进一簋,也由堂侍报出菜名,并诠释内容。席上所用象箸玉杯,一律仿古缬花,为了到各地采购搜求稀有的材料,就费了三个多月时间。这一席上食珍味,可以说是近世纪以来一项破天荒的壮举了。

香港国宾酒楼所办的满汉全席命名为玉堂宴、龙门宴、金花宴、鹿鸣宴,全是科举中科考传捷的吉祥话,跟满汉全席根本扯不上关系。广东菜一向喜欢标新立异,取些华靡宏丽的菜名,可见这桌近代满汉全席的若干宴都是杜撰无疑了。当年赛尚阿的《云笈七录》里,有一段形容国宴的记载,他说:"饰则铺锦列绣,剑戟粲目;食则膳馐酒醴,甜醹纷投,清馨摇穸,钧天乐奏,扬我天威,怀柔远人。"翁松禅在相国日记里,也谈到国宴是要逢到邻邦属国进贡来朝、平乱献俘、表扬战功、国有大事,才会举行一次满汉全席盛大国宴,旨在扬威怀远,让他们看看巍巍上国、物阜民丰、无美不备。说句俗话,也就是在摆谱给他们瞧,若是只知穷奢极欲,在饮馔上下功夫,岂不有失泱泱大国的风范了吗?

清朝时皇帝赐宴王公大臣,最常举行的是每逢新年万寿,皇帝依例在太和殿赐宴,由光禄寺按照参加筵宴人数,备办筵席,名为"太和殿筵宴"。其次则是皇帝亲诣太学时举行的"临雍宴"、新科进士张榜后举行的"恩荣宴"、皇帝御经筵讲会时举行的"经筵宴"等。

皇帝赐宴,光禄寺则例中载有各等满汉席的内容及肴品。满席自一等至六等,共分六种;汉席则自头、二、三等外,尚有上、中、下席,也分六种。所不同的是:满席是从一等到六等,定有明确的等差;汉席则上席其实只是头等以下二等以上,中席只是二等以下三等以上,下席则属三等之次而已。

看了光禄寺则例所载各等满席内容,使人了解到清代所谓满席实际就是清宫所谓的"饽饽桌子"。因为其中所包括的没有一样是属于汉式筵席中的菜肴,尽是各种各样的糕点馔饵与果品,兹将头等满席所列内容录载如下:

四色玉露霜四盘,每盘四十八个,每个重一两二钱五分。

四色馅白皮方酥四盘,每盘四十八个,每个重一两一钱。

四色白皮厚夹馅四盘,每盘四十八个,每个重一两一钱。

白蜜印子一盘,计四十八个,每个重一两四钱。

鸡蛋印子一盘，计四十八个，每个重一两三钱。

黄白点子二盘，每盘三十个，每个重一两八钱。

松饼二盘，每盘五十个，每个重一两。

中心合图例饽饽六盘，每盘二十五个，每个重二两。

中心小饽饽二碗，每碗二十个，每个重九钱。

红白徽枝三盘，每盘八斤八两。

干果子十二盘（龙眼、荔枝、干葡萄等），每盘十两。

鲜果六盘（苹果、樱桃、梨、葡萄等时果）。

砖盐一碟（计重六钱）。

满席的用途主要用于祭奠。皇帝赐宴，只有太和殿筵宴时用到满席。又因为只是二三人一席之故，无论如何吃不了这么多东西，所以只用品种减至一半的"四等"满席，另加每席羊肉一方、酒一斤。满席只适于供应满人，赏赐汉官并不合适。所以，临雍宴、恩荣宴、经筵宴，用的都是汉席。

汉席之所以既有头、二、三等，又有上、中、下席之分，可能是因为原来所规定的头、二、三等酒席的馔品过于奢侈，所以才每种减少其品类，而另制定为上席、中席与下席。上席供应王公大臣，中席供应一般官员及新科进士，下席不常用。以新科进士赐宴所用的恩荣宴为例，礼部堂官及读卷大臣用上席，每一人一席，菜品如下：

宝装一座，用面粉二斤半制成宝装花一攒。

大锭八个，小锭二十个（面粉、香油、白糖制成）。

大馒头二个，小馒头二十个。

包子一盘，蒸饼一盘，米糕二盘。

羊肉二盘，每盘一斤。

东坡肉一碗（十二两）。

木耳肉一碗，盐煎肉一碗，白菜肉一碗（各八两）。

肉圆一碗，方子肉一碗，海带肉一碗，炒肉一碗（猪肉八两六两不等）。

桃仁一盘，红枣一盘，柿饼一盘，栗子一盘，鲜葡萄一盘（每盘八两）。

酱瓜一碟，酱茄一碟，酱芥蓝一碟，十香菜一碟（各五钱）。

猪肉一方，三斤。

羊肉一方，十四斤。

鱼一尾，一斤。

中席的菜品较此略少，即使新科进士每二人一席，看来仍是分量太多，无论如何也吃不完。但若要论到菜品，则不过是鱼肉果饵而已，鸡鸭尚且不见，更何来山珍海味？虽然旧制的头等汉席也有鲍鱼、海参、鹿筋之类，但每席只用二两，而且是与猪肉同煮，实在算不上怎么阔绰。新科进士的恩荣宴，也有被称为鹿鸣宴的。但国宾酒楼满汉全席中的鹿鸣宴，却比这个不知道奢侈多少倍。

清代皇帝钦赐筵宴中的满席，主要内容只是糕饼果品，汉席始有菜肴。以满席与汉席并合为满汉席，不但质量更为丰富，且能兼具二者之长，确实是一般筵席所未见的。一般所说满汉全席，大概便是指菜品极多而不胜其吃，与国宾酒楼之纯以奢靡华丽相尚，似乎各不相谋。是否国宾酒楼式的满汉全席另外有其起源，这个问题就需要另外研究了。

过去，江苏扬州是盐务中心，各大盐商，富可敌国。故于乾隆南游时，莫不挖空心思，于饮食上极力奉承，冀得一邀宠信。扬州大宴最高者，名满汉席，以下为八大八、六大六、五八四，再下为五碗八碟。

满汉席：计大菜（头大碗）十件，二菜（二号大碗）十件，小碗十件；烧烤二十件，蜜饯二十件，热炒二十件，小菜碟二十件，枯果十件，鲜果十件，共一百三十件。此单件数，系供清帝南巡之用，民间宴会只有一百零八件，盖不敢侈拟王公，故略有所减。

八大八：计有大菜八件，小碗八件，碟子十六件，烧烤三件（系用小猪、小羊、鸭子），点心三件，小菜碟四件，看碟十二件（系用鲜花及鲜果制成鸟兽形状，列于席前，以供赏鉴之用），共五十四件。盖较一百零八碗汉席，已减一半。

满汉席与八大八酒席，须有相当排场，绝非普通人家所能办到。此类筵席，必须开席坐。所谓开席，系四方大桌，只有三面设座，迎面接一半桌（只有方桌一半大），以供陈列看碟之用。上置席面（木制、装饰品），下扣桌围。因三面设座，大都每席只坐三人（一人一面），至多六人（每面二人）。因为菜多，必需很长时间，故凡设此筵席的主人必雇梨园子弟表演堂戏，或唱清唱、或演杂技消磨时间，以娱嘉宾。俗谚有：满汉席，上顿吃到下顿语。上顿指上午十时，下顿指下午六时。因为菜多，时间长，席上杯盘狼藉，殊不雅观，故于上菜后，会翻席一二次。所谓翻席，系因坐桌上，皆有席面，可以活动移置。翻席时，先由侍者四人，取大红毡条，各持一角，从席前躬身而上，将席面以红毡悬空遮盖。另有四人，共举另一桌面，上置清洁碗箸和清茶之类，立于堂下左侧。另有四人，屈身先从红毡条下，将杯盘狼藉之桌面取下，从席之右侧撤走。左边四人立将新桌面，共抬至红毡条下，放平桌上，一施暗号，红毡条立即撤去。这一套动作，所有侍者，须练习纯熟。说时迟，那时快，一转眼又是一翻气象。因有这一类局面，所以扬州仕宦之家无不备有大厅，并有照厅（在大厅对面，备演戏之用）方能应付裕如，不嫌局促。如此排场，为他处所仅见。扬州宴客，除讲究饮食外，还注重场面。此种风气，系受清帝南巡影响。因风尚如此，故扬州菜馆多有厅事园林之胜，如天兴馆、迎春园、聚财源、金桂园、醉仙居等，莫不皆然。

六大六：计为六大碗，六小碗。烧烤一件，点心三件，碟子十二件，共二十八件。其数又为八大八之半。开席坐，八人坐，悉听其便。此种筵席，在扬州极其普遍。盖中等人家，婚丧喜庆，率取用之。仕宦之家，寻常宴客，亦无不用之，丰俭两得其可。除满汉席、八大八，悉数皆由菜馆中或家厨包办外，六大六，及六大六以下之菜，固仍由菜馆或家厨制之；但其中小碗率由主妇将其平时孝敬翁姑之杰作，分以奉客，以示主人之诚。因所制无多，故盛以小碗。

第二节　满汉全席菜谱

满汉全席起兴于清代，是集满族与汉族菜点之精华而形成的历史上最著名的中华大宴。乾隆甲申年间李斗所著的《扬州书舫录》中记有一份满汉全席食单，是关于满汉全席的最早记载。

满汉全席，分为六宴，均以清宫著名大宴命名。汇集满汉众多名馔，择取时鲜海错，搜寻山珍异兽。全席计有冷荤热肴一百九十六品，点心茶食一百二十四品，计肴馔三百二十品。合用全套粉彩万寿餐具，配以银器，富贵华丽，用餐环境古雅庄隆。席间专请名师奏古乐伴宴，沿典雅遗风，礼仪严谨庄重，承传统美德，侍膳奉敬校宫廷之周，令客人留连忘返。全席食毕，可使您领略中华烹饪之博精、饮食文化之渊源，尽享万物之灵之至尊。

一、亲藩宴

　　此宴是清朝皇帝为招待与皇室联姻的蒙古亲族所设的御宴。一般设宴于正大光明殿，由满族一、二品大臣坐陪。历代皇帝均重视此宴，每年循例举行。而受宴的蒙古亲族更视此宴为大福，对皇帝在宴中所例赏的食物十分珍惜。《清稗类钞·蒙人宴会之带福还家》一文中说："年班蒙古亲王等入京，值颁赏食物，必之去，曰带福还家。若无器皿，则以外褂兜之，平金绣蟒，往往汤汁所沾需，淋漓尽，无所惜也。"

　　茶台茗叙：古乐伴奏—满汉侍女敬献白玉奶茶

　　到奉点心：茶食刀切　杏仁佛手　香酥苹果　合意饼

　　攒盒一品：龙凤描金攒盒龙盘柱（随上干果蜜饯八品）

　　四喜乾果：虎皮花生　怪味大扁　奶白葡萄　雪山梅

　　四甜蜜饯：蜜饯苹果　蜜饯桂圆　蜜饯鲜桃　蜜饯青梅

　　奉香上寿：古乐伴宴—焚香入宴

　　前菜五品：龙凤呈祥　洪字鸡丝黄瓜　福字瓜烧里脊　万字麻辣肚丝　年字口蘑发菜

　　饽饽四品：御膳豆黄　芝麻卷　金糕　枣泥糕

　　酱菜四品：宫廷小黄瓜　酱黑菜　糖蒜　腌水芥皮

　　敬奉环浆：音乐伴宴—满汉侍女敬奉贵州茅台

　　膳汤一品：龙井竹荪

　　御菜三品：凤尾鱼翅　红梅珠香　宫保野兔

　　饽饽二品：豆面饽饽　奶汁角

　　御菜三品：祥龙双飞　爆炒田鸡　芜爆仔鸽

　　御菜三品：八宝野鸭　佛手金卷　炒墨鱼丝

　　饽饽二品：金丝酥雀　如意卷

　　御菜三品：绣球干贝　炒珍珠鸡　奶汁鱼片

　　御菜三品：干连福海参　花菇鸭掌　五彩牛柳

　　饽饽二品：肉末烧饼　龙须面

　　烧烤二品：挂炉山鸡　生烤狍肉　随上荷叶卷　葱段甜面酱

　　御菜三品：山珍刺龙芽　莲蓬豆腐　草菇西兰花

膳粥一品：红豆膳粥

水果一品：应时水果拼盘一品

告别香茗：信阳毛尖

二、廷臣宴

廷臣宴于每年上元后一日即正月十六日举行，是时由皇帝亲点大学士、九卿中有功勋者参加，固兴宴者荣殊。宴设于奉三无私殿，宴时循宗室宴之礼，皆用高椅，赋诗饮酒，每岁循例举行，蒙古王公等皆参加。皇帝藉此施恩来笼络属臣，同时又是廷臣们功禄的一种象征形式。

丽人献茗：狮峰龙井

乾果四品：蜂蜜花生　怪味腰果　核桃粘　苹果软糖

蜜饯四品：蜜饯银杏　蜜饯樱桃　蜜饯瓜条　蜜饯金枣

饽饽四品：翠玉豆糕　栗子糕　双色豆糕　豆沙卷

酱菜四品：甜酱萝菖　五香熟芥　甜酸乳瓜　甜合锦

前菜七品：喜鹊登梅　蝴蝶暇卷　姜汁鱼片　五香仔鸽　糖醋荷藕　泡绿菜花　辣白菜卷

膳汤一品：一品官燕

御菜五品：砂锅煨鹿筋　鸡丝银耳　桂花鱼条　八宝兔丁　玉笋蕨菜

饽饽二品：慈禧小窝头　金丝烧麦

御菜五品：罗汉大虾　串炸鲜贝　葱爆牛柳　蚝油仔鸡　鲜蘑菜心

饽饽二品：喇嘛糕　杏仁豆腐

御菜五品：白扒广肚　菊花里脊　山珍刺五加　清炸鹌鹑　红烧赤贝

饽饽二品：绒鸡待哺　豆沙苹果

御菜三品：白扒鱼唇　红烧鱼骨　葱烧鲨鱼皮

烧烤二品：片皮乳猪　维族烤羊肉　随上薄饼　葱段　甜酱

膳粥一品：慧仁米粥

水果一品：应时水果拼盘一品

告别香茗：珠兰大方

三、万寿宴

万寿宴是清朝帝王的寿诞宴，也是内廷的大宴之一。后妃王公、文武百官，无不以进寿献寿礼为荣。其间名食美馔不可胜数。如遇大寿，则庆典更为隆重盛大，系派专人专司。衣物首饰、装潢陈设、乐舞宴饮一应俱全。光绪二十年十月初十日慈禧六十大寿，于光绪十八年就颁布上谕，寿日前月余，筵宴即已开始。仅事前江西烧造的绘有万寿无疆字样和吉祥喜庆图案的各种釉彩碗、碟、盘等瓷器，就 29170 余件。整个庆典耗费白银近 1000 万两，在中国历史上是空前的。

丽人献茗：庐山云雾

乾果四品：奶白枣宝　双色软糖　糖炒大扁　可可桃仁

蜜饯四品：蜜饯菠萝　蜜饯红果　蜜饯葡萄　蜜饯马蹄

饽饽四品：金糕卷　小豆糕　莲子糕　豌豆黄

酱菜四品：桂花辣酱芥　紫香乾　什香菜　暇油黄瓜

攒盒一品：龙凤描金攒盒龙盘柱　随上五香酱鸡　盐水里脊　红油鸭子　麻辣口条　桂花酱鸡　蕃茄马蹄　油焖草菇　椒油银耳

前菜四品：万字珊瑚白菜　寿字五香大虾　无字盐水牛肉　疆字红油百叶

膳汤一品：长春鹿鞭汤

御菜四品：玉掌献寿　明珠豆腐　首乌鸡丁　百花鸭舌

饽饽二品：长寿龙须面　百寿桃

御菜四品：参芪炖白凤　龙抱凤蛋　父子同欢　山珍大叶芹

饽饽二品：长春卷　菊花佛手酥

御菜四品：金腿烧圆鱼　巧手烧雁鸢　桃仁山鸡丁　蟹肉双笋丝

饽饽二品：人参果　核桃酪

御菜四品：松树猴头蘑　墨鱼羹　荷叶鸡　牛柳炒白蘑

烧烤二品：挂炉沙板鸡　麻仁鹿肉串

膳粥一品：稀珍黑米粥

水果一品：应时水果拼盘一品

告别香茗：茉莉雀舌毫

四、千叟宴

千叟宴始于康熙，盛于乾隆时期，是清宫中的规模最大、与宴者最多的盛大御宴。康熙五十二年在阳春园第一次举行千人大宴，康熙帝席赋《千叟宴》诗一首，固得宴名。乾隆五十年于乾清宫举行千叟宴，与宴者3000人，即席用柏梁体选百联句。嘉庆元年正月再举千叟宴于宁寿宫皇极殿，与宴者3056人，即席赋诗3000余首。后人称谓千叟宴是"恩隆礼洽，为万古未有之举"。

丽人献茗：君山银针

乾果四品：怪味核桃　水晶软糖　五香腰果　花生粘

蜜饯四品：蜜饯桔子　蜜饯海棠　蜜饯香蕉　蜜饯李子

饽饽四品：花盏龙眼　艾窝窝　果酱金糕　双色马蹄糕

酱菜四品：宫廷小萝卜　蜜汁辣黄瓜　桂花大头菜　酱桃仁

前菜七品：二龙戏珠　陈皮兔肉　怪味鸡条　天香鲍鱼　三丝瓜卷　虾籽冬笋　椒油茭白

膳汤一品：罐焖鱼唇

御菜五品：沙舟踏翠　琵琶大虾　龙凤柔情　香油膳糊　肉丁黄瓜酱

饽饽二品：千层蒸糕　什锦花篮

御菜五品：龙舟鳜鱼　滑溜贝球　酱焖鹌鹑　蚝油牛柳　川汁鸭掌

饽饽二品：凤尾烧麦　五彩抄手

御菜五品：一品豆腐　三仙丸子　金菇掐菜　溜鸡脯　香麻鹿肉饼

饽饽二品：玉兔白菜　四喜饺

烧烤二品：御膳烤鸡　烤鱼扇

野味火锅：随上围碟十二品　鹿肉片　飞龙脯　狍子脊　山鸡片　野猪肉　野鸭脯　鱿鱼卷　鲜鱼肉　刺龙牙　大叶芹　刺五加　鲜豆苗

膳粥一品：荷叶膳粥

水果一品：应时水果拼盘一品

告别香茗：杨河春绿

五、九白宴

九白宴始于康熙年间。康熙初定蒙古外萨克等四部落时，这些部落为表示投诚忠心，每年以九白为贡，即白骆驼一匹、白马八匹，并以此为信。蒙古部落献贡后，皇帝设御宴招待使臣，谓之九白宴，每年循例而行。后来道光皇帝曾为此作诗云："四偶银花一玉驼，西羌岁献帝京罗。"

丽人献茗：熬乳茶

乾果四品：芝麻南糖　冰糖核桃　五香杏仁　菠萝软糖

蜜饯四品：蜜饯龙眼　蜜饯莱阳梨　蜜饯菱角　蜜饯槟子

饽饽四品：糯米凉糕　芸豆卷　鸽子玻璃糕　奶油菠萝冻

酱菜四品：北京辣菜　香辣黄瓜条　甜辣乾　雪里蕻

前菜七品：松鹤延年　芥茉鸭掌　麻辣鹌鹑　芝麻鱼　腰果芹心
油焖鲜蘑　蜜汁蕃茄

膳汤一品：蛤什蟆汤

御菜一品：红烧麒麟面

热炒四品：鼓板龙蟹　麻辣蹄筋　乌龙吐珠　三鲜龙凤球

饽饽二品：木犀糕　玉面葫芦

御菜一品：金蟾玉鲍

热炒四品：山珍蕨菜　盐煎肉　香烹狍脊　湖米茭白

饽饽二品：黄金角　水晶梅花包

御菜一品：五彩炒驼峰

热炒四品：野鸭桃仁丁　爆炒鱿鱼　箱子豆腐　酥炸金糕

饽饽二品：大救驾　莲花卷

烧烤二品：持炉珍珠鸡　烤鹿脯

膳粥一品：莲子膳粥

水果一品：应时水果拼盘一品

告别香茗：洞庭碧螺春

六、节令宴

节令宴系指清宫内廷按固定的年节时令而设的筵宴，如元日宴、元会宴、春耕宴、端午宴、乞巧宴、中秋宴、重阳宴、冬至宴、除夕宴等，皆按节次定规，循例而行。满族虽有其固有的食俗，但入主中原后，在满汉文化的交融中和统治的需要下，大量接受了汉族的食俗。又由于宫廷的特殊地位，遂使食俗规定详尽。其食风又与民俗和地区有着很大的联系，故腊八粥、元宵、粽子、冰碗、雄黄酒、重阳糕、乞巧饼、月饼等仪器在清宫中一应俱全。

丽人献茗：福建乌龙

乾果四品：奶白杏仁　柿霜软糖　酥炸腰果　糖炒花生

蜜饯四品：蜜饯鸭梨　蜜饯小枣　蜜饯荔枝　蜜饯哈蜜杏

饽饽四品：鞭蓉糕　豆沙糕　椰子盏　鸳鸯卷

酱菜四品：麻辣乳瓜片　酱小椒　甜酱姜牙　酱甘螺

前菜七品：凤凰展翅　熊猫蟹肉　虾籽冬笋　五丝洋粉　五香鳜鱼　酸辣黄瓜　陈皮牛肉

膳汤一品：罐煨山鸡丝燕窝

御菜五品：原壳鲜鲍鱼　烧鹧鸪　芫爆散丹　鸡丝豆苗　珍珠鱼丸

饽饽二品：重阳花糕　松子海罗干

御菜五品：猴头蘑扒鱼翅　滑熘鸭脯　素炒鳝丝　腰果鹿丁扒鱼肚卷

饽饽二品：芙蓉香蕉卷　月饼

御菜五品：清蒸时鲜　炒时蔬　酿冬菇盒　荷叶鸡　山东海参

饽饽二品：时令点心　高汤水饺

烧烤二品：持炉烤鸭　烤山鸡　随上薄饼　甜面酱　葱段　瓜条萝卜条　白糖　蒜泥

膳粥一品：腊八粥

水果一品：应时水果拼盘一品

告别香茗：杨河春绿

第十二章
饮食拾零

第一节　小吃

一、北京小吃

自从元朝开始在北京建都，差不多有 600 多年的时间，北京一直是全国人文荟萃的地方。在饮食方面，其自然是精益求精、踵事增华。即使是小吃，也是琳琅满目、蔚然可观。现在就来介绍几种北京的特殊小吃。

【豆汁儿】

豆汁儿可以说是北京的特产，除了北京，还没听说过哪省、哪县有豆汁儿卖的。爱喝的，说它酸中带甜，其味越喝越想喝；不爱喝的说它酸臭难闻。可是如果您喝上瘾了，看见豆汁摊子无论如何也要奔过去喝它两碗的。

豆汁儿并不是豆浆，豆汁儿是用做粉条所剩下的汤发酵以后做成的。过去北京卖豆汁儿的有挑担子下街的，有赶庙会摆摊子的，只有天桥靠着云里飞京腔大戏旁边的奎二豆汁儿摊，是一年 365 天都照常营业的。云里飞曾经拿奎二开玩笑说："奎二的摊子有三绝：第一绝是各位主顾只要往摊子上一坐，您就是皇上御驾光临啦。因为天桥一带都是泥土地，一起风，尘土飞扬，豆汁儿碗里等于撒了一把香灰，辣咸菜里加上了胡椒面，您说怎么喝？所以人家奎二每天摆摊子前，先用细黄土把摊子四周围填平，然后随时用喷壶洒水。您想：您一坐下喝豆汁儿，就有人给您黄土垫道、净水泼街，您不是临时的土皇上了吗？第二绝是奎二的辣咸菜是谁也没法比的，大家都说西鼎和的酱菜切得细，可是奎二的咸菜丝儿更细、更长。第三绝是奎二的豆汁儿酸不涩嘴、浓淡适口，豆汁儿一起锅，不管买卖有多冲、够卖不够卖，绝不搀水。"虽然云里飞是给朋友做宣传，可他说的都是实情，一点也不假。

【酸梅汤】

北京的酸梅汤是驰名中外的，而一提起它来，大家就会想起信远斋。其实庚子义和团事变以前，北京酸梅汤要属西四牌楼隆景和的最出名。隆景和是一家干果海味店，这类铺子都是山西人经营的，从掌柜到学徒全是山西老乡。所以大家都管他们这类铺子叫山西屋子，不但货真价实，而且铺规极严。隆景和的酸梅汤因为不惜工本，所以非常出名。其实他家门口一碗一碗卖的酸梅汤，每天挣不了多少钱，主要是论坛子往外送的赢利。

隆景和因为富名在外，所以一闹拳匪，就被地痞、流氓抢了个一干二净。后来虽然恢复旧业，但终因元气大伤，买卖也大不如从前了，于是琉璃厂的信远斋就取而代之了。

谈到信远斋，其店铺只有一间小门面，左首门外有堵磨砖影壁墙，中间有个磨砖斗方，写着"信远斋记"四个大字，是书法家冯恕的手笔。信远斋就信远斋，干嘛还加上一个"记"字，谁从他家门前走过都觉得别扭，可是谁也不好意思问。有一回江朝宗和冯公度在一处饭局碰上，江宇老把这个问题提出来请教冯公度。冯一边理着胡子，一边笑着回答说："其实一点深文奥意都没有，只不过在商言商，替信远斋拉点生意而已。你想整条琉璃厂街除了卖文房四宝，就是古今图书，要不就是古玩字画。在这一带溜达的都是些文质彬彬的读书人，偏偏信远斋就开在这里，要是不用不通的怪招牌，怎能吸引人注意呢？"说完，两老哈哈一笑，才知道原来牌匾上用个记字还真是大有文章。

信远斋的酸梅汤最大的特点就是熬得特别浓，熬好了装坛子，绝不搀冰水，什么时候喝都是醇厚浓郁、讲究挂碗的，而且冰得极透。您从大太阳底下一进屋，一碗酸梅汤下肚，真是清凉爽口、消暑解热。

【糖葫芦】

北京人卖糖葫芦可分两种：一种是提着篮子上街，一边吆喝，一边串胡同，怀里还揣着一个签筒子，遇到好赌的买主，两人找个阴凉的地方，抽回大点、抽一筒或半筒的真假五，或是赌赌牌九。有时候一串糖葫芦没卖，却能赚个几块钱，有时候手气不顺，也许输上几十串葫芦。

串胡同卖糖葫芦的花样虽然比较少，可是所卖的糖葫芦绝对道地。干果子固然新鲜，就是蘸葫芦的糖稀也绝对是用冰糖现蘸现卖的，保证没有陈货。

另一种是摆摊子卖的。摆摊子的糖葫芦大家都说九龙斋的最好。摊里除了各式各样的糖葫芦以外，冬天还卖果子干，夏天则卖酸梅汤。如果要讲究式样的齐全，那么九龙斋可就比不上东安市场大门正街的隆记了。隆记摊子上的小伙计一声"葫芦——刚蘸的呀！"先吆一声葫芦，等你走了三四步才听到"刚蘸的呀"四个字。这个吆喝声是东安市场一绝，甚至于说相声的高德明、绪德贵还把它编到相声里，录了唱片。

隆记的糖葫芦色彩最好看，山药里嵌豆沙，豆沙馅上用瓜子仁，再贴出梅花点子大小方胜、七得等各式各样的花式，既好看又好吃。隆记的糖葫芦虽然样式很齐全，要什么有什么，可是你若要吃整段山药或是山药豆蘸的糖葫芦，却非要到九龙斋去买不可。有人曾经问过他们，两家都笑而不答，到底葫芦里卖的是什么药，就不知道了。北京有一句歇后语："九龙斋的糖葫芦——别装山药啦！"可见大家对他家的山药糖葫芦，有多么捧场了。

【苏造肉】

冯记苏造肉每年只做一季买卖。苏造肉摊子上虽然摆着一个小插屏上写着冯记苏造肉，可是认识他的人都叫他老嘎。据说老嘎曾经跟御膳房的高首领当过苏拉，学会了做苏造肉。

据老嘎说："宫里的苏造肉是乾隆皇帝下江南到苏州后跟姑苏的名庖学来的，不过他老人家不喜欢太甜，所以冰糖的分量就减少了。"做苏造肉最重要的是选肉，一定要挑后腿肉片点瘦的五花三层嫩肉。猪毛只能用镊子往外揪，不能刮，一刮毛根断在皮里就不好吃了。肉收拾干净以后，微炸出油，然后放上作料用文火炖，大约一个时辰，肉就又酥又入味了。

老嘎的苏造肉每天只卖15斤，多了他就忙不过来了。每年只要荷花市场一开市，就可以看到他在冰心小榭的柳树底下摆摊子。等到秋蝉咽露，渐透微凉的荷花市场一结束，要吃老嘎的苏造肉就只有等明年。

二、天津小吃

"府见府，二百五"，这是北京人的一句老话。顺天府到天津府，距离是250市里；顺天府到保定府也是250市里。由北京到天津，如果搭京津线快车，早上出发下午就到了。京津既然如此近，而北京又是明清两代的国都，人文荟萃，饮食方面自然比其他地方讲究多了，所以天津在饮食方面大多学北京，因此没有多少特殊的吃食。不过天津靠海，鱼虾鳞蚧特别多，再说每个地方总有几样乡土风味的吃食，所以天津有几样吃的在北京想吃也吃不到，要吃，还非得跑到天津才行。

【锅巴菜】

说起锅巴菜来，那可是天津独一无二的吃食。不但天津人爱吃，就是外地人在天津住久了，也会爱上它的。尤其是数九天，西北风一刮，如果能喝上一碗又香又辣的锅巴菜，保准你满身大汗，又暖身又开胃。

锅巴菜叫白了就变成嘎巴菜，其实正字是"锅"而不是"嘎"。做锅巴菜最主要的原料是绿豆粉，先把绿豆粉用凉水和稀，再用平底锅摊成薄薄的一大张，然后切成柳叶条，用芡粉勾一锅素卤，浇上花椒、辣油，撒上香菜、蒜泥，又热又香，既经济又实惠。

在天津，素卤的锅巴菜到处都有得买，有一家肉片卤的锅巴菜则在绿电牌电车路法国教堂一个胡同口，卤是肥瘦肉片加黄花木耳勾出来的，比起素卤来可又好吃多了。勾卤更有一套秘诀，一碗锅巴菜，吃到碗底，卤也不泄。据说这是天津唯一的一家肉卤锅巴菜。

【狗不理】

包子为我国传统面点，历史悠久、品种多样，全国各地、大江南北无处不见它的踪影。据推断，最早的包子应该是由馒头演变而来的。

"馒头"一词出现在三国时代，但后来很长一段时间食书没有提及，至宋代再次出现。据《武林旧事》中载，那时的馒头都是带馅的，临安市上就卖羊肉馒头、鱼肉馒头、糖肉馒头、茄子馒头等。与此同时"包子"一词也出现了，《梦梁录》中就记载了食店出售的各种包子，有水晶包、笋肉包、虾鱼包等。那时的包子制法与馒头并无不同，唯一的区别就是包子皮薄、馒头皮厚。

流传至今，包子家族日益壮大，成为各地风味面点中不可或缺的角色，成都有龙眼包、云南有破酥包子、武汉有四季美汤包、广州有叉烧包等。但是，你要说名气最大的当属天津的"狗不理"。

如果我们把天津人的幽默考虑在内的话，就不难理解"狗不理"三个字自身的魅力了，不都说"肉包子打狗，有去无回"吗？这包子却偏偏连狗都不屑一顾，原因何在？

其实"狗不理"的名字并无故弄玄虚之意，其始创于1858年。清咸丰年间，河北武清县一农家四十得子，为求平安取名"狗子"，期望其像小狗一样好养活（按照北方习俗，此名饱含着淳朴的挚爱亲情）。狗子14岁来津学艺，在一家蒸食铺做小伙计。狗子心灵手巧又勤奋好学，练就一手好活，不甘寄人篱下，自己摆起包子摊。他的包子以水馅儿半发面、口感柔软、鲜香不腻、形似菊花、色香味形都独具特色，引得十里百里的人都来吃包子，生意十分兴隆，狗子忙得顾不上跟顾客说话。这样一来，吃包子的人都说"狗子卖包子不理人"，日久天长，他的包子便成了"狗不理"。

当年，袁世凯在天津编练新军，将"狗不理"包子带入皇宫，敬献慈禧，太后膳毕大悦，曰："山中走兽云中燕，腹地牛羊海底鲜，不及狗不理香矣，食之长寿也。"从此，"狗不理"名声大振。"一入龙门，身价十倍"，"狗不理"包子自此名扬大江南北。

另有一种说法是说：最早的狗不理门面小、顾客多，不管有多少人来吃，永远都是新出炉的。狗不理的包子讲究的是油大馅多，加上又是刚出炉的，自然又烫又热。我们都知道狗是无所不吃的，可是就怕吃烫的东西。而狗不理卖的包子都是刚出屉的，热乎乎的，掷在地上，狗都不敢理，所以叫狗不理。

去天津狗不理包子铺，若一进去就坐下来等吃包子是不受欢迎的，要吃包子得先抽签。签筒就放在门口，一进门先抽牌九、抽大点、抽真假五，谁都可以赢了少给钱多吃，输了多给钱少吃。

【傻子酱肉】

在天津提起傻子酱肉，可说是无人不知、无人不晓。傻子既不设摊，也不开店，每天下午提着食盒，在元兴澡堂子和元兴大旅馆附近一串，不到一个时辰，十来斤的酱肉、五十个叉子火烧，保准一扫而光。他家的酱肉全是用陈年酱汁酱出来的，火功又到家，所以肥不腻嘴、瘦不塞牙，人见人爱。尤其是下午在澡堂里洗完澡，午饭已过，晚饭未到，五脏六腑有点发空时，来上两套火烧夹酱肉垫补垫补，岂不快哉！

【烙饼卷蚂蚱】

烙饼卷蚂蚱也是天津独有的吃法，所谓蚂蚱，其实就是专啃五谷的蝗虫。蚂蚱到了秋凉产卵期，一肚子都是蚂蚱仔儿。公蚂蚱没人吃，人们专拣带仔儿的雌蚂蚱，摘去翅膀，掐下大腿，留下一肚仔儿的胖身子，放入油锅炸得焦黄，然后捞起沥干油，撒上细盐，用葱花酱油一拌，摊在饼上卷起来吃，又香又酥，实在是人间一大美味。

关于卷蚂蚱的大饼，有人喜欢用大麦磨的面粉来烙，也有人喜欢用面粉掺棒子面儿的混合面来烙，至于用机器洋白面烙的家常饼来卷蚂蚱吃，道地的天津人认为终归没有大麦面或混合面来得筋道。

当年南开大学校长张伯苓先生是一个非常风趣的人，有一次和一群朋友聊天，他说："炸蚂蚱撒上花椒盐来下酒，有人请我上义顺和吃俄国大菜，我也不去。"虽是一句笑谈，亦可见炸蚂蚱是多么香酥诱人。

三、其他小吃

【羊肉泡馍】

西安的泡馍店清一色都是清真馆子，内部陈设简单，却极为干净，其中最有名的要算西大街的天锡楼和止辇坡的老童家。

为什么叫止辇坡，说起来还有一段轶事。据说庚子义和团事变，慈禧太后带着光绪皇帝仓皇西奔，一路上忍饥受冻，吃了不少苦头。当他们座车经过十字坡时，突然闻到一股肉香味，引得太后食指大动，于是传谕下去令太监买来尝尝，从此"止辇坡"的名字就这样叫出来了。老马家的煮肉是以原汤为底的，用大锅文火炖它几个时辰，再肥的肉都散了，瘦肉也是入口即化。

陕西人虽然叫馒头为馍，可是羊肉泡馍所泡的却不是馒头，而是一种既厚又硬的小圆面饼。

卖羊肉泡馍的小店，只要顾客一坐定，不待吩咐，立刻为您奉上半碗肉汤，一来给客人开开胃，二来请您尝尝，如果不对胃，还可以转身就走，不必给钱。等开胃汤下了肚，跟堂倌要个馍用手撕成小块，放在碗里，堂倌就会自动为您冲上肉汤。馍饼泡入汤里，吸饱了汤汁，又松又香、其妙无穷。

【腊羊肉】

西安人很喜欢吃羊肉，所谓："乔梓口吃羊肉，把娃儿给耽搁了！"

据说以前有个人，儿子生病了，妻子叫他去请医生。他刚走到乔梓口，就闻到刚出炉的腊羊肉，忍不住坐下来吃了一盘，等吃完羊肉才想起儿子的急病，但是时间耽搁太久了，回到家里，小孩已经回天乏术了。故事虽然不一定可信，却可见西安人是如何嗜吃羊肉了。

西安卖腊羊肉的主要市场并不在西门附近的乔梓口，而是集中在钟楼和竹巴市街转角处的中央地带。腌制时先去掉头脚，挖掉五脏六腑，然后再剖成两半，入缸腌制。

我国西北地区气温不高，所以腌制时即使不放防腐剂，也不容易变质走味，腌出来的肉白里透红、又香又嫩，谁见了都要垂涎三尺。

卖腊羊肉也有挑着上街卖的，他们不但货色齐全，连羊肚子、羊头都有，每当夜深人静就沿着大街小巷悠悠地喊着："羊肚子羊头，腊羊肉哦！"谁能不食指大动呢？

【牛肉拉面】

牛肉拉面用精白面粉和鲜牛肉制作，是我国西部地区的美食，其中兰州拉面最为驰名。

相传汉武帝有一次为自己庆寿，事先让御厨准备寿宴。御厨心想，皇宫的人天天吃的是山珍海味，各种美味佳肴早已吃得厌烦了，即使做再好的东西这些人也不会满意。他想变变花样，做出一桌既有特色又美味可口的寿宴来。他绞尽脑汁，思来想去，做面食是自己的拿手好戏，何不在这方面做点文章。于是他将上好的白面粉加水调成面团，反复揉和，并拉成极细的面条，煮熟后放入寿碗中，将不同口味的浇头放入面中。最后，他将加了不同作料的面条摆了满满一桌。汉武帝入席时一见桌上全是面条，大为不快。他说："你们为我祝寿，就用如此简单的面条来打发，多不气派？"边说边生气，脸拉得老长老长。有一参加祝寿的人足智多谋，见皇帝生气，便风趣地说："恭喜万岁！贺喜万岁！"武帝气乎乎地说："喜从何来？有什么可喜可贺？"这人笑答道："万岁有所不知，老寿星彭祖之所以活到 880 岁，是因他的脸很长。'脸'即'面'也，脸长即面长。这一碗碗又细又长的面条既是庆寿美食，又是延年益寿的象征。今日做面条为万岁贺寿，其寓意即在祝福万岁像彭祖一样长寿。"汉武帝听后顿时转怒为喜，立刻端起面来美美地吃了起来，边吃边招呼群臣，说面条好吃，鲜嫩滑软、美味可口，叫大家快吃这长寿面。这就是最早过生日吃面的来历，以后这种风俗传到民间，形成流传广泛的习俗。

【过桥米线】

说起过桥米线，有很多人都不知道究竟是什么东西，其实米线就是米粉。至于"过桥"两字的由来倒有两种说法：其一是，据说在云南蒙自县有许多湖泊和小岛，其中有一座景物清幽的小岛，一位仕子每天在那儿苦读，他的妻子每天从家里走过漫长的木桥为他送饭。夏天还好，冬天一到，湖上风霜冽冽，饭菜怀冰冻馔的，简直无法下咽。她想仕子终日埋首书城，孜孜为学，实在非常辛苦，现在连热汤都无法喝到嘴，实在很内疚。

有一天，她炖了一只肥母鸡，打算送给仕子佐餐，突然一阵头晕。等她清醒过来，午餐时间已过，她正担心仕子吃不上热饭，可是一摸汤碗，依旧很热。她看见汤上浮着一层金浆肥润的鸡油，顿时明白鸡油能保温。后来她又试着把薄薄的生鱼片，放入热鸡汤里，结果一烫就熟，而且肉嫩滑香、鲜美可口。于是，她每天带着布满黄油的热鸡汤、片好的生鱼片及煮熟的米线，走过长桥去送饭，让仕子享受甘美适口、热汽腾腾的滋味。

另一种说法则是指食用的方式而言。过去昆明有一家专卖过桥米线的馆子叫德鑫园，还有一家兼卖过桥米线的仁和园，名闻遐迩、座无虚席。现在台北也有几家云南馆，大多也以过桥米线为号召，但是口味上是否正宗就有待大家亲口品尝了。

【四喜汤圆】

四喜汤圆是用精白糯米制作而成的，原为南方食品，现全国各地都食用。在我国许多地区，都有"正月十五闹元宵，家家户户吃汤圆"的民谚。人们常将汤圆分成不同的类别，取一些别具风格的名称，如浮圆子、赖汤圆、桂花汤圆、玫瑰汤圆、四喜汤圆等。尽管这些汤圆口味各有特点，但皆香糯可口、老幼皆宜。

元宵节吃汤圆的民间习俗有其久远的历史，早在隋唐时代就开始了。到了宋代，这一习俗更加盛行。宋人笔记《岁华忆语》中称："元宵节，至夜要供元宵。"人们对元宵节十分重视，有不少地方的元宵节甚至与春节一样热闹。个中原因就在于：元宵节是一年的头一个月的月圆之夜，吃元宵象征着合家团圆、一年大吉大利。

有关汤圆的故事很多。相传清光绪二十六年（公元1900年）某月某日，慈禧太后曾赏赐她身边的侍臣吴延，在赏给他的诸多物品中竟有汤圆50枚。据《清室轶文》中记载，有一天，光绪皇帝去向西太后慈禧请安，恰巧碰上她正在吃汤圆，慈禧问光绪道："你吃过这汤圆吗？"光绪本来在请安前已吃过一碗，但恐怕慈禧因他先于她吃而要怪罪，就不敢说吃过了，连忙跪在地上说："儿臣尚未吃过。"于是。慈禧赐他一大碗汤圆，令他吃下。宫中有这样的规矩：若赐食不吃，便是"不敬"。若慈禧所赐之食不吃完，她定会勃然大怒，那可不得了。光绪只得跪着吃完了这碗汤圆。慈禧又问："可曾吃饱？"光绪的肚子本已胀得不行了，却又不敢说吃饱了，只得硬着头皮说："未曾吃饱。"于是慈禧再赐一碗汤圆，光绪十分勉强地吃了几个就再也吃不下了，只得将汤圆塞到衣袖里。另一名皇室成员也有一次类似的经历，慈禧一连赐他

吃了几碗汤圆，胀得他腹满气塞，回到家中病了一个多月。汤圆是扎扎实实的食品，有时吃饱了几天都不想吃东西。

相传袁世凯当年当了临时大总统后还想称帝，遭到举国上下的一致反对。他在洪宪（公元1916年）登基后，自知不得人心，又不许人们非议。上元节时街上有人叫卖"元宵"，他大为不安，心忌"元宵"二字，因为元宵与"袁消"二字同音，恐是不祥之兆，遂下令将"元宵"改为"汤圆"，而将元宵节改为"上元节"。当时流行这样一首打油诗嘲笑袁氏："袁总统，立洪宪，正月十五称上元；

大总统，真圣贤，'大头'顶'铜元'，'元宵'改'汤圆'。"袁世凯死后，一位当年卖过元宵的人为他写了一副对联："袁世凯一命呜呼，元宵节源远流长。"

汤圆发展至今，制作工艺、用料越来越精细，食用汤圆的人也越来越多。其中名叫"四喜汤圆"的汤圆因其用料繁多、寓意深刻，最受人们喜爱。"四喜"有的说寓意"逢甘雨，遇故知，洞房夜，榜上名"；有的说是寓意"福、禄、寿、禧"，总之是喜上加喜、吉祥如意的意思。

【粉茸元宵】

粉茸元宵以糯米为主料制作而成，是全国各地普遍流行的习俗。正月十五吃元宵，象征着一年吉祥如意、团圆幸福，故元宵也叫圆宵。有的地方吃元宵时配汤，故又叫汤团、圆子、浮圆子或元宝之称。

传说春秋末年，有一次楚昭王乘船回国，途经长江某处时，突然看见江面有一物飘浮水面，呈圆形、白色，此物直向楚昭王乘坐的船飘泊过去。楚昭王即令人将其打捞起来，切开一看，其肉瓤呈红色如同胭脂一般，一股清香味扑鼻而来。楚昭王便与大臣们分而品尝，大家都说又甜又脆、回味无穷。有个在场的随从禀报楚昭王说，这是浮苹果，得之者有复兴之兆。楚昭王听后十分高兴，因他们得到浮苹果的那一天正值农历正月十五，为了求得大吉大利，以后每年的这一天，楚昭王都要令人仿照"浮苹果"的样子，用米粉做成圆团，以山楂作馅，煮熟而食。这就是最早的元宵。后来，元宵的做法、用料、食法越来越多。至今，市场上出售的元宵五花八门、品种繁多。在我国许多地区，几乎家家都会制作元宵。

【腊八粥】

北京有句谚语说："送信的腊八粥，要命的关东糖。"意思是说吃了腊月初八的腊八粥，就该准备还赊清欠；而吃了腊月二十三祭灶的关东糖，年近岁逼，债主就要上门讨债了。

腊八粥源远流长、由来甚古。腊月初八那一天是佛教始祖释迦牟尼证道的佛日。据说古代印度佛教僧徒，鉴于佛祖未成道前，六年的苦行修持每天只吃一麻一素，佛弟子为了永志佛祖成道前一麻一素的苦厄，所以每年腊八用豆果黍米熬粥供佛永矢弗忘，而且说喝了佛粥，可以上邀佛祖庇佑。自从佛教传入中土，各大禅林寺院都在腊月初八那天拂晓熬粥供佛。

中国民间喝腊八粥的习俗开始于汉朝，到了盛唐，因为唐太宗崇信佛法，并且派玄奘法师西去天竺求取真经，于是过腊八啜腊八粥的风气更是盛极一时。清朝也是信仰佛教的，康熙年间海晏河清承平已久，有一年皇帝一高兴，把大内供佛的腊八粥赏赐给有功的臣僚，从此成为常例。御赐的腊八粥向来是由太监率同苏拉分送各宅邸的，且不论男女老幼都要各致太监车敬、苏拉使力一份，所以走红的太监专拣人口众多的地方去送，至于人丁稀薄的人家，根本轮到不走红的太监去走动。

喝腊八粥的风气，好像北盛于南。谈到口味，向来是南甜北咸。但是近些年来，江浙两湖皖赣等省的腊八粥，大半咸多于甜，反而冀晋察绥的腊八粥都是甜品，还没见过有做咸腊八粥的，实在是很奇怪的事。腊八节熬腊八粥的习俗，黄河两岸、大江南北，以至珠江流域好像都很普遍。在这众多的腊八粥中，恐怕要属北京的腊八粥最考究了。

北京是辽、金、元、明、清五朝的都城，人文荟萃，饭食服御自然较为特别。北京腊八粥的粥料包括小米、玉米糁、高粱米、秫米、红豆、大麦仁、薏仁米等，都是不可少的谷类。拿粥果来说，干百合、干莲子、榛瓢、松子、杏仁、核桃、粟子、红枣也是不可缺的，而且要先把红枣煮滚剥去皮核，枣子皮再用水煮，澄出汤来倒在锅里一块熬粥，粥红枣香，既好吃又美观。干果中的百合、莲子是要跟粥料一齐下锅的，至于其他粥果红枣、粟子、松子则可以另外放，杏仁、核桃、榛瓢，怕风吹干，可用糖水养着，等粥上桌，各种粥果可以随意自己来放。习俗流传供佛祭祖的腊八粥，一律用粥罐上供，不用碗筷。遥想当年佛祖未成道以前托钵乞食，自然是不用碗筷的，既是追念圣哲，钵不易得，只好以罐来代替了。按照常例，粥里只能放红糖，不准放头贡二贡一类白糖，其故安在，就不得而知了。

供佛祭祖之后，孩子们还有一项差事，凡是前庭后院、树木花丛、乱干柔根都要浇上一勺浓嘟嘟的腊八粥。据说这样做，春回大地时，不但葱翠茁壮而且花繁叶茂，果木也不歇枝，是否真有此事，却也没有人去追究。

豪门巨族所熬的腊八粥，除供佛祭祖之外，还要馈赠亲友。因而若只有果粥一罐未免寒酸，还得配上两菜两点，说是献佛余馔。自然菜点全是净素，虽然说是山蔬野蔌，可是五蕴七香，比起元修珍味也未遑多让。有些人家一熬就是若干锅，北地天寒，当天吃不完的则用缸罐存储起来，放在不升火的屋子里，怀冰冻餗、坚硬如石，要吃多少就用刀切多少下来，渗水加温。因为粥黏而且硬，须用马勺随时兜底搅动，否则极易焦枯煳底，甚至于表面冒热汽里面尚有冰渣。所谓熬腊八粥要凭真功夫、热腊八粥要好耐性，不是身历其境，还真难体会其中的诀窍。

【都督烧卖】

相传清宣统年间，云南宜良城有一小食店专卖烧卖和卤菜，尤以烧卖最为出名。前来购买的顾客络绎不绝，每天都排着长队，店中的烧卖供不应求。于是，店主做了一个规定，即每位食客每次只限购3个。有一次，云南督军唐继尧慕名前来品尝此处的烧卖。店员对他也不例外，只卖给他3个。都督说，他想多买一点带回家去吃。店老板不知他是何人，便说："那不行，即使都督来了也只能买3个。"过了不久，店老板才得知那位顾客便是真正的都督。此事后来被传为佳话，"都督烧卖"由此而得名。由于此店经营有方、待人平等、办事公道，所以生意越来越兴隆。

我国各地烧卖制法颇多、风味各异，而都督烧卖的制作别具一格。首先皮坯是用面粉加鸡蛋后用热油汤先合成面团，热油汤是用猪、鸡的骨头熬制的鲜汤，油重汤鲜，合制面团后擀出的皮坯，自然味道好，且软糯回甜。再则就是都督烧卖的馅心非常讲究，是用生馅与熟馅调合而成的，既有北方面点馅的鲜嫩特点又有南方面食馅的香醇适口。计有鲜猪肉末、熟猪肉丁，加鸡蛋、水发冬茹、冬笋、干贝、肉皮冻等精心调制而成。

包制时要求薄皮大馅，馅心约占重量的90%左右。烧卖外形上要拢口，不像外地烧卖要翻荷叶状的边，呈长石榴花形。入笼蒸熟装盘，连同用醋、油辣椒、芝麻油、酱油、味精、芫荽末等兑好的蘸料一起上桌。

【粽 子】

习惯上，春节、端午节和中秋节是中国民间的三大节日。古人所称的"端午"并不专指农历五月五日，而是把每个月的初五都称为端午。直到唐玄宗写出"端午临仲夏"的诗句，历经宋、元，此后端午才成为五月五日的专称。

我国古代民间的俗忌认为五月是"毒月"，所以端午节的许多习俗，如插蒲艾、喝雄黄酒、沐雄黄浴、戴香囊、薰洒各种药物等，都和保健有密切的关系。但是，随着科学技术的进步，现在过端午节最普遍的习俗只剩下吃粽子一种了，其余的反而不易多见。

传说人们为了纪念战国时代投江而死的爱国诗人屈原，将煮熟的米饭装入竹筒或箬叶包里，然后再投入江中，各式各样的鱼虾吃饱了，就不会再去咬食屈原的尸体了，用以保存他的完整。后来，就演变成"端午节，吃粽子"的习俗了。

我国面积广大，各地的物产不同，所以做粽子的材料、包粽子的叶子，各地也不尽相同；以包法来论，又有正三角、斜三角、铲子头种种形状。全国各地有名的粽子很多，各尽其妙。

北方粽子：北方过端午节自己家里动手包粽子的人家并不多，大多是从街上买点回来应景。北方的粽子大致上分两种：一种是纯用江米（北京管糯米叫江米）包成，北方人称之为白粽子。把粽子蘸白糖或糖稀，再加上一点玫瑰汁木樨卤，真是清爽馥郁、冷香宜人。另一种是在糯米中放两三颗小枣，称为小枣粽子。这种粽子讲究裹得紧、煮得透而不烂、枣小核细、冰得凉，吃到嘴里扎牙根儿的凉才过瘾。

以豆沙做馅的粽子，只是偶尔一见而已。北京豆沙做得粗，多半不去皮，做豆沙包很好吃，可是包起粽子来就显得不够细腻、有欠滑润了。至于鲜肉、火腿等咸粽子，只有一些大的南货食品店中有卖，北方人比较不喜欢吃咸粽子，甚至还有些人觉得吃咸粽子有点怪怪的。

广东粽子：广东粽子花式多、用料全。甜粽有粟蓉、绿豆仁、莲蓉、四黄、胡桃、枣泥、豆沙等，咸的则有火腿、蛋黄、咸肉、叉烧、烧鸡、烧鸭、粟子、冬菇等。有的也可加莲子、烧腩（包括烧鸡和蛋黄），且调有五香配料，吃起来特别可口。包粽子大家都用糯米，取其香糯性黏，可是胶质太浓，容易腻、不爽口，所以广东美食专家讲究包粽子的糯米要山地产品，或是瘦瘠土地产品才算上选。

广东还有一种碱水泡米、不咸不淡的粽子。吃的时候，可甜可咸，如要甜吃就蘸白糖或糖浆、蜂蜜等，咸吃则蘸酱油和猪油、胡椒粉等，吃起来特别可口，又容易消化。另外还有一种吃法，是把粽子煮熟趁热用丝线勒成一片一片的，用线串起来晒到干透，收藏起来，随时可以拿几片跟粥同煮来吃，浆溶碧玉涩后甘香，据说可以清胃火、祛风湿，是否属实，姑且不论，可是吃起来确实别具风味。

台湾粽子：台湾粽子分两种：一种叫菜粽，是用花生仁、花生粉几种干果做馅儿的。一种肉粽则用鲜猪肉、鸡鸭肉、蛋黄、香菇、虾米、油葱包的。

台湾粽子对米的选择很考究，一般都喜欢用圆糯而不喜欢用长糯，圆糯香浓味正、远胜长糯。所以每到端午节前，两种糯米的价格相差很多，不是有相熟识的米店甚至买不到圆糯，就是这个道理。台湾粽子也是大三角形，粽体硕大，比广东粽子还要壮观。如果北京粽子跟台湾的比，简直小巫见大巫了。

台南市有一家百年老店，所做的肉粽俗称为"吉仔肉粽"，因为货真价实，驰名全省，所以有很多小店也以"台南肉粽"来号召。

吉仔的肉粽类似广东肇庆的裹蒸粽，不惜工本、花样繁多、材料扎实，宁可提高售价，决不降低水准。此种肉粽的特色是煮好之后捂得透而不糜、只只入味，冷吃热吃均可。吉仔肉粽的价钱虽然高些，不过是台湾粽的隽品，买一个来尝尝，也算物超所值。

湖州粽子：湖州粽子非常有名，海外华人聚居处像美国的旧金山、洛杉矶都有湖州粽子出现。湖州粽子分为甜咸两种。甜的是脂油细豆沙，这种甜粽子很难包，弄得不好的话靠近豆沙一圈的米会发生夹生的现象，因此包豆沙一类甜粽必须用网油先把豆沙网起来，就不会有夹生的问题了。咸的是用新鲜猪肉，浸过上好酱油，每个粽子用一块肥肉、一块瘦肉裹成。

湖州粽子一定是铲子头包法，一头扁平一头凸出，也可以说是湖州粽子的特别标记。湖州粽子最讲究火功，肉糜米烂、渗透均匀；对粽叶的选择也特别精细，尤其是包甜粽所用的粽叶，最好采用带有青色的新竹叶，吃的时候才有一种清远的幽香。扎结的绳子要扎紧，否则米粒一煮膨胀，粽子变形就不美观了。每个粽子的装米量要均匀、肉要包得严，却也不能包得太满，满就胀开了，同时要用大火煮，煮好还要捂上两三个小时，所以说湖州粽子讲究可大了，其驰名国际也绝非偶然。

湖州粽子虽出名，可是如果让北方人来吃，有些人也许会认为粽子哪有吃咸的道理，而且又是烂塌塌的一点也不挺立。反过来，让南方人吃北方江米小粽子，他们或许认为冰凉硬挺，吃下去之后恐怕不容易消化。由此可见，羊枣昌蒲，所好各异。

粽子种类还有很多，这里不过举其荦荦大者，等端午节到了，各随所好，吃几个自己爱吃的粽子，喝点雄黄酒，过个久雨喜晴的端阳佳节。

四、陕西凉皮的四大流派

陕西的风味小吃中，"凉皮"是最受欢迎的品种之一，男女老少都爱吃，尤受年轻姑娘欢迎，一年四季都有卖，夏天吃的人更多。西安的大街小巷，每个城镇，乃至乡村，到处都有卖凉皮的。一张桌子、几把椅子就是一个凉皮摊，只要有卖的，就有人吃。凉皮以其绵软润滑、酸辣可口、爽口开胃，不但成为受欢迎的街头小吃，而且还登上了大雅之堂。在陕西各大饭店、饭庄、酒楼经营的陕西风味小吃和陕西风味小吃宴中，凉皮是必不可少的。

陕西的陕南、陕北、关中都有凉皮，但却因做法、吃法、调料、用料上不完全相同而形成了四大流派。

【汉中米面皮】

汉中属陕南,盛产大米,用大米面做面皮是汉中人首先发明的,历史悠久。所以汉中、城固等地的米面皮在陕西、西安有很高的知名度,卖面皮的往往要打出汉中米面皮、城固米面皮以招揽客人。因风味独特,吃的人很多。

【秦镇米面皮】

秦镇是长安县的一个镇,离西安很近,秦镇的米面皮也有悠久的历史。秦镇米面皮和汉中米面皮的区别主要在软硬和调料上,尤其是在辣椒油的制作上十分下功夫。辣椒油是凉皮调料中最关键的,好吃不好吃主要取决于辣椒和辣椒油。秦镇的米面皮之所以有名,主要是辣椒油的制作很讲究,辣椒面放在上等的油中,加入花椒、茴香、大料等小火反复熬制,越熬越辣、越熬越香,辣油也越熬越红、越熬越亮。秦镇人自称他们制作辣椒油的方法是别人学不来的,所以秦镇米面皮的味道别人也就无法相比。同时,秦镇的米面皮比汉中米面皮要稍硬,更适合一些年轻人和中年人。在西安,秦镇米面皮经营者也很多,有小摊小店经营的,更有开大店经营的,位于南稍门的一家秦镇凉皮已开了好几家连锁店。

【回民麻酱酿皮】

在陕西农村,也有用小麦面蒸凉皮的,人们一般叫酿皮。酿皮的吃法和做法和米面皮无差异。但在西安回民中,酿皮的吃法却与众不同,它除了放醋、盐、味素、辣椒油外,还要放芝麻酱,吃来又别有风味,所以在西安，人们又把回民的这种凉皮叫作麻酱凉皮。

【岐山擀面皮】

岐山人的凉皮做法也很特殊，米面皮和酿皮是把面调成糊状，放在特制的铁笼上蒸。而岐山擀面皮则是先擀成面，然后再蒸，蒸熟后再切成比凉皮稍宽的条状，吃法和米面皮基本一样，不同于米面皮的是擀面皮口感较硬、韧度高、有筋性。宝鸡一带的人都喜欢吃，近年来在西安也很流行。

凉皮一般是凉着吃的，近些年有人把凉皮热着吃，即现蒸现吃，故有人把它叫热面皮，味道又很特殊，还颇受市场青睐，看来任何小吃也不是一成不变的，也在不断发展变化。

五、山西面食甲天下

山西人爱吃醋，国内外闻名；山西人爱吃面，世人皆知。自古以来，晋人主食乃面食，以花样多、品质好、影响大而颇为出名，故海内外早有"世界面食在中国，中国面食在山西"的说法。东到娘子关、西到黄河边、南到风陵渡、北到雁门关，一般家庭妇女都能以面食为原料加工数种面食。许多山西汉子有时在客人面前也会显露一手面食"绝"活。

山西面食历史悠久，迄今至少有 2000 年的历史，且在中国独树一帜，又博采众长、集其大成、南北贯通。四川的"担担面"、兰州的"清汤牛肉面"、上海的"阳春面"、北京的"炸酱面"等，追溯其源渊，都与之有密切的联系，但山西面食最负盛名。所以说，"到山西旅游不品尝面食，就如没有到过山西一样"。

【最负盛名刀削面】

刀削面是山西最有代表性的面条，堪称天下一绝，已有数百年的历史。传说，蒙古鞑靼侵占中原后，建立元朝。为防止"汉人"造反起义，将家家户户的金属全部没收，并规定十户用厨刀一把，切菜做饭轮流使用，用后再交回鞑靼保管。一天中午，一位老婆婆将棒子、高粱面和成面团，让老汉取刀。结果刀被别人取走，老汉只好返回，在出轵鞋的大门时，脚被一块薄铁皮碰了一下，他顺手拣起来揣在怀里。回家后，锅开得直响，全家人等刀来切面条吃。可是刀没取回来，老汉急得团团转，忽然想起怀里的铁皮，就取出来说：就用这个铁皮切面吧！老婆婆一看，铁皮薄而软，嘟哝着说："这样软的东西怎能切面条。"老汉气愤地说："切"不动就"砍"。"砍"字提醒了老婆婆，她把面团放在一块木板上，左手端起，右手持铁片，站在开水锅边"砍"面，一片片面片落入锅内，煮熟后捞到碗里，浇上卤汁让老汉先吃。老汉边吃边说："好得很，好得很，以后不用再去取厨刀切面了。"这样一传十，十传百，传遍了晋中大地。至今，晋中的平遥、介休、汾阳、孝义等县，不论男女都会削面。后来，这种"砍面"流传于社会小摊贩，又经过多次改革，演变为现在的刀削面。刀削面柔中有硬、软中有韧，浇卤、或炒、或凉拌，均有独特风味，如略加山西老陈醋食之尤妙。

传统的操作方法是：一手托面，一手拿刀，直接削到开水锅里，其要诀是："刀不离面，面不离刀，胳膊直硬手平，手端一条线，一棱赶一棱，平刀是扁条，弯刀是三棱。"

要说吃了刀削面是饱了口福，那么观看刀削面则是饱了眼福。据说，饮食行业的削面高手每分钟削 118 刀，每小时可削 25 公斤面粉的湿面团，看得人眼花缭乱。有顺口溜赞曰："一叶落锅一叶飘，一叶离面又出刀，银鱼落水翻白浪，柳叶乘风下树梢。"

【名不虚传的拉面】

"拉面"又叫抻面、甩面、扯面等，是山西传统的面食之一。其源于何时尚待研究，传说起源于山东烟台福山区，但在山西历史也很悠久。据清末人薛宝辰所著的《行素食说略》中记载：当时在山西、陕西一带流行一种"桢条面"，以其和水面，入盐、碱、清油揉匀，覆以湿布，待其融和，扯为细条，煮之，名为桢条面，做法以山西太原平安州、陕西朝邑、同州为最，其薄如韭菜、其细似挂面，可以成三棱子，可以成中空之形，耐煮不断、柔而能韧。现在许多面条如扁条面、三棱面、空心面、酿馅圆、金丝卷、银线卷、龙须面等都是由抻面加工成的。拉面制作的品种适合于蒸、煮、烙、炸、炒等烹饪方法。

拉面制作主要有和面、晃条、拉面、下锅四道工序。将精粉、水、盐按 100：50：1 的比例，加碱少许，将盐、碱用水溶化，搅和成面团，饧 20 分钟后放在面案上揉成面条坯，然后用双手各执一端，反复晃动均匀。再放面案上反复对折，双手向两力边搦边抖动，待面条适当时，下到沸水锅里，煮熟后捞到碗内浇卤即可食用。

六、宫廷小吃典故

【宫廷窝头】

1900 年，八国联军入侵北京时，慈禧太后仓惶逃往西安。途中，慈禧饿极了，叫人去找吃的。当差的找来一个大窝头，慈禧几口便把窝头吃完了，连说好吃。慈禧从西安回到北京后，有一天突然又想起曾经吃过的窝窝头，就让御膳房给她做窝窝吃。御厨不敢给她做大窝头，于是把玉米面用细箩筛过，加上白糖、桂花做成栗子大小的小窝头。慈禧吃了连说，正是当年吃过的窝窝头。

【豌豆黄、芸豆卷】

有一天，慈禧在静心斋歇凉，忽听大街上有铜锣声就问这是干什么的？当差的回答说是卖豌豆黄、芸豆卷的。慈禧让当差的把那个人叫进来，那个人说：敬请老佛爷尝尝这豌豆黄、芸豆卷，香甜爽口、入口即化。慈禧尝过后说好吃，于是就把这个人留在宫中，专门为她做小吃。

【肉末烧饼】

相传有一天夜里，慈禧做了个梦，梦见吃夹了肉末的烧饼。第二天早膳时，果然上的是肉末饼。慈禧一看和梦中吃的一样，心里非常高兴，说是给她圆了梦。问是谁做的烧饼，当差的说是御厨赵永寿。慈禧当即令人赏给赵永寿一个尾翎和二十两银子。从此，肉末烧饼就作为圆梦的烧饼流传了下来。

第二节　饮食风情

一、东西南北年食面面观

俗话说："十里不同风，百里不同俗。"我国东西南北不同地区、不同民族的春节习俗和饮食习惯也风味各异、各有千秋。

一般来说，大年三十吃年夜饭，北方人必有水饺，南方必有米饭，再配以具有地方特色的美味佳肴。

北方人过年吃饺子，不仅除夕夜要吃，正月初一也要吃，这是取其"更岁交子"之意，加之饺子形如元宝，更有"招财进宝"的好兆头。

在陕西西安地区，春节的传统食品是豆腐和枣糕，然后与一条木制小鱼同装在一个碗里，象征着新年有头有尾、吃喝有余。

浙江一带的年夜饭必有一道由韭菜、芹菜、竹笋等组成的春盘，寓意"勤劳长久"。苏杭一带年夜饭则少不了蛋炒饭，它象征着"金丝元宝"；再加一道肉丝炒笋丝，叫作"丝丝齐齐"，蕴含事事如意、样样齐备之意。

潮州一带大年初一的传统吃食是油炸"腐圆"和用薏苡、芡实、桂圆、莲子、豆粉加白糖烹制的"五果汤"，寓意五福临门、生活甜甜美美。

与大陆隔海相望的台湾同胞，在除夕的家宴上，除摆上传统的肉圆、鱼圆、发菜等寓意"团圆"的吉祥食品外，还需设法购买一些来自大陆故土的传统土特食品，以略尝家乡的美味，缓解思乡的苦闷。

在西南农村，大年三十的团圆饭，做法简单，花样却不少。当天中午一过，便用大锅煮猪头一只，公鸡一只，腊肉、鲜肉各一块，香肠、豆腐、猪血灌肠几根。煮好的猪头、公鸡先要用来献山神，祈求风调雨顺、五谷丰收，再制成美味，然后全家一起食用。而那一锅肉汤，味道最是鲜美，如加煮一些青菜、白菜、蒜苗、芹菜后，这锅杂菜往往是年夜饭桌上最受欢迎的一道菜。据说吃了这道杂菜的人，来年清清白白，会算计又勤快。当然还有一道必备的菜——鱼肴，以示年年富足有余。

世代生活在塞北大草原上的蒙古族，称春节为"白节"，正月叫

"白月"。除夕更岁时，一家人围坐在蒙古包内的火炉边，在向长辈敬献"辞岁酒"之后，饱餐烤羊腿和煮水饺。

广西壮族人民，春节第一餐吃甜食品，寓意新的一年"生活美好、甜蜜如意"。这些传统食品是米花和糯米饼，不但清甜可口，而且外观极美。米花是将糯米浸泡后蒸熟，放在户外晒干，再置于石臼内，掺入大米粉，把米粒捣成扁平状，然后放在锅内炒，即成为雪白洁净的米花。将米花与黄糖片放在锅内煎煮以后，倒入涂有花生油的木格子里，用干净的圆木棍滚压平整，等晒干后切成小块，吃起来非常方便。糯米饼是将糯米炒熟后，研成细粉，然后在锅内熬好黄糖片浆，倒入糯米粉拌匀，再用雕刻得十分精致的饼模打压成饼，蒸熟即可食用。此外，家家还在除夕把一些米饭留到年初再吃，称之为"压年饭"，象征着家有余粮。

藏族人民最重要的传统节日是每年藏历正月初一，他们从腊月初就为这隆重的节日做准备：配制青稞酒，每家准备一个叫作"切玛"的五谷斗，里面装一些糌粑和青稞，以及炒熟的麦粒和蚕豆，插上青稞穗，点缀一些小块酥油以此象征着五谷丰登。

大年初一，锡伯族人要吃"郎午饺子"，初二吃"长寿面"，主食有"发勒赫俄分"。"郎午饺子"为何物？其实就是南瓜馅饺子。"郎午"如葫芦，色泽呈桔红有黄点，制作时先把"郎午"去皮擦成丝，挤干汁水后加入少量的葱姜末、肉泥、食用油及调味料，即为郎午饺子馅。然后用和好的面包成大饺子，蒸熟食用。"发勒赫俄分"是一种发面饼，是贴在炒菜锅内用微火烤熟的。饼的大小一般直径为 25 厘米，厚度为 1 厘米，上桌时掰成 4 块，每块呈扇面形，正面朝上，吃时松软可口、别有风味。

居住在云南大理地区的白族，农历正月初一称村巷节，也叫姥姥节。这天，小孩子们是最快乐的，他们可以尽情地玩耍，吃自己最爱吃的食品，还会得到许多好玩的玩具。青年男女除夕守岁一过子时，就成群结伙地去挑水，然后用清澈的水泡米糖水。大家争相饮用，以期待新一年里生活如糖似蜜、幸福美满。

满族同胞的年饭尤为讲究，年三十的家宴十分隆重。家家户户的主食有用糯米粉或面粉包制的饺子、豆包等，还有用高粱米、小米做最具有特色的食品饽饽。饽饽的品种很多，因季节不同，制作方法也不同。

春节时，多做豆面饽饽，把大黄米、小米磨成面，加上豆面蒸制而成，其色黄、味香，食用时用油煎或蘸糖，香甜适口。另外，传统年菜有鲜美的血肠、煮白肉及别具一格的酸菜汆白肉，而象征喜庆有余的鱼菜更是不可少。子时还要吃一顿送旧迎新的鲜肉水饺。

居住在内蒙古呼伦贝尔盟和黑龙江省的鄂伦春族人，以农历春节为新年。人们把各种捕获的野兽和活鱼做成美味佳肴。除夕时，全家共吃年夜饭，围坐烤火守岁。半夜时，要拿一个桦木盒，一边模仿着马叫声，一边围绕马厩走几圈，祈求明年自己的马能繁衍兴旺。初一清晨，人们互相拜年，还举行跳舞、赛马等活动。

侗族人在大年初一清早，要从塘里弄上几条又大又肥的鲤鱼，或烧、或煎，做好后摆上餐桌，再加上一盘香气四溢的腌鱼，整桌菜以鱼为主。春节吃鱼预示着新一年吉庆有余、五谷丰登、余钱余粮、丰衣足食、美满幸福。

"阿聂节"即春节，是达斡尔族最隆重的节日。除夕达斡尔人称为"布通"。人们打扫卫生、贴春联，晚上全家围坐在一起吃团圆饭——手抓肉。他们还在门前点燃一堆干牛粪，意为迎接财神的降临。老人们向火堆里扔些食物，求神灵保佑平安，还守通宵，清晨初一再向天神烧香磕头。

二、福州小吃文章多

【光饼吃出乡土情】

光饼是福州传统地方小吃。它的原料仅为面粉、碱面、盐巴，另加一点芝麻，形状如银元般大。虽与抹了油加了调料的北京麻酱烧饼、江苏黄桥烧饼、四川油酥锅盔相比，既无层次，又没味道，但是，你也不可小觑它，这光饼还是大有来头的。

据福州府志记载：明嘉靖四十二年（公元 1563 年），民族英雄戚继光率军入闽追歼倭寇，不想连日阴雨，军中不能举灶，戚继光便下令用面粉烤制一种最简单的小饼，用麻绳串起挂在将士身上充作干粮，大大方便了作战歼敌。后人感念戚公，便把这种小饼叫作"光饼"，随之其流入民间，不但普遍食用，还成为祭祀神灵祖先必备的供品。

不过，在福州，人们通常把饼面没有芝麻的叫"光饼"，有芝麻的叫"福清饼"。但在福州所辖的福清市，人们则把饼面有芝麻的叫"光饼"。要论"津津有味"，还是福清人做的光饼略胜一筹，更有代表性。

从前，福州人做光饼一向用木炭烘炉，现在为图省事，多半改用电烘箱烤了。而福清人做光饼，却另有自己的一套，不但新奇，而且有趣，夸张点说，简直可称之为融音乐与舞蹈为一体的劳动艺术。他们烤光饼用的是一口高近 2 米、直径约有 1 米、竖在地上外裹黄泥的大缸。先用成捆的松枝在缸内点起冲天大火把缸壁烧"白"，缸底只剩余烬，然后把做好的饼坯由两人合作伸手入缸飞快准确地贴在缸壁之上，若是慢一点，那光着的手臂就要被烤出泡来。由于烤光饼时面对着的是一只大火缸，所以不分冬夏两人都赤膊上阵。他们一个递坯，一个接坯贴坯，身子一伸一欠、一俯一仰、动作敏捷、配合默契，再加上噼噼啪啪的贴饼声，仿佛用打击乐伴奏，节奏感十分强烈。不消 10 分钟，几百只光饼便全部贴完，然后再用木柴烧成的炭火慢慢把饼烤熟，真是叫人大开眼界。这种大缸里烤出来的光饼，只只金黄、十分香脆。外乡人吃光饼可吃出一个新鲜感，如果本乡人吃光饼，定然还可吃出一个浓浓的乡土情。

福州卖光饼的小店都是门市和作坊混在一起，福清的光饼却是做好批发给小贩去卖。所以，在福清，沿街随处可见卖光饼的小摊，那小摊上黄灿灿的光饼堆如小山，倒成了福清的街头一景。

过去，光饼都是百姓吃用，登不得大雅之堂。可能是风水轮流转，如今福州的大酒楼、大酒店也把光饼切开，夹上糟肉、粉蒸肉、雪里蕻、苔菜，浇点醋蒜汁，当作酒席上的一道特色点心。谁也不曾想到，光饼还有今日这等风光。

【"土"味也讨人喜欢】

在福州的 200 余种地方小吃中，咸味的占了绝大多数。除了上述的数样，较有特色又广受百姓欢迎的还有蛎饼、虾酥、芋米果等。

蛎饼是用大米和黄豆（占 1/3）磨浆，包以鲜海蛎、猪肉、香葱、紫菜做成的馅料油炸而成。虾酥也用同样的米浆添上一点香葱做成茶杯口大小的环状，再嵌两三只鲜虾，放入油锅炸熟炸酥。芋米果则用纯米浆和芋头加盐，蒸熟成糕，再切成三角状，放入油锅去炸。这些咸味小吃虽"土"，吃起来却香味扑鼻，是很刺激食欲的。

福州的甜味地方小吃约有 30 多种，但在外乡人眼中能够称得上与众不同的，倒是芋泥、卷煎、糯米米齐、白丸仔、炒肉糕、肉丸糕这几样了。

芋泥是选上好的槟榔芋，蒸熟去皮搅烂成泥状，加适量的白糖和猪油，装碗蒸透而成。芋泥甜绵爽口、芋香扑鼻，堪称福州甜味小吃中的"状元"。不过，吃芋泥可得小心，如果刚从笼中端出，因面上被薄薄一层猪油覆盖，看似热气全无，若贸然入口，可是会烫嘴的。福州先贤林则徐虎门硝烟的壮举为世人所熟知。福州名小吃"太极芋泥"就因为他的逸事而增色不少。据传，1839 年，林则徐受命为钦差大臣，赴广州禁烟。美、英、俄、德等国的领事为了奚落中国官员，特备冰淇淋作冷餐宴请林则徐，企图让他出丑。在宴席上，初见冰淇淋的林公见其丝丝冒着白气，以为是一道热菜，放在嘴边吹了又吹才送入口中——谁知那冰淇淋却是冰冷的。在座的列强领事们哈哈大笑。不久，林则徐备宴回请。席末，林公上了福州名菜"太极芋泥"。这是用槟榔芋蒸熟后除去皮和筋，压成细泥状，拌上红枣肉、冬瓜条等果料再蒸透取出，加白糖、猪油等拌匀成芋泥，然后再用瓜子仁、樱桃在芋泥上面装饰成太极图案的小吃。才出锅的热芋泥滚烫之至却并不冒热气。外国领事们一见这道菜颜色暗红发亮、油润光滑，犹如双鱼卧伏盘中，色香俱全，却不识其名，便问翻译。来自北方的翻译却也不识这道福州街头巷尾的小吃，灵机一动说这是林公招待的"福州冰淇淋"。领事们迫不及待地想先尝为快，结果可想而知。这则小故事传到民间，更增添了人们对这道美味的"福州冰淇淋"的喜爱。仔细想想，两者的外观还真有几分相似。

卷煎是用蒸熟的糯米饭拌上白糖、瓜仁、葡萄干等作馅，外裹豆腐皮卷成筒状，然后切段在锅里煎热吃的，"卷煎"的名字也由此而来。

糯米米齐用大米、糯米各半磨粉作皮，然后包上红糖拌糯米饭做的馅，放在笼里蒸熟即可。

白丸子、炒肉糕更简单，前者是把糯米粉掺水揉搓成筷子粗的细条，再用手捏成小粒晾干，要吃的时候放在沸水中煮熟加糖便成。后者是把薯粉冲成藕粉状，加点白糖和肥肉丁，放在锅里凝成嗜喱状，装碗切块热吃冷吃均可。

做肉丸糕便要复杂一点。取白芋头擦丝，配上薯粉、红糖和少许肥肉丁、酱油、精盐、五香粉，搅匀揉成面团状，底铺荷叶，上覆豆腐皮，入笼旺火蒸熟，吃时切片油煎。

这几样甜味小吃都是粗饱之食，也都与民俗有关，像糯米米齐便是祭祀鬼神许愿还愿必备的供品。肉丸糕是民间节日传统的风味小吃，特别是腊月新春，肉丸糕就像年糕一样在福州几乎是家家都不可缺少的。炒肉糕要做得好，既需腕力，又要功夫，从前民间初嫁的新娘到婆家下厨的头一件事，便是炒一碗肉糕给公婆，能通过这一道"考试"，做媳妇便合格了。而白丸仔，则为福州郊区著名八百乡亭江镇首创，传说当年那里适逢大旱，谋生不易，做丈夫的只好离乡背井到海外谋生，离别之际，妻子便制了白丸子给丈夫在途中作点心，并赠诗"点点心中血，粒粒似泪珠，郎君铁相忘，此物寓深情"。

南方的小吃多半是在"米"上翻来覆去地做文章，上面所说的多样小吃大体都是如此。要说有什么特别的地方，就是那个浓浓的"土"味，让福州人觉得亲切、外乡人觉得新鲜。

另外，福州地方咸味小吃还有一大特色，便是虾油味，尽管并不是所有的福州咸味小吃都加虾油。

虾油味之所以称为"特色"，是因为福州很有特色的咸味小吃，若不加虾油做调料，就吃不出一个"颊齿留香、回味无穷"的感觉。像鼎边糊、太平燕、鱼丸汤、煮粉干都要加点虾油，方能吃出一个诱人的"清香"。如果把虾油换成酱油（生抽），鼎边糊、太平燕、鱼丸汤就会变得汤混味浊，煮粉干也会色黯味酸。还有，虾酥、芋米果若沾一点虾油吃，那油渍味便会减去不少，变得清香爽口。所以尽管许多人一向不喜欢吃虾油，但对鼎边糊、太平燕、鱼丸汤一类的小吃放虾油，还是认可的。可以说福州的不少咸味小吃，如果没有虾油调味，就无法展现它那与众不同的风味。

当然，单以"味"来说福州小吃，未免以偏概全，但事实确实如此，也无可奈何。

【糟菜粉干有文章】

糟菜和粉干在南中国的山区虽是极普通的两样食品，但福州市所辖的闽清县，用糟菜煮粉干却是一道烩炙人口的名吃，甚至在东南亚的华人圈里也享有盛名。

糟菜许多地方都产，不止闽清一地，何以闽清的糟菜得以扬名？这便有赖于县城西五里的洋头村了。这村子处于梅浉岸边的冲积带，水好土好，加上背倚大山，芥菜田每日只得上午半天日照，种出的芥菜便特肥、特"甘"。取这样的芥菜晒至半干，拌上红酒糟和食盐，放入瓮中腌三五个月，便成糟菜。除了带有甘酸的鲜味，还伴有一股淡淡的酒香，这特色是别处产的糟菜所不及的。

闽清塔庄乡的茶口村所产的粉干也是极有名的。之所以有名，全赖水好、米好，加之磨浆细，加工出来的粉干韧性好、有咬好，而最大的特色是它"吃味"，不似别处的粉干口感那么淡寡。糟菜加几条泥鳅煮茶口粉干是小吃店的名吃，也是闽清人的家常便饭，尤其在中秋节，是家家餐桌必不可少的一道美食。

半山区的闽清既有梅溪，又傍闽江。虽然不产游水海鲜，但产游水河鲜。江河里捕钓的梅鱼、黄甲鱼，肉质可用细嫩甜美四字概括。因是天然生的，数量极少，平时在市场上也是难见到的。取一点糟菜碎丁与鱼清蒸，做糟菜梅鱼或糟菜黄甲鱼，汤味甘酸开胃，别有一番滋味。

糟菜在闽清还有一种吃法，叫"糟菜火工上排（里脊排骨）"。其烹调的方法极为简便，就是以糟菜垫底，压上上排火工（这个词大概是福州人专有专用的，字典上都查不出来，其意是炖、煮时汤水较多）一遍就可。但所用的糟菜不可切碎，而是取茎切成约3厘米大小的薄方块，汤味酸甜不腻，肉味也更显香醇。

糟菜在如今的酒宴上已可作为一碟奉客，而且多半会最先吃光。除了它清纯爽口开胃，糟菜的乡土味也是讨人喜欢的原因之一。

福州的地方小吃，经历了历史的考验与市场的变迁，绵延至今，依然泛香。

20世纪上半叶，福州的地方小吃仍处于鼎盛时期，专营福州小吃的糖粿店可谓星罗棋布，每家经营的小吃品种，均有三四十种，早晚食客盈门，成为福州街头一景。后来由于多种原因，糖粿店方才淡出市场，但地方小吃并未绝迹，仍然在众多小摊小店现身。直至20世纪中期以后，福州地方小吃又大行其道，其中专营小吃的美食园餐厅、安泰楼酒楼堪称翘楚，不但保留了许多名吃，还挖掘整理引进改造了多种风味小吃，竟多达200余种，而经营环境、卫生条件也堪与星级酒店比美。正是："闽都小吃，涛声依旧。"

三、食羊杂谈

羊，祥也，古来就是吉祥的象征。远古时期，人们为了方便狩猎，常截取羊角作为伪装，后演变为一种流行装饰，成为吉祥美好的象征。古器物铭文"吉祥"多作"吉羊"，《汉元嘉刀铭》中曰："宜侯王，大吉羊。"早期的甲骨文中，"美"字系人戴羊角之形，"羊人为美"。在未知甲骨卜辞的时代，许慎等人把"美"会意为"羊"与"大"的组合——"羊大为美"。昌颉先生将羊与鱼合并成"鲜"字，大概又因羊羔肉做汤汁浓味美，乃又造"羹"字，印证出羊美食的源远流长。

羊食百草精华而生，在华南的一些地方，羊被尊为五谷之神。《裴渊广州记》中云："五羊衔谷，萃于楚庭，故图其像为瑞（当时广州属楚）。"说是古时曾有五羊衔谷降临广州，从此广州一带以五羊为祥瑞之兆，后遂以"羊城"为别名，五羊雕塑成为广州城徽。

羊，馐也，国人很早就发现并享用了羊肉的可口味美。商代甲骨卜辞中，许多和"食"有关的字符，如"羞（馐）""羡""善（膳）"等，都是从"羊"演化而来。"馐"在甲骨文中被刻划成人手取羊的象形，本义为人拿羊进献，后引申为一切可口精美的食物。"羡"字从羊从次，在甲骨文里，"次"是人流口水的样子，所以"羡"的本义就是人对羊肉美味的垂涎，后引申为对任何东西的向往。这些都以小见大，反映了自古以来羊在人们心目中是多么美好的一种动物。

"羊在六畜，主给膳也"；"烹羊炮羔"，是中国烹饪的一个传统。远在西周时期，羊肴"炮牂（烤小母羊）"就被列为"八珍"之一，"八珍"中的"捣珍"也要用羊肉来做配头。在饮食上升为政治制度的周代，食肉成为统治阶级的身份象征，上层建筑由"肉食谋之"。羊肉作为地位仅次于牛肉的珍贵肉食，被规定为诸侯这一级别人物的日常正餐。卿、大夫之流平时只能吃猪肉、狗肉，每月初一才能吃上羊肉。羊肉到春秋战国仍是名贵的肴馔，在帝王举行的大宴上，只有最尊贵的客人才有资格享用。战国时曾发生因一杯羊羹亡国的故事：中山国国君举行国宴，席间为宾客分食羊羹。因"羊羹不遍"，司马子期没有得到，一怒之下叛逃楚国，唆使楚王出兵灭掉了中山国。

古代中国短缺经济的大背景使得羊肉在相当长的历史时期内一直远离普通百姓生活，这一状况到汉代才略有改观。据史书载：西汉时羊肉逐渐普及民间，出现了一些著名羊肴，"水煮羊肉"和"烤乳羊"是汉代乡村年节时的美味，"田家作苦，岁时伏腊，烹羊炮羔，斗酒自劳"。当然，这种普及的程度相当有限，仅仅局限于北方乡村的富裕官僚地主之家，一般农民是断不敢奢望"烹羊炮羔，斗酒自劳"的生活的。

南北朝时，北方名士以饮酒食羊为乐事，北魏宗室元晖业，"唯事饮啖，一日三羊"。一个叫毛修之的人因献了一道绝美的羊羹，得宠于北魏太武帝拓跋焘，登上了大官令的高位。在魏晋南北朝民族大融合的背景下，北方食羊肉之风开始南移，羊肉逐渐为南方人所接受。北魏贾思勰的《齐民要术》中，载有"羊盘肠"等羊肴14种。作为民族融合的产物，唐人尤其爱吃羊肉，以羊肉为肉食之首，出现了"过厅羊"等著名羊肴。明代北京的宫廷爱吃烤羊肉，皇室"每遇雪，则暖室赏梅，吃炙羊肉"。到清乾隆年间更发展为"全羊席"，"全羊法有72种"，"一碗一盘，虽全是羊肉，而味、名不同才好"。至民国初，"全羊席"增加到128道，从"麒麟顶"到"水磨羊肉"，将羊肉吃至登峰造极。

汉民族食羊肉，多采用烤、烧、焖、烩、爆等法，讲究烹调技法的多样，菜肴味道的变化倒换之妙。涮羊肉火锅则是北方游牧民族的吃法，其历史久远可上溯至辽代的契丹人。但现代的涮羊肉来自满族，民国时期作家张友鸾在《谈北京菜》一文中指出："涮羊肉所用的火锅，是从东北随着清兵进关的。"17世纪中叶，涮羊肉火锅成为清宫冬令佳肴，清帝常以火锅赐宴群臣。乾隆时，此火锅盛行于南北二京，此后遂大行于天下。

中原食羊肉历史悠久，《周礼》中的"八珍"便以中原风味为基础。宋人《东京梦华录》记载了"排炽羊""入炉羊"等十数种风行于京都开封的羊肴。有学者考证，在宋时，羊肉是中原地区最主要的肉食来源。仅北宋皇室每年就要消费肥羊33000只，"牛羊司每年栈羊三万三千口，委监官拣少嫩栈圈"。

焖是将炒锅置微火上，加盖，利用蒸汽把原料加热至熟的一种烹调方法。在中原烹饪尤其民间烹饪中，"焖"法极为普遍。焖一般分红焖和黄焖，原料用糖色较多、色重者为红焖，原料用酱油少、色浅黄者为黄焖。20世纪90年代，一种将红焖技法和羊肉美味相结合的羊肴新秀——红焖羊肉在中原大地新鲜出炉并一度引领餐饮潮流。

红焖羊肉是源于河南新乡地区的一种焖罐羊肉，后有人将其改为火锅形式。1995年秋冬之交，红焖羊肉以狂潮之热席卷郑州餐饮市场。

红焖羊肉火爆的原因主要在于它的中原特色，在制作上体现了河南菜的三大特色：选料严谨、制汤讲究、火候独到。选用六七公斤之间的豫东小山羊，羊肉取自羊后腿、上脑、三叉等羊身最有营养价值、口感最好的部位。讲究制汤是河南菜的传统，而红焖羊肉最令人垂涎的是老汤鲜香可口、原汁原味，上层晶莹亮泽似琥珀，下层色白如玉赛乳汁，鲜美异常、油而不腻。其根据羊肉的特点，采用多种名贵佐料和中草药料，先大火炒制，再用鱼泡小火焖炖，在焖制过程中不添水、不掀盖，一次焖成，既充分保持了羊肉的本味鲜美，又除去了羊肉的腥膻。如此工序制作出来的红焖羊肉，丰润亮泽、色如琥珀、酥烂味醇、咸淡平和、香气四溢，紧紧抓住了中原人以"咸、香"为基本导向的口味。因此，这朵中原特色浓郁的羊肴奇葩迅速香透黄河两岸。

羊肉富含蛋白质，系瘦肉型食物、甘温暖中，壮阳益肾；羊肝、羊脊骨素有养肝养血之功用，为食疗之佳品。五谷和六畜中，羊与黍早就成为一对相配的食物。

自农业畜牧业分工以后，羊肉就是农业地区普遍的肉食，且吃出了白雪与巴人之分。雅致如涮羊肉，于大雪纷飞之时，邀入清真菜馆，观四壁之眉睫画，闻满堂之羊味，在木炭火锅前就坐，将薄薄的羊肉片拣入滚汤中涮上片刻，和几茎香菜，蘸各色辣酱，其嫩其鲜其辛其暖，入舌入腹，未几遍体热流，直令寒冬失色。南宋林洪的《山家清供》中记录当时涮的羊肉片，"薄如纸、齐如线、美如花"，"入锅即熟、入口即化"，足见此食法雅得久远。

通俗有羊头肉、喝羊汤。北方的羊头肉相当于南方的猪头肉，是低收入者解荤瘾之肴。傍晚时分，街巷传来京味或津腔的叫卖声，"羊头肉喽"，挑夫工匠商贩居民应而购之。卖肉者抽出雪亮的薄刀，横着刀刃将羊脸片得飞薄，然后取一只蒙着纱布的羊角撒上些椒盐，用荷叶一托，奉于购者。买家或以手代箸食之、或就酒而食之，一天劳累便在酣畅的口感和味感中化去。

至于喝羊汤，更是一种大众口味的美食。浮着油花，飘着葱末、芫荽，放了芥末椒面，散发着羊香和热气的羊汤，如乳白、似奶稠，喝上一口，满腮生津。大河上下长城内外，无论村民小吏，抑或车夫旅人，不管春夏秋冬，喝起羊汤来大多兴致勃勃，以为快慰平生。随俗的，在路边寻个街头排档，一碗羊汤两个花卷，上衣一敞，或蹲或坐，喝得有滋有味。讲究的，找个包间，一条毛巾搭背，吃得大汗淋漓。尤其在农村，家里有事了，杀上一头羊，请来村中人，大锅熬汤、大碗同享，把那乡情亲情人情尽化在汤中。

介于雅俗两者之间的，则是长江下游地区常见的家常菜"羊糕"。将羊肉用泡米水浸泡洗净，放葱、姜、胡萝卜，煮烂，拆骨，拌好作料，用原汤"冻"成"糕"。吃时切成片，浇上蒜泥，蘸着辣酱，五味齐全而鲜味独领，老少妇孺咸宜、宴家飨客皆可，巧巧地将一道大众菜做成了精品。

以牧业为主的民族，诸如回、藏、蒙、维吾尔、哈萨克、柯尔克孜、乌兹别克、塔吉克、塔塔尔、东乡等少数民族，惯于以羊肉为主要食物。藏族闻名的"藏北三珍"中，"蘑菇炖羊肉"脍炙人口。现在全国流行的烤羊肉串，并非新疆地区独有，回族地区亦盛行。回族有个"古尔邦节"，是伊斯兰教的第二个隆重节日，又名宰牲节。斯时，有条件的人家都要宰上头把羊，一份馈送亲友，一份扶贫济困，一份做成民族特色的黄焖羊肉、清蒸羊肉、爆三样等肴馔自家食用。汉族厨师分红案、白案，蒙族吃羊肉有白食、红食。"白食"是奶品，奶之佳品名醍醐，就是纯酥油，蒙语叫"夏日陶斯"。将羊奶煮开后放在盆内冷却，待表面凝成奶皮后煎熬滤去渣滓，成为酥油；再经提炼，就成为色泽桔黄油质细腻甘香味美的醍醐了。"红食"是牛、羊、驼肉品。蒙族人喜吃手扒羊肉，尤如维族人喜吃羊肉扒饭；上等的筵席则是"全羊席"。

"全羊席"虽是蒙族的上宴，却非蒙族的专利。孔府家宴的菜谱中早就有了"全羊大菜"，可谓集古代羊肴之萃、展各家烹饪之华。《随园食单》中说全羊菜法有 72 种，可知者不过十八九种而已。《清稗类钞》中记载："全羊席，清江庖人善治羊。如设盛宴，可以羊之全体为之。蒸之、烹之、炮之、炒之、爆之、灼之、炸之；汤也、羹也、膏也；甜也、咸也、辣也、椒盐也，无往而不见羊也。多至七八十品。品各异味。"观其席单所列菜名，更是琳琅满目、意趣横生：一柱朝天香、二郎担山、三娘戴花、四四如意、五花羊肉、六龙摆尾、七星菊花肠、八卦羊肉、百子图、万年书、翡翠肉、玛瑙羹、麒麟送子、狮子滚球、鹿尾珍珠、百鸟朝凤、白猿戏仙桃、青龙凤凰肉等，竟达 132 道。如能将其挖掘整理出来，实乃我辈食客之大幸。

四、赣州风味漫谈

赣州市位于赣江上游，江西省南部，扼赣闽粤湘之要冲。赣州地方风味与南昌风味、鄱阳湖地区风味形成了赣菜绚丽斑斓、多姿多彩的特色。赣州菜在吸收粤、苏、川三大菜系长处的基础上，结合赣州本地的风味特色，逐步形成了制作精细、注重刀工火候、讲究色泽、汁浓芡稠、原汁原味的浓厚地方特点。

1. 选料四季有别，以本地土特产为主

赣州属中亚热带湿润气候，天气暖和、雨量充沛、四季分明，境内既有盛产山珍的丘陵、山脉，又有盛产水产品的章贡两江。优越的自然条件，为赣州菜提供了丰富而优质的烹饪原料。赣州盛产粮、油、蔬、果、菌，四季时鲜源源不断，家畜、家禽、水产品、山珍野味，品质优良、品种繁多。有驰名中外的南安板鸭，享有金狮鲤之称的兴国红鲤鱼，极富营养价值的甲鱼，色艳白质脆嫩的信丰香干萝卜干，龙南的黄金条，酱香味浓、甜辣适口、酱红油光、入口起沙、开胃助食、耐久贮藏的南康辣椒酱，异香浓郁、味鲜而香的安远、崇义、龙南、定南等地的香菇，崇义的玉兰片和笋干，赣县的珍珠粉、宁都肉撮、于都柿饼、会昌粉丝、兴国鱼丝等。蔬菜品种也是丰富多彩，随着时令季节的不同，都有不同的新鲜蔬菜上市。

2. 讲究原汁原味，味鲜香咸辣适中

赣州菜最擅长又能显现其特色的技法是烧、焖、炖、炒等烹调方法。烧主要是用鸡、鱼或肉等为主料，先分别以煸、蒸、炸等方法处理后，加汤汁，用中小火烧透，旺火短时间收汁而成，这种方法具有味浓入内的作用，广泛用于海参眉毛肉丸、红烧蹄筋等名肴；焖是将所用的原料按烹调的不同要求切成块状，通过油炸或煸炒后，加入调料盖上锅盖先旺火烧开后微火焖至酥烂的技法，如生煎鸭等；炖法能保持原汁原味，如久负盛名的三杯鸡等；蒸主要用于兴国粉蒸菜、清蒸红鲤鱼等；炒菜注重鲜嫩淡雅，如赣州小炒鱼。

赣州厨师能充分、巧妙地运用调味料，在烹制小炒鱼、三杯鸡中可见一斑。烹制小炒鱼在起锅前，用醋调入湿淀粉中勾芡，随着醋的烹入，不仅可以增加香、鲜味，还能除去鱼腥味。讲究原汁原味的三杯鸡，其烹制一是通过鸡自身的鲜味互相渗透，二是辅以适当的调料（一杯茶油、一杯米酒、一杯酱油）来突出鸡的本味。在沙钵炭火焖制过程中，鸡肉中的蛋白质溶解在脂肪里，加热后的脂肪又扩散渗透到蛋白质中去，再加上三杯调料的作用，既达到除去腥味、突出鲜味、增加滋味的目的，又使鸡本身的香鲜味得到充分的发挥，可谓利用调味品的特殊成分及相互作用，经过调和加热达到和合之妙。

3. 名菜佳肴众多，趣闻逸事饶有兴趣

"小炒鱼"是明代凌厨子首创的地方风味，曾得到王阳明的赞赏。王阳明在赣州任巡抚时，曾聘凌厨子掌勺。凌厨子得知他爱吃鱼，为了显示自己的烹饪技艺，经常变换鱼的做法和口味。有一次凌厨子炒鱼时放了醋（赣州人称醋为小酒），做出的菜别具风味。王阳明吃后十分欣赏，问凌厨子这道菜叫什么名字，凌厨子急中生智，心想既是小酒炒鱼，便随口应道："小炒鱼。"王阳明连连称妙。这道菜因此得名，流传至今。

兴国的粉蒸菜是兴国县民间招待客人、逢年过节必备的菜，其用料广泛、品种繁多，其中最有名的要数"四星望月"了。说它有名，不但菜的色、香、味好，而且菜名也颇有来历，郭沫若生前曾称它是"天下第一菜"。据说1929年4月，毛泽东从井冈山率红军来到兴国县城，当时的兴国县委领导人陈奇涵等便用客家传统菜"蒸笼粉鱼"招待毛泽东。那晚，毛泽东在桌边坐定，见桌上油炸花生米、竹笋炒肉等四碟小菜围着一个竹蒸笼，颇感诧异地揭开一看，才明白原来是一道菜。那又鲜又香又辣的粉菜很合他嗜辣的口味，于是他兴趣盎然地取名为"四星望月"。据说，毛泽东一生亲自为一道菜取名仅此一回。如今，随着市场经济的快速发展，"四星望月"不但沿京九铁路走遍内陆各大城市，还由兴国侨胞带到新加坡等地。

赣州地方风味之所以在赣菜中能够自成一格，并长盛不衰，首先是因为它有独特的风味、鲜明的个性，为赣州人民普遍喜爱。其次是历代厨师的辛勤劳动、师承前贤的烹饪技艺、矢志不渝的开拓创新，在保持传统风味的基础上不断提高和发展的结果。

五、颖州怪吃

颖州即现在的阜阳市，地处皖西北部，与河南为邻，历史上因地瘠人稠、洪灾濒仍、匪患不绝，史载人物文治武功均无有大建树者。文化积淀浅薄，其饮食文化亦然，鲜有特色可言，但却有几样怪吃，形式怪异、风味独特、值得一提。

其一，格拉条。格拉条是一种类似面条的面食，其名称由来无可考证。其怪：一是形状怪，形如豆粗的钢丝，长达几米；二是制作方法怪，制作格拉条要有一套特制的工具，包括一个千斤顶、一个活塞、一个底部带眼的缸筒和一组杠杆。面师将事先调制好的面团置入缸筒之中，放上活塞用力按压千斤顶的把手，使劲挤压面团，面团便被挤成条状，从缸筒的底部流出。格拉条因此又称作高压面。面条被压出后，落入大锅之中，大锅置于火炉上，锅内开水滚烫，面条落水即熟，熟后捞出，放入大海碗中拌以香菜、豆芽、韭黄、芝麻酱、辣椒油，即可食用。其味香辣可口、柔韧筋道、愈嚼愈香。

格拉条是一种贫穷的记忆，其制作工具的发明折射出每一种饮食工具的出现都不是偶然的，都有着一定的历史背景。格拉条食具的发明是被逼出来的，是一种不得已而为之的办法。贫穷时期，颖州人缺少细糖白面，五谷杂粮也很难得，长年以红芋面充饥，想改改口味。可做一顿面条也是难事，因为红芋面黏性太差，无法擀成面条，聪明人便利用机械原理想出了这一绝招。格拉条盛行之初，食者也多为基层市民，街头提车扛活、进城打工的民工，因为其价格便宜，又特别挡饿，一块钱一大碗即可吃饱。后来大为流行，连普通市民、上班一族也竞相食之，形成一道独特的风景：每天早晨，在卖格拉条的面馆和小摊前都能看到排队购食的人群。

格拉条最具吸引力之处是拌面用的辣椒油，颜色鲜红、奇辣无比，常常吃得人们满头冒汗，但入口却余香不绝、令人回味。这种独一无二的辣椒油，真不知面师是如何配制而成的。格拉条质量的好坏、能否吸引食客，也全在辣椒油上，辣椒油愈辣愈香者生意愈好。有几家经营较好的格拉条面馆，生意十分火爆，据说其纯利远远超过中等规模的饭馆。

其二，枕头馍。枕头馍是一种蒸馍，因其形状大小仿若枕头而得名。一个枕头馍通常重三四公斤，最大者可达 6 公斤，可能是馍类中个头儿最大的，称其为馍王也不过分。枕头馍是一种发面蒸馍，因其个头儿特大，制作工艺自然也与一般发面馍有所不同，其独特之处是格外强调揉面和用火两个环节。经营枕头馍者家里都备有特大面笸箩和特大铁锅，口径均可达 1.2 米。面师一次蒸馍要用面 50 余公斤，面团更重达百余公斤。面师要借用木杠搅动面团，反复搓揉，把面团搓揉到一定程度，方卷成枕头形，放入大锅之中，用文火慢蒸。蒸熟之后，整个大馍面皮白净、暄鼓饱满、滋味香甜、口感筋道。大馍紧贴靠锅壁一面，焦黄酥脆、味道更佳。枕头馍还有一个特点就是可以长时间储存，由于枕头馍是用文火蒸成，水分很少，故可存放月余而不变质。

枕头馍是一种战乱的记忆，它的发明也折射出一定的历史背景。枕头馍也是被逼出来的，是颍州人躲避战乱、抗击外敌、抵御入侵的例证。据说颍州匪患严重，搅得民众难以安身，常年处于流离失所、四处逃难的状态之中。为解决路途干粮问题，他们就将馍做得很大，以便携带。后来这种办法在南宋年间为宋军用于抗敌，以至留下佳话，流传至今。宋朝名将刘锜就是颍州人，他为抵抗金军入侵，曾在顺昌（颍州古名）设下防线，与金军太子金兀术对阵。为了备战，刘锜命和右府准备足够的粮草，顺昌百姓则蒸出大馍送到前线。由于馍奇大，又耐储存，既解决了将士的干粮问题，也可在睡觉时枕于头下作枕头之用，甚至上阵之时还可作为盾牌，抵御金兵刀枪。刘锜在百姓的支持下，取得顺昌大捷，枕头馍的功劳自然也被载入史册，流传至今，可谓古代战备食品的一个例证。

其三，鸡蛋卷馍。鸡蛋卷馍是一种街头小吃。经营者担挑摆摊叫卖，在热闹处支起小摊，摊上置一火锅，锅内盛有卤汤，汤中煮有面筋、绿豆芽、鸡蛋、鹌鹑蛋等熟食，火锅旁有一个食盒，盒中放有直径15厘米左右的薄烙饼以及油盐酱醋等调料瓶，以待食者。遇有购买者，经营者即熟练地将烙饼叠起，卷上面筋、绿豆芽、鸡蛋、鹌鹑蛋等熟食，撒上香菜、荆芥、韭黄，浇上蒜泥、辣椒油，即可食用。味道鲜美、香辣俱全。

卷馍也是一种时代的记忆，折射出了食品鲜明的时代特征。此种小食品历史不长，也不知源头所来，但发展势头迅猛，几乎在一夜间流行开来，看起来令人不可思议，实则不难理解。因为它既具有中国传统食品的风味，又具有西方快餐的特性，正好迎合了现代人日益加快的生活节奏。赶时间上班的人们，一元钱一分钟，一边赶路一边就可解决早餐的问题，当然受到人们的欢迎。

卷馍很快流行起来，还有一个原因：那就是它不失为一个谋生的小门路，可解决下岗工人的谋生难题。颍州街头卖卷馍者多为下岗工人，其中有名远播者即是一位下岗女工。她下岗之后不消沉、不气馁，担起挑子卖起卷馍，不仅摆脱了家庭困境，据说还因此发了财致了富，买下了一栋面积不小的楼房。从此一事，可以看出小小食品的潜在价值，若是人们注重挖掘、大加鼓励、多加宣传，小小食品也是大有文章可做的。目前饮食行业已引起了人们的高度重视，但却停留在高层次的宣传和运作之中，动辄集团经营、打造名牌，投资皆是天文数字，而恰恰忽略了小食品的潜力，这是一个很值得思考的问题。

六、闲话中秋与饮食

中秋节是我国的传统佳节。根据史籍的记载："中秋"一词最早出现在《周礼》一书中。到魏晋时，有"谕尚书镇牛淆，中秋夕与左右微服泛江"的记载。直到唐朝初年，中秋节才成为固定的节日。《唐书·太宗记》中记载有"八月十五中秋节"。中秋节的盛行始于宋朝，至明清时已与元旦齐名，成为我国的主要节日之一，也是我国仅次于春节的第二大传统节日。

根据我国的历法，农历八月在秋季中间，为秋季的第二个月，称为"仲秋"；而八月十五又在"仲秋"之中，所以称"中秋"。中秋节有许多别称：因节期在八月十五，所以称"八月节""八月半"；因中秋节的主要活动都是围绕"月"进行的，所以又俗称"月节""月夕"；中秋节月亮圆满，象征团圆，因而又叫"团圆节"。在唐朝，中秋节还被称为"端正月"。关于"团圆节"的记载最早见于明代。《西湖游览志余》中说："八月十五谓中秋，民间以月饼相送，取团圆之意。"《帝京景物略》中也说："八月十五祭月，其饼必圆，分瓜必牙错，瓣刻如莲花。……其有妇归宁者，是日必返夫家，曰团圆节也。"中秋晚上，我国大部分地区还有烙"团圆"的习俗，即烙一种象征团圆、类似月饼的小饼子，饼内包糖、芝麻、桂花和蔬菜等，外压月亮、桂树、兔子等图案。祭月之后，由家中长者将饼按人数分切成块，每人一块，如有人不在家就为其留下一份，表示合家团圆。

中秋节时，云稀雾少，月光皎洁明亮，民间除了要举行赏月、祭月、吃月饼祝福团圆等一系列活动，有些地方还有舞草龙、砌宝塔等活动。除月饼外，各种时令鲜果干果也是中秋夜的美食。

中秋节起源的另一个说法是：农历八月十五这一天恰好是稻子成熟的时刻，各家都拜土地神，中秋可能就是秋报的遗俗。

除上述说法以外，关于中秋起源的传说也有很多：

1. 中秋传说之一——嫦娥奔月

相传远古时候天上有 10 个太阳同时出现，晒得庄稼枯死，民不聊生。一个名叫后羿的英雄，力大无穷。他同情受苦的百姓，登上昆仑山顶，运足神力，拉开神弓，一气射下 9 个太阳，并严令最后一个太阳按时起落，为民造福。

后羿因此受到百姓的尊敬和爱戴，还娶了个美丽善良的妻子，名叫嫦娥。后羿除传艺狩猎外，终日和妻子在一起，人们都羡慕这对郎才女貌的恩爱夫妻。不少志士慕名前来拜后羿学艺，心术不正的蓬蒙也混了进来。

一天，后羿到昆仑山访友求道，巧遇由此经过的王母娘娘，便向王母求得一包不死药，据说服下此药能即刻升天成仙。然而，后羿舍不得撇下妻子，就暂时把不死药交给嫦娥珍藏。嫦娥将药藏进梳妆台的百宝匣里，不料被小人蓬蒙看见了，他想偷吃不死药自己成仙。

三天后，后羿率众徒外出狩猎，心怀鬼胎的蓬蒙假装生病，留了下来。待后羿率众人走后不久，蓬蒙手持宝剑闯入内宅后院，威逼嫦娥交出不死药。嫦娥知道自己不是蓬蒙的对手，危急之时她当机立断，转身打开百宝匣，拿出不死药一口吞了下去。嫦娥吞下药后，身子立时飘离地面，冲出窗口，向天上飞去。由于嫦娥牵挂着丈夫，便飞落到离人间最近的月亮上成了仙。

傍晚，后羿回到家，侍女们哭诉了白天发生的事。后羿既惊又怒，抽剑去杀恶徒，可蓬蒙早就逃走了，后羿气得捶胸顿足，悲痛欲绝，仰望着夜空呼唤爱妻的名字。这时他惊奇地发现，今天的月亮格外皎洁明亮，而且有个晃动的身影酷似嫦娥。他拼命朝月亮追去，可是他追三步，月亮退三步，他退三步，月亮进三步，无论怎样也追不到跟前。

后羿无可奈何，又思念妻子，只好派人到嫦娥喜爱的后花园里摆上香案，放上她平时最爱吃的蜜食鲜果，遥祭在月宫里眷恋着自己的嫦娥。百姓们闻知嫦娥奔月成仙的消息后，纷纷在月下摆设香案，向善良的嫦娥祈求吉祥平安。

从此，中秋节拜月的风俗就在民间传开了。

2. 中秋传说之二——吴刚折桂

关于中秋节还有一个传说：相传月亮上的广寒宫前的桂树生长繁茂，有500多丈高，下边有一个人常年砍伐它，但是每次砍下去之后，被砍的地方又立即合拢了。几千年来，就这样随砍随合，这棵桂树永远也不能被砍光。据说这个砍树的人名叫吴刚，是汉朝西河人，曾跟随仙人修道，到了天界。但是他犯了错误，仙人就把他贬谪到月宫，日日做这种徒劳无功的苦差使，以示惩处。李白诗中就有"欲斫月中桂，持为寒者薪"的记载。

3. 中秋传说之三——朱元璋与月饼起义

中秋节吃月饼相传始于元代。当时，中原广大人民不堪忍受元朝统治阶级的残酷统治，纷纷起义抗元。朱元璋联合各路反抗力量准备起义。但朝庭官兵搜查得十分严密，传递消息十分困难。军师刘伯温便想出一个计策，命令属下把写有"八月十五夜起义"的纸条藏入饼子里面，再派人分头传送到各地起义军中，通知他们在八月十五日晚上起义响应。到了起义的那天，各路义军一齐响应，起义军如星火燎原。

很快，徐达就攻下元大都，起义成功了。消息传来，朱元璋高兴得连忙传下口谕，在即将来临的中秋节让全体将士与民同乐，并将当年起兵时以秘密传递信息的"月饼"作为节令糕点赏赐群臣。此后，"月饼"制作越发精细，品种更多，大者如圆盘，成为馈赠的佳品，中秋节吃月饼的习俗也在民间流传开来。

八月十五中秋佳节，正是春华秋实、一年辛勤劳动结出丰硕果实的季节。届时家家都要置办佳肴美酒，怀着丰收的喜悦欢度佳节，从而形成我国丰富多彩的中秋饮食风俗。

"中秋佳节吃月饼"，是我国流传已久的传统风俗。每当风清月朗、桂香沁人之际，家家尝月饼、赏月亮，喜庆团圆，别有风味。

月饼作为一种形如圆月、内含佳馅的食品，在北宋时期就已出现。诗人兼品味家的苏东坡就有"小饼如嚼月，中有酥和饴"的诗句。而作为一种食品称为"月饼"，则始见于南宋的《武林旧事·蒸作饮食》。当时，杭州民间就有"又月饼相馈，取中秋团圆之意"。到了元朝末年，月饼已成为中秋节日美点。

我国云南的仫佬族乡亲都要在八月十五这天买饼子、杀鸭子，欢度这个传统节日。

传说从前仫佬人居住的地方山好水好、四季如春，村村六畜兴旺、年年五谷丰登。可是有一年，突然来了"番鬼佬"，到处杀人放火、抢劫奸淫，害得仫佬日夜不宁。村中有对卖糖夫妇和其子，决心带头反抗。他们想了一个计谋：以游村卖糖来串联村民，在八月十五晚上一齐动手杀番鬼佬。果然大部分"番鬼佬"被打死，一部分跳到河里都变成了鸭子。仫佬人就把鸭子捉回村，杀掉当作庆祝胜利的美餐。从此，仫佬人为了纪念卖糖佬一家三人，每年八月十五，家家户户都要买饼子、杀鸭子，以此教育后代不要忘记反抗侵略的斗争。

至于中秋食田螺，则在清咸丰年间的《顺德县志》中有记："八月望日，尚芋食螺。"民间认为，中秋田螺可以明目。据分析，螺肉营养丰富，而所含的维生素 A 又是眼睛视色素的重要物质。食田螺可明目，言之成理。但为什么一定要在中秋节特别热衷于食之。有人指出，中秋前后，是田螺空怀的时候，腹内无小螺，因此肉质特别肥美，是食口螺的最佳时节。如今在广州民间，不少家庭在中秋期间，都有炒田螺的习惯。

而中秋食芋头则寓意辟邪消灾，并有表示不信邪之意。清乾隆时期的《潮州府志》中曰："中秋玩月，剥芋头食之，谓之剥鬼皮。"剥鬼而食之，大有钟馗驱鬼的气概，可敬。

每逢中秋之夜，人们还会仰望着月中丹桂，闻着阵阵桂香，喝一杯桂花蜜酒，欢庆合家、甜甜蜜蜜、欢聚一堂，已成为节日的一种美的享受。

桂花不仅可供观赏，而且还有食用价值。屈原的《九歌》中便有"援骥斗兮酌桂浆""奠桂酒兮椒浆"的诗句，可见我国饮桂花酿酒的年代已是相当久远了。

七、燕赵佳馔烧南北

竹笋乃是中国烹饪经常应用的材料之一，既可以做主料，炒、煮、焖、烩、烧均为美馔；又可做配料，与鸡、鱼、肉、蛋为伍皆生鲜香。自古至今它都得到人们的盛赞美誉。张衡的《南都赋》中有"春卵夏笋，秋韭冬菁"之说；李渔称其为"蔬食中第一品也"；在《随息居饮食谱》中称其为"味冠素食"。

口蘑则以味道异常鲜美、香气浓郁而誉满天下。20世纪50年代，郭沫若到张家口曾赋诗称赞："口蘑之名满天下。"口蘑入馔，可做主料单用，也可做配料，并常常作为增鲜料广泛用于各种菜肴的烹制。竹笋和口蘑，如果将这两样相配入馔，应当称得上是佳偶绝配了。

河北张家口市一道传统风味菜肴烧南北便是此二者的珠联璧合之作。烧南北是以塞北口蘑和江南竹笋为主料，将这两种材料切成薄片，油锅烧热，以旺火煸炒，佐以调料和鲜汤，烧开后入湿淀粉勾芡，淋上鸡油即成。此菜色泽银红、鲜美爽口、香味馥郁。

在我国民间，竹笋有"玉兰片"的雅称，主要出产于浙江、江西、湖南等地。玉兰片雅称的由来还有一个传说。唐代名将郭子仪的后代郭信家在湖南益阳，其从军后在历次征战中表现勇敢，立下了许多功劳，被朝廷封为兵部侍郎。郭信家中的妻子名叫玉兰，美丽贤惠，两人感情深厚。郭信赴京上任，玉兰独自留在家中照顾郭信年迈的双亲。夫妻二人平时不能相见，玉兰常托人给郭信带去些家乡特产，以示对丈夫的思念之情。有一年，益阳的竹笋丰收，玉兰将竹笋晒制成笋干，托人捎到京城。郭信用其煮食烧汤，深感滋味鲜美，便将此菜献给皇帝。皇帝食用之后连连夸赞，向郭信询问菜名。郭信回禀："此乃家乡所产竹笋，为臣妻玉兰亲手所制。"皇帝说："那就叫玉兰片吧。"从此，"玉兰片"这一雅称便流传下来。

口蘑是河北省的著名特产，口蘑之称大约出现于清初。当时草原蘑菇作为商品集散于张家口一带，故称口蘑。口蘑肉质肥厚、鲜香爽口，是食用菌中之佳品，向有"素中之肉"的美称。关于口蘑之香，张家口还流传着一个神奇的传说：从前有一位商人带着大量上等口蘑，由天津出发沿水路南行。船过之处，蘑香四溢，引来成群结队的鱼虾尾随。船上的人既惊讶又害怕，担心有翻船的危险，纷纷央求口蘑商扔掉口蘑。他没办法，只好打开箱子把口蘑全部抛入水中，鱼群也追随漂流的口蘑四散而去。事后，口蘑商将鱼群围船、口蘑解围之事四处讲说，人们便争相购买他的口蘑，口蘑商借此发了一笔大财。

人们虽然都知道玉兰片和口蘑的鲜美，但从来是单独烹制，或用于给其他菜做辅料。那么，烧南北这道菜又是怎么来的呢？据说，这道菜的发明纯属偶然。厨师在将烧口蘑与烧玉兰片回锅加热时，不当心把它们烩入了一锅，尝过后觉得非常好吃，风味独特而且菜色鲜艳，于是将其正式列入菜谱。烧南北的妙处就在于：食客们只要品此一菜，就能饱尝大江南北两大名味，所以人们称赞它是"美肴佳馔一盘，江南塞北二味"。

八、话"锤"

"锤"是中国古代一种著名的面点。但是，它究竟是什么样的品种，今人已不甚了解。

关于"锤"，古代存在两种说法：一种说蒸饼。梁·顾野王的《玉篇》："蜀人呼蒸饼为锤。"在唐·韦巨源的《烧尾宴食单》中记有"金粟平锤"，古人加注"鱼子"二字，估计这也是一种蒸饼，因饼面上铺有鱼子，故蒸熟之后鱼子呈金黄色，像粟子一样，也就称为"金粟平锤"了。一般说来，蒸饼类似如今馒头类面食，"金粟平锤"中特意加一"平"字，则透露这一蒸饼是扁平（有一定厚度）状的，可以独自成块，也可以由大块改切成小块，像当今市场上所售的切糕一样。此外，韦巨源的《烧尾宴食单》中还有一"火焰盏口䭔"，古人的注解是"上言花，下言体"。这似乎是在"䭔"的本"体"上缀有"火焰"般"花"饰的一种蒸饼了，莫非是"裱花蛋糕"式的品种？倘若是，则"裱花蛋糕"是我们中国人自己的发明抑或是西方传来的就有待于进一步考证了。现有资料太简单，尚不能由此下准确的判断。

关于"䭔"的第二种说法是类元宵。据敦煌文献中王梵志逸诗："贪他油煮䭔，爱若波罗蜜"，则"䭔"是要油炸的。至于油炸的"䭔"为何种形状呢？这从唐代的《卢氏杂说》中所载的《尚食令》一文中可以看出，文中记述了一位"尚食局造䭔子手"为帮助过自己的冯给事献艺的故事：

（冯给事）曰："来日当奉候。然欲相访，要何物?"（䭔子手）曰："要大台盘一只，木楔子三五十枚，及油铛、炭火、好麻油一二斗，南枣烂面少许。"给事素精于饮馔，归宅便令排比，仍垂帘，家口同观之。

至日初出，果秉简而入。坐饮茶一瓯，便起，出厅。脱衫靴，带小帽，青半肩，三幅袴，锦臂韝。逐四面看台盘，有不平处，以一楔填之，后其平正，然后取油铛烂面等调停，袜肚中取出银盒一枚，银篦子银笊篱各一。候油煎熟，于盒中取䭔子馇（按即馅）以手于烂面中团之。五指间各有面透出，以篦子刮却，便置䭔子于铛中。候熟，以笊篱漉出，以新汲水中良久，却投油铛中，三五沸取出，抛台盘上，旋转不定，以太圆故也。其味脆美，不可名状。

从这则故事可以看出，"造䭔子手"制作的正是一种包裹馅心的用麻油煎炸而成的圆形面点，类似后代的油炸元宵。此外，从造䭔用的工具、原料及制作过程来看，当时的造䭔技术已经相当成熟。否则，宫中"尚食局"里也不会有专门制作䭔的人员了。

唐宋之时，"䭔"在民间风行起来，且是正月十五日上元节的节日食品。如陶谷的《清异录》中所记汴京"张手美家"所卖的节日面点中就有"上元油䭔"。另据宋陈元靓的《岁时广记》十一引《岁时杂记》中记："上元节食焦䭔，最盛且久。又大者名栢头焦䭔。装缀梅红缕金小谓之"䭔鼓"。又如孟元老的《东京梦华录》中记道："䭔以竹架子出青伞上。装缀梅红缕金小灯笼子，架子前后，亦设灯笼，敲鼓应拍，团团转走，谓之打旋罗。街巷处处有之。"这儿，焦䭔——油炸圆宵似乎成了"杂耍"的道具，用来吸引游人了。

“缒”这一词语在宋朝以后较少出现，但广东地区却在春节之时流行一种叫“煎堆”的食品。明末清初人屈大均在《广东新语》中记道：“广州之俗，岁终，以烈火爆开糯谷，名曰炮谷，以为煎堆心馅。煎堆者，以糯粉为大小圆，入油煎之。以祀先及馈亲友也。”这里的“堆”实即“缒”的同音替代，煎堆其实就是油缒。

广东之外，苏州也有类似叫法。清代顾禄所撰的《清嘉录》卷一“正月”条记道：“上元，市人簸米粉为丸，曰圆子。用粉下酵，裹馅，制如饼式，油煎，曰‘油缒’，为居民祀神，享先节物。”

值得一提的是，“缒”在古代还传到了日本。日本人把从中国传过去的点心叫“唐菓子”。据有关记载，日本人的祭祀、飨宴都少了不唐菓子。在奈良春日神社的八种“唐菓子”供品中，就有和粘粘脐、饆饠、团喜等面点列在一起的“缒子”。

九、话说甘当配角的腌菜

在人们的生活中，随处可见“配”的广泛应用。中药讲究相互配伍，化学制品、冶金产品讲配方，戏剧、电影也有配合主角演戏的配角，连红花也得绿叶来作配，绿叶就起衬托、陪衬的配角作用。

烹饪也不例外。很多好吃好看的菜也需要辅料这个配角来辅佐、配合、陪衬主料这个主角，方能达到和谐、完美的境界。

中国烹饪历来讲究荤素配合、时令配合、性味配合。仅是荤素配合的制菜，就常见于古食经与当今各地的菜谱。这样配合不仅是为了提高菜肴的质、量、色、味、形，更重要的乃是追求最佳的营养需要，促进人体酸碱平衡、提高蛋白质利用率。

荤素配合的最佳配角，笔者认为当数腌制的素菜。作为民间传统贮菜方法，腌菜很古老。传承至今，各地都有引以为自豪的腌菜，有的还在全国知名度相当大。川冬菜、京冬菜、津冬菜、上海五香京冬菜，广东、浙江的梅干菜（也称霉干菜），四川的芽菜，重庆涪陵的榨菜，四川、江西、云南、江苏等地的腌大头菜，江苏的腌雪里蕻，云南的干巴菌韭菜花，贵州的独山盐酸菜及很多省还都有的酸菜，北京、上海、浙江、江苏、安徽等地的萝卜干，安徽的腌香椿，皆是腌菜中的佼佼者。

比如四川的芽菜，那可是四川家庭主妇和专业厨师十分喜欢的东西。介绍四川芽菜的材料，早已见于涉及饮食之事的各种书刊。有书中就称："芽菜"是以芥菜中的光杆青菜为原料加工而成的腌制品……分咸、甜两种。咸芽菜以南溪为代表；甜芽菜产于宜宾，又称叙府芽菜。光杆青菜是十字花科植物茎芥菜的一个变种，川南一带盛产。冬季收获后去叶留柄划成细条晒干，然后腌制。腌制时多次加盐搓揉，排出水分晾至半蔫时，拌花椒、八角、山奈等香料装坛密封数月而成。甜芽菜装坛前需浇糖。其方法是将红糖加热溶化，熬至能起丝时浇淋于搓揉后的菜坯上拌匀，再拌其他香料后装坛密封。叙府芽菜成品色褐黄、润泽发亮、气味香甜、质地脆嫩。南溪芽菜则色青黄、味鲜香、根条均匀。而且，芽菜还有提鲜、解腻、增香的作用。

有这样质量上乘的芽菜来做配角，川菜中荤素配合的菜肴点心，当然品质就不一般了。四川名菜龙眼咸烧白由于有芽菜作配角，达到了至味的境地。四川著名的担担面，虽然芽菜也只是起配角作用的辅料，但若少了这个重要的角色，担担面的风味就会大打折扣。四川的干煸苦瓜、芽菜肉末、叶儿粑、宋嫂面、豌面挞挞面、鸳鸯包子、南瓜蒸饺、绣球圆子等菜点，都因为有芽菜作配角，美食才更美。

浙江的霉干菜产于绍兴者最有水平。道理很简单，当地居民普遍都擅于自制。制霉干菜的原料有油菜、芥菜、白菜，制成后分别称之为油菜干、芥菜干、白菜干。三种菜干各有特色，油菜干鲜嫩、芥菜干鲜美、白菜干鲜洁。绍兴霉干菜生产厂家所产的霉干菜还远销国内外，说明不仅绍兴人乃至浙江境内的人都好喜食，国内外也有不少霉干菜的爱好者。

著名的咸亨酒店就有周恩来总理当年最喜欢吃的干菜焖肉。这款菜担任配角的是霉干菜中最好的芥菜干切成了很细小的颗粒状，与主料带皮的猪肋肉（切作小方块）作配，用酱油、八角、桂皮、葱结、姜块、绍酒等料加清水焖烧而成。烧焖后，还要入笼蒸至肉糯菜香才上桌。这等色泽枣红油亮、质地酥软绵糯、味道咸鲜甘美的佳肴，确实不愧为美食上品。

担任咸亨酒店副总的茅天尧先生编著的《中国绍兴菜》一书中就收录了玉树赛熊掌、干菜扒野鸭、干菜烤虾、干菜瓜卷、干菜蒸河鳗、干菜烤蛇、鱼中得宝等 23 种以霉干菜作配料的美味，堪称"霉干菜风味"系列。难怪绍兴有民谚言"乌干菜，白米饭，神仙见了要下凡"。

最受北方人喜欢的京冬菜和津冬菜，并非只有北京和天津才生产。京冬菜在北京、山东、河北均有生产，津冬菜在河北沧县也产。京、津之冬菜制法虽有不同，但以大白菜为原料则是相同的，产品色金黄、味微酸也是相同的。不过，京冬菜是椒香、津冬菜是蒜香，吃起来都是令人难忘的。

十、元宵节和汤圆

关于元宵节的来历，民间有几种有趣的传说：在很久以前，有一只神鸟因为迷路而降落人间，却意外地被不知情的猎人给射死了。天帝知道后十分震怒，就下令让天兵于正月十五日到人间放火，把人类通通烧死。天帝的女儿心地善良，不忍心看百姓无辜受难，就冒着生命危险把这个消息告诉了人们。众人听说了这个消息，有如头上响了一个惊雷，吓得不知如何是好。过了好久，才有个老人家想出个法子。他说："在正月十四、十五、十六日这三天，每户人家都在家里挂起红灯笼、点爆竹、放烟火。这样一来，天帝就会以为人们都被烧死了。"大家听了都点头称是，便分头准备去了。到了正月十五这天晚上，天兵往下一看，发觉人间一片红光，以为是燃烧的火焰，就去禀告天帝不用下凡放火了。人们就这样保住了自己的生命及财产。为了纪念这次成功脱险，从此每到正月十五，家家户户都悬挂灯笼、放烟火来纪念这个日子。

另一则传说则和吃元宵的习俗有关：相传汉武帝有个宠臣名叫东方朔，他的个性既善良又风趣，如果宫里有谁得罪了汉武帝，总要靠东方朔来讲情。有一年冬天下了几天大雪，汉武帝觉得有点无聊，东方朔就到御花园去给武帝折梅花。刚进园门，就发现有个宫女泪流满面地准备投井。东方朔慌忙上前搭救，并问明她要自杀的原因。原来，这个宫女名叫元宵，家里还有双亲及一个妹妹。自从进宫以后，她就再也没和家人见过面。每年到了腊尽春来的时节，她就比平常更加思念家人。她想既然不能在双亲跟前尽孝，还不如一死了之，于是跑来投井。

东方朔听了她的遭遇，非常同情她，就向她保证一定设法让她和家人团聚。这一天，东方朔出宫后，便在长安街上摆了个占卜摊。不少人都争着向他占卜求卦。不料，每个人所占所求的都是"正月十六火焚身"的签语。一时之间，长安城里起了个大恐慌。人们纷纷求问解灾的办法。东方朔就说："正月十三日傍晚，火神君会派一位'赤衣神女'下凡查访。她就是奉旨烧长安的使者，你们若看到一个骑银驴的红衣姑娘，就马上跪地哀求她替你们消灾解难。"果然，到了正月十三日夜，真有一位红衣姑娘骑银驴而至，百姓们依言跪地相求。那姑娘听罢，便说："我是领旨来烧长安的。玉帝还要站在南天门上观看。既承父老求情，我就把抄录的偈语给你们，可让当今天子想想办法。"说完，她便扔下一张红帖，扬长而去。老百姓拿起红帖，赶紧送到皇宫去禀报皇上。汉武帝接过来一看，只见上面写着："长安在劫，火焚帝阙，十六天火，焰红宵夜。"汉武帝大惊，连忙请来足智多谋的东方朔。东方朔假意想了一想，说："听说火神君最爱吃汤圆，宫中的元宵不是经常给你做汤圆吗？十五晚上可让元宵做汤圆。万岁焚香上供，传令京都家家都做汤圆，一齐敬奉火神君。再传谕臣民一起在十六晚上挂灯，满城点鞭炮、放烟火，好像满城大火，这样就可以瞒过玉帝了。此外，通知城外百姓，十六晚上进城观灯，杂在人群中消灾解难。"武帝听后，十分高兴，就传旨照东方朔的办法去做。到了正月十六日，长安城里张灯结彩，游人熙来攘往，热闹非常。元宵的父母也带着妹妹进城观灯。当看到写有"元宵"字样的大宫灯时，他们惊喜地高喊："元宵！元宵！"元宵听到喊声，终于在人群中找到双亲、妹妹，与他们团聚了。如此热闹了一夜，长安城果然平安无事。汉武帝大喜，便下令以后每到正月十五都做汤圆供火神君，正月十六照样全城挂灯放烟火。

十一、王羲之以吃成名

王羲之既是东晋时的大书法家，也是位老饕。他会吃、善吃，这还与他一生的功名成就大有关系。这里就说说他三次有关吃的故事。

【吃牛心炙，使少年王羲之成为知名人士】

王羲之是山东临沂人，父亲王旷当过淮南太守。他的伯父王导是东晋著名的宰相，历事元帝、明帝、成帝，为三朝元老。王羲之在 13 岁的时候，被带去谒见当时任尚书左仆射的老酒罐周。周知道王羲之 7 岁就开始学习书法，12 岁就已读过前人的书法论述，年纪虽小，却很有才学，因而刮目相待。

当时的人很重视吃牛心炙，说吃了牛心炙可以补心。此品是烧烤而成的。在座的客人都还未动箸，周便亲自割了一块先给王羲之吃。于是，同时被邀请的客人都对王羲之敬羡不已。一个 13 岁的孩子，一下子就成了知名人士。此事，在刘义庆的《世说新语》以及《晋书·王羲之传》中皆有载。

【吃胡饼，王羲之得千金小姐郗睿为妻】

事情是这样的：晋太尉郗鉴想选女婿。他知道王导门下的几个弟子都是俊才，就想从中选一个做他的乘龙快婿，便写了一函给王导，说明了自己的意思。王导复信，同意让郗鉴派人去选，并通知几个弟子准备一番。届时，几个弟子都收拾停当，准备迎接挑选，唯王羲之没有打扮，仍是原先那副自在、随便的样子。选婿的人来了，个个目测过，见王羲之还敞开衣服，露出肚皮，坐在胡床上吃胡饼，根本没把能不能入选当回事。结果郗鉴派出的差使如实回禀，出人意料之外，郗鉴听后很高兴地说，此正吾佳婿也！差使问看中的是哪一个，得到回答，选中的正是王羲之。现在我们使用的成语"东床坦腹""东床娇婿""东床娇客"，就来自王羲之坦腹吃胡饼的故事。

【爱鹅及吃鹅，使王羲之的书法更趋成熟】

由于王羲之在书法上卓然的成就和贡献，后世人誉他为书圣，而王羲之的书法与他爱鹅及一次吃鹅也大有关系。

王羲之的书法最先是从卫夫人（东晋女书法家卫铄）所珍藏的蔡

邕书法贴那起步学的。王羲之年轻的时候，虽然书法也有名气，但尚不及庾翼、郗愔等人水平高。这对于一个要强的人来说，无疑是一件难堪的事情。好在王羲之有一个特殊的嗜好：爱鹅。他常常观察鹅的行走姿态，把学习书法与观察鹅的习性结合起来，书法水平日趋成熟。

《晋书·王羲之传》中记下这样两件事："性爱鹅，会稽有孤居姥养一鹅，善鸣。求市未能得，遂携亲友命驾就观。姥闻羲之将至，烹以待之，羲之叹惜弥日。"没能看到那只善鸣的鹅，王羲之叹惜了好一阵子，但吃过了姥姥亲手烹饪的鹅就更爱鹅了。

还有一件事："山阴有一道士，养好鹅，羲之往观焉，意甚悦，固求市之。道士云：'为写道德经，当举群相赠耳。'羲之欣然写毕，笼鹅而归，甚以为乐。"

王羲之的书法，其笔势飘若浮云、矫若惊龙，这都与他观察鹅大有关系。他的隶书，史书称"为古今之冠"。《晋书》作者房玄龄等对他的书法还做过如下评论："详察古今，研精篆素，尽善尽美，其惟王逸少乎！裁成之妙，烟霏露结，状若断而还连；凤翥龙蟠，势如斜而反直。玩之不觉为倦，览之莫识其端，心慕手追，此人而已。其余区区之类，何足论哉！"

王羲之爱鹅及吃鹅之事传至宋代时，沈括的《梦溪笔谈》中还记载着江南一带有称鹅为"右军"的。原因是王羲之曾为右军将军、会稽内史，后人称他为王右军。

第十三章
饮食文化趣谈

第一节　饮食历史趣谈

古代饮食结构

早在春秋时，人们就习惯把日常饮食分为食和饮两大部分。但在正式场合，古人把饮食分为四个部分，即食、膳、馐、饮。这种饮食结构在屈原的《楚辞》中有比较详细的描述。其中："食"指用五谷做的饭；"膳"指用六畜制成的肉食佳肴；"馐"又称百馐，指以粮食为主料制成的多种精美素食；"饮"是古代饮料的总称。

古代饮食的种类

从上面的饮食结构可以看出，我国古人很早就已经学会烹制各种食物，食物种类十分丰富，无论天上飞的、地下跑的，无不可以取来做盘中美味。这些食物包括五谷、五菜、五饮、六畜和八珍。"五谷"指稻、黍、稷、麦、菽五种粮食作物，"五菜"指韭、葱、葵、薤、蒜五种蔬菜，"五饮"指水、浆、酒、酪、酏五种古代饮料，"六畜"指牛、马、羊、猪、鸡、狗六种动物，"八珍"指龙肝、凤髓、豹胎、鲤尾、猩唇、熊掌、酥酪、鸟舌八种古时不易得的珍贵食品。除此之外还有许多，在此不一一赘述。

古代饮食礼俗

古人饮食有严格的等级区别，尤其在正规场合，饮食自由受到较严的限制，如据《国语·楚语下》中的记载：皇帝可吃牛、羊、猪，诸侯食牛，卿食羊，大夫食猪，士食鱼干肉，普通百姓只可吃蔬菜。往往地位、年龄越高，菜肴的数目就越多，食物也越精美。

古代烹饪技法

据北魏贾思勰的《齐民要术》和元朝忽思慧的《饮膳正要》中记载：我国古代劳动人民在长期的实践经验中，积累了丰富的烹调技艺，如蒸、煮、炸、烤、炒、煎、焖、煨、熬、熏、卤、腌、烹、涮、熘、爆、烫等，技法多达数十种以上。

古代饮食有"五味"之说。据《尚书·说命》中记载：中国烹饪最先取咸酸二味，咸取自盐，酸取自梅子，到先秦时始有五味之说，即辛（辣）、酸、咸、苦、甘（甜）。

何谓"开门七件事"。古人所谓"开门七件事"指的是柴、米、油、盐、酱、醋、茶七件日用生活必需品。关于这七件事的民间传说颇多，现录古诗三首如下，供读者品览。

其一　书画琴棋诗酒花，当年件件不离它。

　　　　而今七字都变更，柴米油盐酱醋茶。

其二　柴米油盐酱醋茶，而今件件费绸缪。

　　　　吞声不敢长嗟叹，恐让高堂替我愁。

其三　恭喜郎君又有他，侬今洗手不当家。

　　　　开门诸事都交付，柴米油盐酱与茶。

传统年节饮食

春　　节　除夕之夜吃饺子，含辞旧迎新之意。

元宵节　吃元宵，含骨肉团圆之意。

清明节　吃糍粑，置米酒，拜祭祖先。

端午节　吃粽子，饮雄黄酒避邪。

中秋节　吃月饼，象征家人团聚。

重阳节　饮酒登高避灾，寄寓思乡怀人之意。

中国名酒知多少

中国是酿酒大国。据全国第三届评酒会评选结果，共评出 18 种名酒：茅台酒、汾酒、五粮液、剑南春、古井贡酒、洋河大曲酒、董酒、泸州老窖特曲、金奖白兰地酒、山西竹叶青酒、绍兴加饭酒、沉缸酒、烟台红葡萄酒、烟台味美思酒、中国红葡萄酒、青岛白葡萄酒、民权白葡萄酒、青岛啤酒。发展到今天，名酒大军又添新成员，如中国郎酒、湖南鬼酒、湖北稻花香酒、沱牌曲酒等。

酒的种类以原料分：有米酒、果酒、药酒、奶酒、香花酒等。

以制作工艺分：有蒸馏酒、酿造酒、配制酒、啤酒、白兰地酒、太空酒等。

以颜色分：有白酒、黄酒、红葡萄酒、白葡萄酒等。

以酒精度数分：有高度酒（40 度以上）、中度酒（20 度—40 度之间）、低度酒（20 度以下）。

以香味分：有酱香型、清香型、浓香型、米香型等。

中国十大名茶

中国十大名茶指的是西湖龙井、信阳毛尖、洞庭碧螺春、安溪铁观音、黄山毛峰、祁门红茶、君山银针、六安瓜片、武夷岩茶、都匀毛尖十种地方名茶。

按照制茶加工工艺的不同，茶可分为如下几种：红茶、绿茶、白茶、黄茶、黑茶和乌龙茶。

山珍海味知多少

山珍海味分上、中、下三"八珍"。

上八珍为：猩唇、驼峰、猴头、熊掌、燕窝、凫脯、鹿筋、黄唇胶。

中八珍为：鱼翅、银耳、果子狸、鲥鱼、广肚、哈什蟆、鱼唇。

下八珍为：海参、龙须菜、大口磨、川竹笋、赤鳞鱼、干贝、蜡、乌鱼蛋。

此分法并不是绝对的，也有不同的说法，如有人将鱼皮、飞龙、山鸡等也列入山珍海味之中。

中国五大面食

中国五大面食，即山西刀削面、北京炸酱面、武汉热干面、河南烩面、四川担担面。

"一日三餐"的来历

据古籍记载：秦朝以前人们一天吃两顿饭，并且有严格的时间规定，如不守时吃饭或一天吃两顿以上的饭，则被看作是失礼行为。汉朝以后，才开始盛行一天三餐或四餐。到唐朝时，早饭已被称为早点，午饭也称中饭，吃午饭古人说是"过中"。

古时人们一日两餐，表示一种时间的分段概念：吃过早饭表示一天开始，吃过晚饭表示一天时间已完。现在人们的一日三餐，也常用以表示对时间的分段。

油的历史

上古时期，我国古人就已开始食用油类食品。不仅如此，据古书记录，不同季节还须食用不同的油。春天用牛油煎小羊、乳猪，夏天用狗油煎野鸡和鱼干，秋天用猪油煎小牛和小鹿，冬天则用羊油煎鲜鱼和大雁，那时吃的是动物油。汉代以后，开始出现植物油，但不能食用，只用来绢布。直到宋代，才开始有食用植物油的纪录，有麻油、豆油、菜油、茶油等。

盐的历史

我国制盐历史悠久，距今已有 2000 多年的历史。据说：黄帝时代就已开始从井、池、海中提取盐，种类有井盐、池盐、海盐等。盐的出现使人类饮食产生了一个划时代的变革，由原味食品开始渗入咸味。

酱的历史

酱是我国人民日常饮食的常用调味品。据古书记载：大约 2500 年以前，我国古代劳动人民就已掌握了制酱的方法，可见其历史之悠久。古人称酱为豆酱，并有"不酱不食"的话，所以酱又有"八珍主人"的美称，以显示其在烹制菜肴过程中的不可缺少。酱的种类很多，如肉酱、虾酱、芥子酱等。

醋的历史

远古时，古人并不知道制醋，直到周朝以后才开始制醋。到汉朝时，醋已成为当时一种大众化调味品，不过那时不叫醋，叫"醯"或"酨"。随着醋在民间的广泛普及，酿醋术也不断翻新，据《齐民要术》记载，制醋法到魏晋时已达数十种之多。

茶的历史

我国是世界上种茶、制茶、饮茶最早的国家。最初茶被称为"苦茶"，作为一种中药材用于治病。后来经长期实践经验积累，人们逐渐认识到茶不仅可入药，而且是一种气味芳香、提神解渴的上好饮料，于是，种茶、饮茶渐成为习惯。直到三国时期，江南一带饮茶已蔚然成风。魏晋南北朝时，茶被用来待客。唐朝时开始出现茶馆，但饮茶方法繁琐，出现的第一部论茶专著为陆羽的《茶经》，陆羽也因此被誉为"茶圣"。到宋元时期制茶技艺明显提高，名茶品种已有数十种之多。饮茶方法也开始革新，渐与今人饮茶方法接近。发展到今天，中国的制茶、饮茶技艺已经形成了一种独具风格的茶文化，中国茶道因而风靡全球。

酒的历史

中国酒文化源远流长，据说已有4000余年的历史。上古造酒方法简单，据说是用桑叶包饭发酵而成。到了周朝，已有酿酒的专门部门和管理人员，酿酒工艺也有了较为详细的记录，并已达到相当的水平。到南北朝时，开始有"酒"这一名称。到唐宋时，酿酒业已很兴盛，名酒种类已有许多，如曲沃、珍珠红、琼酬等。在古时文学作品中，常见古人饮酒而不醉的描写，使现代人叹羡不已，以为海量。其实古人制酒只能用酵母菌自然发酵，酒的度数很低，且多带甜味。所以古人不论男女，多有善饮者，久饮不醉，动辄饮数杯、数碗，甚至数坛，令今人瞠目。

糖的历史

我国制糖的历史也很悠久。最早的糖有两种：一种是蜜糖，另一种是麦芽糖。古时对麦芽糖的称谓很多，如饧、饴、铺、饧饭等。贾思勰的《齐民要术》中详细记述了古代五种制糖的方法。唐朝时，从印度传入制蔗糖法，中国的制糖技术得到进一步提高，开始生产白糖。到清末时，东北地区开始用西方技术制作甜菜糖，我国制糖业区得进一步发展。

饺子史话

饺子是我国最具代表性的传统食品之一，中国人没有不知道饺子的。

建安初年，张仲景出任长沙太守。不久瘟疫流行，他的官做不下去了，便毅然辞去了太守官职，告老还乡，决心为百姓治病。

这时正值数九隆冬，他在回乡路上看到那些为生存而奔波的穷苦百姓衣不遮体，许多人耳朵都冻烂了，心里更加难受。

他一到家，登门求医者便蜂拥而至。可是张仲景心里老惦记着那些冻烂耳朵的穷乡亲们。冬至到了，他让弟子替他看病，自己则在南阳东关空地上搭起医棚，盘上大锅，专门舍药为穷人治冻伤。他把羊肉、辣椒和去寒的药材放在锅里，熬到火候时再把羊肉和药材捞出来切碎，用面皮包成耳朵样子的"娇耳"下锅煮熟，然后分给治病的穷人。每人一大碗汤、两个"娇耳"，这药就叫"祛寒娇耳汤"。人们吃后顿觉全身温暖、两耳发热。从冬至起，张仲景天天舍药，一直舍到大年三十。乡亲们的耳朵都被他治好了，欢欢喜喜地过了个好年。

从此以后，每到冬至，人们就想起张大夫为乡亲治病的情景，也模仿着做娇耳的办法做起了食品。为了区别"娇耳汤"的药方，就改称为"饺耳"。因叫着别嘴，后来人们就叫它"饺子"了。天长日久，形成了习俗，每到冬至这天，家家户户都要吃饺子。

后来，春节吃饺子也成为很多中国家庭的传统习俗。俗话说：饺子、饺子，交在子时，取其辞旧迎新之意。另据古籍记载：饺子的前身是馄饨，馄饨之名，取其圆润浑沌之形。以面裹馅搓为圆形即成。后有人一改馄饨惯常圆形，做成月牙形，称之为"粉角"。后来人们叫来叫去，"粉角"叫成了"饺子"。现在饺子作为代表中华民族的食品之一，已经走出国门，风靡东南亚、欧美等地区的国家。天津御膳楼饭庄的饺子宴，品种达40种之多，造型精美、风味浓郁，更是被人们传为美食。

面条史话

我们都知道面条是一种再普通不过的面食，但是一说到"汤饼""不托""溥饪"等词时，恐怕就不是人人都知道了。其实这几个词都是面条的古称，指的是同一种东西。据史书记载：唐朝时，人们开始把面条称作"不托"，意思是用刀把面饼或面片直接切成条状之后再煮食，不用手掌托着，用以区别在此以前直接用手掌压成的薄片"汤饼"；并且自唐时起就风行过生日吃寿面的习俗。到宋代时，民间又称

"汤饼""不托"为"溥饪"。孩子出生后三天，还要请亲朋好友去吃面条、开"汤饼宴"，以示庆贺。

馒头史话

古时"馒头"一词源自三国时诸葛亮。以面包肉食供神之用，类似今天的包子，并非现代的馒头。古时称馒头为"蒸饼"，这在晋朝史书中已有记载。

包子史话

包子作为一种面食在魏时已出现，但不称包子，而叫"馒头"。直到宋代时，才有"包子"一词，如"绿荷包子"之类。

豆腐史话

跟饺子一样，豆腐也是最具民族特色的传统食品之一。我国是豆腐的故乡。据古书记载：制豆腐始于汉朝淮南王刘安，距今已有 2000 余年的历史。这种以黄豆水磨浆而成的食品，历经岁月沧桑，发展至今，早已驰名中外、风靡全球。利用豆腐制作的菜肴品种也多达 400 余种，令人叹为观止。

年糕史话

年糕是人们喜爱的节日点心，在我国已有 2000 多年的历史。它是用米粉蒸制而成的食品，分南、北两式。其中南式的广东、苏州年糕为最好，口味纯正，软硬适口。

据传说，吃年糕的习俗源于春秋时苏州一带。当时苏州为吴国都城，为防越国攻击，吴王阖闾命大将伍子胥建"阖闾大城"。后吴王沉溺于酒色，不听伍子胥劝谏，反听信谗言将伍子胥逼死。吴终被越王灭，政局动荡，发生严重饥荒。这时有人想起伍子胥临死前说的话："我死后，如国家有难，饥民无食，可前往相门城下挖地三尺得食。"原来伍子胥修城时，不用土砖，而以糯米粉压制成的"砖"砌城。于是，许多饥民因这些"砖"而获救。后来为纪念伍子胥的救人功绩，就逐渐演化成过春节时家家户户吃年糕的习俗了。

话说稀饭

稀饭的书面语通常叫作"粥"。"粥"的历史在我国可谓源远流长，很早以前的古人就知道食粥。但古时的"粥"与今天的"粥"稍有不同。古时的粥用米熬成，稠的叫"干"，稀的才叫"粥"，这也是为何有人将"粥"称为"稀饭"的原因所在。根据饮食的不同原因和目的，古人食粥可分为三种：农贫食粥、赈灾食粥、养生食粥。发展到今天，食粥已不再具有上述原因，而逐渐演变为人们调节饮食的一种风味食品，制作技艺也愈益精湛，如花生猪骨粥、八宝粥等。

冰糖葫芦的起源

据古籍记载，冰糖葫芦源于南宋。宋光宗年间，由于爱妃黄贵妃患病不起、面黄肌瘦、不思饮食、百药不灵，皇帝只好张榜求医。后一江湖异人应招入宫，诊视后称只需用山楂与红糖一起煎熬食用，每次饭前吃5—10颗，连续15天即可痊愈。黄贵妃依言食之，病果然痊愈。以后逐渐演变成将山楂串在一起，蘸上熬好的冰糖，因形似葫芦串故称冰糖葫芦。

皮蛋的历史

据古书记载：皮蛋的发明始于古人包泥法腌鸭蛋，迄今所见关于皮蛋的最早记载是公元1633年的《养余月令入》。到清代时，皮蛋制作已十分精巧，"高邮皮蛋"是当时的名品。

火锅的来历

火锅的历史可上溯至唐代，那时称"暖锅"，"暖锅"有两种：一种是铜制的；另一种是陶制的，用来涮羊、猪、鸡等肉食。到元代，火锅流传于蒙古族。至清代时，已为皇宫御膳佳肴之首。据说清嘉庆皇帝继位时，还摆过盛极一时的火锅宴，共用火锅1650次，堪称一绝。同时民间火锅也非常流行，火锅种类十分丰富，如白肉火锅、什锦火锅、菊花火锅、广东火锅等，火锅的特点主要是经济实惠、方便随意、鲜香适口。

冷饮史话

一般人往往会产生错觉，认为冷饮是现代文明的产物，中国喝冷饮的习俗来自外国。其实不然，早在三四千年以前，我国第一部诗歌总集《诗经》中就有取食冰块的记载，以后历代皇宫也都有取食冰块的记录。与今天冷饮稍有不同之处在于：古人受技术限制，不能制造冰块，只能采取自然冰块，且代价太大，非王公贵族不能享用，不如今天冷饮的普及度广泛。

何谓"天下第一菜"

"天下第一菜"指的是苏州"锅巴汤"，据说此菜定名颇有来历。清朝康熙皇帝一日微服出游，至一处梅林，流连忘返，后与随从走散，饥不择食之下投奔到一村妇家门口求食。村妇不知皇帝驾临，本欲拒绝，但见康熙实在累饿不堪，只好迎其入内，但此时家中恰好饭光菜尽，没有剩饭。于是，村妇以锅巴拌剩菜汤盛给他吃。没料到的是：皇帝老爷吃后竟大加赞赏，以为妙绝。于是兴发，提笔题曰"天下第一菜"。从此，苏州"锅巴汤"便身价倍增、蜚声全国。

关于筷子

筷子作为饮食餐具，是中华饮食文化不可分割的一部分，即使在世界各国的餐具中，中国筷子也独具风采。远古时，人们吃饭多用手抓，但吃热食时为免烫手，会自觉或不自觉地用木棍来协助取食。久而久之，筷子便逐渐产生，人们也开始有意识地去制造筷子。按照原料的不同，筷子种类可谓五花八门，有木筷、竹筷、牙筷、玉筷、金筷、银筷等。古时为显其富有高贵，大富之家常以各种贵重筷子，如金筷、银筷、象牙筷等来招待客人进食，普通百姓则多用竹筷和木筷。

一、 中国古代饮食十经

饮食勿偏："凡所好之物，不可偏耽，耽则伤身生疾，所恶之物，不可全弃，弃则脏气不均。"

食宜清淡："味薄神魂自安"；饮食要"去肥浓，节酸咸"；"薄滋味养血气"。

饮食适时："不饥强食则脾劳，不渴强饮则胃胀"；"要长寿，三餐量腹依时候"。

适温而食："食宜温暖，不可寒冷"；"食饮者，热勿灼灼，寒勿沧沧"。

食要限量："饮食有节，则身利而寿登益，饮食不节，则形累而寿命损"；"大渴不大饮，大饥不大食"。

食宜缓细："饮食缓嚼有益于人者三：滋养肝脏；脾胃易于消化；不致吞食噎咳。"

进食专心："食不语，寝不言"，有利于胃纳消化。

怒后勿食："人之当食，须去烦恼"，"怒后勿食，食后勿怒"，良好的精神状态于保健有大益。

选食宜慎："诸肉臭败者勿食，猪羊疫死者不可食，曝肉不干者不可食，煮肉不变色者不可食。"

餐后保健："食毕当漱口数次，令人牙齿不败、口香，叩齿三十六，令津满口，则食易消，益人无百病。饱食而卧，食不消成积，乃生百病。"

二、 名人与美食

中国的饮食文化是源远流长的传统文化的一个重要组成部分。中国的很多名人，尤其是当权者和文化人，往往同时又是美食家。这就注定了许多名菜都与名人有关。

唐代诗仙李太白就有幸造就一道名菜。唐天宝元年（公元742年）李白奉玄宗召，入京供奉翰林。他用肥鸭，加上陈年花酿、枸杞子、三七等料蒸制（入蒸器后，口用皮纸封严），献于玄宗。玄宗食后大加赞赏，不免相问："卿所献之菜乃何物烹制？"李白奉曰："臣虑陛下龙体劳累，特加补剂。"玄宗大喜曰："此菜世上少有，可称太白鸭。"

杜甫出身在烹饪世家，乃祖大诗人杜审言官居高位。杜甫得其家传，对烹调有一定造诣。据传他定居成都草堂时，曾制一款"五柳草鱼"飨客。由于此菜为杜甫创制，用五种丝状料（酷肖柳叶形）辅佐烹制而成，故名"杜甫五柳草鱼"，相沿至今，成为川菜名肴。杜甫还创制了一种鸡肴，被世人称为"杜甫茅屋鸡"，为其祖籍河南的一介传统名馔。至今，郑州不少食肆仍以此菜招徕顾客。

北宋大文学家苏轼写过大量饮食诗文，著名的有《老饕赋》《猪肉颂》《酒经》等。他在《猪肉颂》中写道："黄州好猪肉，价钱如粪土。富者不肯吃，贫者不解煮。净洗铛，少着水，柴头烟，焰不起，待它自熟莫催它，火候足时它自美。"苏轼的这种烧肉方法，经过厨师们多年实践，在锅、火、作料、制作上不断加以改进，成为现在名为"东坡肉"的传统名菜。东坡还做得一手好鱼羹，他在杭州任太守时曾亲自做鱼羹给客人品尝，颇受赞许。"东坡羹"流传至今。

"金华火腿"是宋代名将宗泽发明的。宗泽是主战派，因打仗连连得胜，百姓抬着肥猪慰问，一时猪肉吃不了，宗泽就命人将猪腿割下，腌制起来。由于腌制猪腿又湿又重，行军携带不便，所以常常把它们腌渍一下，匆匆晒上几日，再挂在风口晾干，日子一久，腿肉就红得似火，大家都叫它"火腿"。

"涮羊肉"是名特风味，但能流传下来却和忽必烈有关。700多年前，元世祖忽必烈率军远征途中，想吃草原美味"清炖羊肉"。随军厨师马上宰羊剔肉，不料敌情突发，做"炖羊肉"来不及了。厨师忙将羊肉切成薄片，放在锅里一搅和就捞出来，放点调料送了上去。忽必烈饥不择食，吃罢迎敌并获全胜，还朝后命厨师如法炮制，并建议放了许多作料。群臣吃后赞不绝口，故欣然赐名"涮羊肉"。

张大千不但画艺高超，被徐悲鸿称为"五百年来第一人"，而且是一个闻名遐迩的"美食家""烹饪家"。大千好客，待友热诚，每有贵宾来访，必亲自下厨掌勺。大千善于烹饪，在川味的基础上，综合南北佳肴的特点，精心烹制成多姿多彩的菜式，被人誉为独具风味的"大千菜"，品种甚多。其中脍炙人口的有大千干烧鱼、大千三味蒸肉、大千鸡块、大千羊肉、大千干鱼翅、大千鳝段、大千丸子汤等等。张大千自己曾这样说："以艺术而论，我善烹饪，更在画艺之上。"

北京有道名菜"潘鱼"，是一位清代翰林潘祖荫所发明。他用活鲜鲤鱼和上等香菇、虾干等配料，用鸡汤蒸制，并不加油，味道很鲜美。这位翰林老爷是北京广和居菜馆的常客，遂将鱼的制法传授给广和居的店主和厨师，使此菜成为广和居的名菜之一。1930年广和居倒闭，其大厨转至同和居操厨，"潘鱼"又成为同和居名菜。

北京王府井有家"安福楼"菜馆，该店有道名菜为北大教授胡适之所创，名曰："胡适之鱼"。据金受申的《老北京的生活》中记载："王府井大街的安福楼，前身是承华园。当其鼎盛时，许多文人常去这里诗酒流连。哲学博士胡适之曾到这里大嚼，发明用鲤鱼肉切成一些细丁，浇稀汁使清鱼成羹，名'胡适之鱼'。"

川菜名肴"宫保鸡丁"用鸡丁同花生米共炒，配料还有蒜节、姜片、甜面酱和酱油、醋、糖、味精、湿淀粉等，不仅味极鲜美，且软脆适口、刚柔相济，质感也极佳。此菜为光绪年间四川总督丁宝桢首创。丁是贵州人，清咸丰进士，曾任山东巡抚。后在镇守边防时，抵御外敌有功，被封为"太子少保"，人称丁宫保。丁宝桢喜食辣子鸡丁、酱爆鸡丁，又喜将鸡丁与花生米共炒。丁府的鸡丁传遍四川、名扬天下，这道"官府菜"也成了"市肆菜"，并被命名为"宫保鸡丁"。

名人创制了名菜，名菜又使名人扩大了知名度，真是相得益彰、美轮美奂。

第二节　民族饮食

民族饮食是中国饮食文化不可分割的一部分。我国是一个多民族汇集的国家，各民族在漫长的历史发展过程中，形成了各自独特的本民族饮食，品类繁多、内涵丰富。

汉　族　以面粉、大米、高粱等为主食。北方以面食为主，南方以米为主。一般一日三餐，菜肴分荤、素两类，口味各地相异，俗称东辣西酸南甜北咸。有饮酒、饮茶习俗，以木筷或竹筷进食。

蒙古族　以牛、羊肉为主食，专吃烤肉、烧肉、手抓肉和酸奶疙瘩。嗜饮砖茶，冬季专喝泡子酒，夏季多为奶子酒。农区以米面为主食，吃包子、饺子、蒙古馅饼和炒面等。一日三餐，中餐不定时，谁饿谁吃。

回　族　以米面为主食，也吃牛、羊肉和鸡、鸭、鹅、鱼、虾等。宰牲畜前，要请阿訇念经。喜饮茶，不抽烟、饮酒。

藏　族　以青稞、小麦为主食，其次是玉米和豌豆。日常之食为糌粑、牛羊肉及奶制品，每日餐数不定，喜食酥油茶，饭前须先用手沾酒或茶在桌上点三滴以示供佛，然后开饭。如是佛寺僧众，饭前还须诵经。餐具为人手一把小刀和一只木碗，无用筷习惯，取食皆用手抓。

维吾尔族　以面、米为主食，肉类以羊肉为主，日常食面为馕。喜庆、待客时则用抓饭，喜喝奶茶，饭前饭后要洗手，以壶冲洗，下以盆接，且只限三下。吃抓饭前要先剪指甲，常在炕上围坐用餐，喝汤用木勺。一日三餐。

苗族　以大米为主食，也有以玉米、荞麦、马铃薯和燕麦为主食的，烹饪时多以瓶子蒸食。喜欢酸味食品，以酸汤最有名。极善饮酒，以烧酒为主。

彝族　以荞麦、玉米、马铃薯为主食。喜饮酒、吸旱烟、喝烧茶。自制米酒饮用，食具多以木制成，分有漆、无漆两种，颜色有黑、红、黄三种。

壮族　以大米、玉米、红薯为主食，年节喜食粽子、糍粑和米粉。古人不食牛肉，元朝时才开始盛行食牛肉，少数山区仍存古俗。

布依族　日常食米、麦类食物。饮水酒、吸叶烟、喜食酸。用顶罐煮饭，其味极香。

朝鲜族　以稻米为主食，喜食干饭、打糕（即年糕），嗜酸辣，日常饮食不离大酱和清酱，爱吃泡菜等。不吃羊肉、肥猪肉及河鱼、花椒、带甜味菜肴。喜喝烧酒、饮花茶。

满族　日常喜食小米、黄米干饭、豆包。年节则喜吃"哎吉格饽"（即饺子）。除夕必吃手扒肉，风味食品有白煮猪肉、糕点"萨其玛"等。

侗族　以大米为主食，平坝地区多吃粳米，山区多吃糯米，喜食酸辣，吸叶烟，饮酒。民族食品有醋鱼肉、侗族油茶、烧鱼等。

瑶族　以大米、玉米为主食。一日三餐全吃干饭，一般早晚天亮前、天黑后各吃一顿，中午则以芭蕉叶包饭到田间地头食用，农忙时甚至就在田间生火煮食。喜欢清水兑酒，清明时节吃一种染色"花饭"。

白族　多以稻、麦为主食，山区则以玉米、荞麦为主。吃饭时长辈坐首席，晚辈依次围坐两旁，并添饭夹菜、伺候长辈、礼仪颇严。爱吃酸冷、辣味，善制火腿、弓鱼、螺蛳等酱、油鸡棕等食物，尤喜饮茶，常以烧茶待客。

土家族　以大米为主食，山区主食玉米，喜食酸辣，有"不辣不成亲"之说，善饮酒，素食菜豆腐（又名和查），喝油菜汤。

哈尼族　以大米、玉米为主食，逢年过节吃糯米饭或糍粑（以紫米春制而成）。

哈萨克族　以牛肉、羊肉、奶、米、面为主食，喜食抓饭和馕，其次是酸奶制品。嗜饮奶（或酥油）茶，不喜青菜，但喜吃葱。春、夏季吃羊羔肉，秋季宰大牲口，熏制冬肉、制腊马肠备用。

傣　族　以大米为主食，肉类以猪肉为主，喜油炸食物，不喜炒食。善饮酒，尤喜甜米酒。一日三餐，用碗筷。吃糯米饭时，用手捏成团，然后进食。风味食品有米线、竹筒饭、炒牛皮等。

黎　族　以大米、玉米为主食，辅以木薯、红白薯。一日三餐，收割时不脱粒，连稻茎一并存放，吃时再一把一把取出脱粒，吃多少脱粒多少，用陶锅煮食。男子嗜烟、酒，吸竹筒水烟。肉食以火去毛，拌以米粉、野菜腌制成酸肉备用。妇女喜嚼槟榔。

傈僳族　以玉米、荞麦、高粱为主食。芋头尤为其所喜好，习惯饭菜合煮。吃饭时由主妇按家里人口多少，平均每人分一大木碗。喜食烧烤肉食，且善饮水酒，常一饮一日或数日方散。

佤　族　以大米为主食，其次是小红米、荞麦、豆类和玉米等。极少吃干饭，不分主、副食。无论贫富，均吃以米、菜、盐、辣椒合煮的烂饭。多用木碗、竹勺，不用筷子，以手抓食。平时一日两餐，农忙时一日三餐。喜喝浓茶、饮自制家酒、嚼槟榔和吸烟草。

畲　族　以大米、红薯、面粉和豆类为主食。

高山族　以大米、小米、芋头为主食，吃食通常即吃即脱壳，喜食黏小米饼，其中掺花生和兽肉，用树叶卷起蒸食。嗜烟酒、好嚼食槟榔。

水　族　以大米为主食，大麦、小麦、玉米等辅之，喜食糯米饭、酸菜、辣椒、腌鱼、腌肉、烧酒及甜酒等。

东乡族　以土豆为主食，其次是青稞、糜谷等，常吃青稞、糜谷、大小豆等杂粮面做成的糊状食物——"散饭"。不吃猪、骡、马、驴、狗及其他凶猛禽兽的肉类和动物的血，不吃自死的牛、羊、鸡、鸭等。嗜饮紫阴茶和细毛光茶（绿茶），一日三餐均在炕上进行。媳妇则只在厨房就餐。

纳西族　以小麦、大米、玉米为主食，喜食酸辣，吃饭时用木制餐具，吃肉时由父亲掌勺平分，媳妇负责加添饭菜。喜饮酒、吸草烟。

景颇族　以大米和玉米为主食，一日三餐，以锅或竹筒煮饭，吃饭时多不用筷，以芭蕉叶包饭而食。据传说：景颇先人以为水稻是狗从"太阳出来的地方"附在尾巴上带来的，故每年吃新米饭时必先喂狗，以示纪念。喜饮酒，不论男女，皆嗜好烟草、芦子、槟榔。

柯尔克孜族　以米面为主食，饮羊奶，喜吃稷子米，用鲜奶煮食或用酸奶泡食，喜饮茶，老年人喜饮白酒。

达斡尔族　以稷子和荞麦为主食。喜食一种米面合制的"饷饷"，肉食以狍子肉和猪肉为主。嗜烟、茶、酒。

仫佬族　以大米为主食，兼以其他杂粮，节日喜吃糯米饭，每家都制酸芋头、酸刀豆和咸豆酱作为下稀饭的菜。不吃动物心脏。男子喜烟、酒。

羌　族　以大米、青稞、土豆和荞麦为主食，辅以小麦和玉米，主要食品有炒面、面蒸、面汤、金裹银（或银裹金）、锅塌子等。喜食酸菜和腌菜。喜欢"咂酒"，吸兰花烟，吃熏干的"猪膘"。

布朗族　以大米为主食，辅以玉米和薯类，喜酸性食品，如酸笋、酸菜、酸肉等，酸菜是其特有食物，风味独特。男子用短烟斗吸辛辣味强的烟，老年妇女用一支很长的长杆烟斗，烟较淡。男女都吸烟。

毛难族　以大米、玉米为主食，其次有红薯等杂粮，年关、节日喜吃糯米。爱吃腌肉酸、螺蛳酸和醋浸的生鸭血。

仡佬族　以玉米、大米为主食，其次是麦、荞麦、红稗、小麦和高粱等。喜食酸菜及糯米粑粑。

锡伯族　以大米面粉为主食，多食胡麻油，喝各种生畜奶，嗜茶及酸辣食品。

阿昌族　以大米为主食，掺以薯类、玉米，一日三餐，喜食酸味，善做米线。

普米族　以玉米为主食，也食用大米、小麦、青稞、荞麦和蚕豆等。食具多为木制品，如木勺、木碗、木盆等。吃饭时全家围坐火塘边，由家庭主妇分发饭食，家长的第一碗饭须由女子盛给。喜喝茶、吸烟、炊酒，旧俗十三岁以上男子都吸烟。尤喜牛角盛酒，用竹管吸饮。

塔吉克族　以大米、面粉为主食，喜喝奶茶、酸奶。喜食奶干、抓肉、牛奶煮米饭、牛奶煮烤饼、栈油面酱和青仁酱等。

怒　族　主食玉米、荞麦和小米，有"猎禽兽以佐食""好食""虫鼠"的习惯，尤喜食肥山鼠。男女皆好饮酒，饮必醉、醉必歌。

乌兹别克族　以羊、牛、马及乳制品为主食，一日三餐多吃干馕与奶茶，专吃"库尔达在"和蜂蜜、糖。

俄罗斯族　以面粉制品为主食，喜吃面包、馅饼等。吃饭时多用刀、叉、勺、盆，颇似西餐仪规。一日三餐，早晚简单，午饭为正餐，先喝汤再吃菜，如有两个以上菜，只可吃完一个再吃另一个，不同时吃两个菜。饮料有奶酪、奶茶等。男子尤嗜饮自制啤酒。

崩龙族　以大米、玉米为主食，辅以薯类及荞麦等，喜饮茶。

裕固族　面粉是其主食，每日三餐，两茶一饭。早晨喝酥油炒面茶，中午吃奶食或茯茶，晚饭多喜食揪面片。

塔塔尔族　以大米为主食，喜食抓饭、烤饼。另外还有用蜂蜜制成的类似啤酒的饮料，广受欢迎。

独龙族　以玉米、小米、荞麦为主食，靠采集和渔猎补充食品不足，爱饮水酒，吃肉时喜欢烤食，由主妇均分食物。家中如有子女结婚，便赠一个火塘，以示成家，由各火塘轮流做饭。

鄂伦春族　善狩猎，故饮食以兽肉为主。一日三餐，早间多吃肉粥，午间和晚上多吃烤肉和煮肉。喜生食兽肝、兽腰，还有肉干。有传食习俗，即大家围坐传吃同一块肉，一人吃一口，反复轮流，直至吃完。

赫哲族　以前以鱼、兽肉为主食，现多以小米、面粉为主食。尤其食鱼法最具民族特色，食法多样、奇特，有生食鱼片、生食冻鱼、烤鱼串，还有加工成鱼条子、鱼披子等鱼干制品。尤以用大马哈鱼制成的蝗鱼骨、蝗鱼筋最为名贵。多嗜烟酒。

珞巴族　以玉米面或鸡爪谷面为主食，吃时先用木杆舂去谷壳、炒熟后再磨成面，再往开水中边撒边搅拌成糊状，然后用手抓食，气味清香。嗜辣味、喜烟酒，夏季多用酸奶做饮料。

第三节　饮食名目溯源

涮羊肉

相传忽必烈率领大军南征，一天，经过一场激战，已是人饥马乏。

忽必烈下令宰羊烧水，准备吃饭。就在此时，忽闻探马来报，敌军大队人马冲上来了！忽必烈饥饿难忍，一面命令部队迎战，一面大喊："羊肉、羊肉！"这时做清炖羊肉已经来不及了，厨子急中生智，飞快地把羊肉切成薄片，放在开水锅里搅拌几下，等肉的颜色一变就捞在碗里，撒上盐、葱花、姜末。忽必烈一尝，觉得味道不错，于是大口吃起来，直吃得遍体冒汗，浑身热乎乎的。吃过饭后，忽必烈精神抖擞地上马迎敌，旗开得胜。到了清代，清宫膳食单上已有"羊肉片火锅"，名冠众肴之首。

烤全羊

烤全羊（蒙语"晤本"）是蒙古族接待贵客的一道名菜，色、香、味、形俱全，别有风味。烤全羊源于蒙古族，其历史渊源可以追溯到很远。《元史》中记载12世纪时期蒙古人"掘地为坎以燎肉"。到了13世纪即元朝时期，肉食方法和饮膳都已有了极大改进。《朴通事·柳蒸羊》中对烤羊肉做了较详细的记载："元代有柳蒸羊，于地作炉三尺，周围以火烧，令全通赤，用铁箅盛羊，上用柳子盖覆土封，以熟为度。"不但制作复杂讲究，而且用了专门的烤炉。至清代各地蒙古族王府几乎都以烤全羊待上宾，其名贵列入礼节。清康熙、乾隆年间，北京的"罗王府"（罗卜藏多尔济）中的烤全羊遐迩京师、名气很大，甚至连厨师嘎如迪（蒙古族）也很出名。清末民初直至解放初，各地王府中还有烤全羊。解放后，人们不但恢复了这道名菜，而且有了许多改进。

糊涂烤鸡

北京市快餐厅的西式菜谱上确有这么一道菜，据说这道菜的来历还有一个故事。"糊涂烤鸡"的"发明者"是一位60多岁的老厨师。他年轻时在北京一家外国人办的饭店里干活，他从一个意大利人那里学会了一道菜，叫烤燕，即烤野味。老厨师退休后被花市快餐厅请去，一天他想做一道特殊的菜。于是，他就用烤燕的方法烤了一只鸡，请经理品尝。经理吃后顿觉妙不可言、颇为欣喜，马上要为烤鸡取个响亮的名字。起什么好呢？经理问："这鸡是如何烤出来的？"老厨师挠挠头道："谁知道呢？好像就这么糊里糊涂地做了出来。"经理灵机一动说："郑板桥有'难得糊涂'一说，干脆就叫它'糊涂烤鸡'。"

纸包鸡

纸包鸡是广西梧州的一道名菜，至今已有近80年的历史，系梧州

"同园酒家"厨师崔树根首创。此菜式以嘴黄、脚黄、毛黄的"三黄鸡"为原料，尤以广西贺县信都鸡最为上乘。所用的调味有生抽、胡椒粉、桂末、双蒸酒、姜汁、葱、白糖。一只光鸡去其头、颈、脚之后，用调料将鸡腌好，分成 12 份，再用福建长汀或广东南雄所产玉扣纸包好（玉扣纸包鸡前要过油镬，使其变硬变腻，不易溶烂），用上等花生油起镬，文火适度，炸至纸皮膨胀，色泽呈焦黄色后上碟，再用筷子把纸慢慢扒开，此时鸡香扑鼻，入口确实鲜美异常。

相传，有一年，因西江河水上涨，时值 6 月炎夏，原定运往广东的两船鸡受阻，有发生鸡瘟的可能。货主为免受损失，请厨师设法帮忙，才制作出纸包鸡。

武昌鱼

武昌鱼并不产于武昌，而产于鄂城。鄂城古称武昌。武昌鱼之得名据说是三国时吴主孙皓从建业迁都武昌，百姓怨声载道。有人引当时童谣"宁饮建业水，不食武昌鱼"，上疏谏阻，于是武昌鱼始有其名。在此以前，该鱼叫"缩项鳊"。到宋朝时，武昌鱼更是闻名天下。当代则因毛泽东同志的诗句"才饮长江水，又食武昌鱼"，更使得武昌鱼声名远播。

鱼丸

据说秦始皇每餐必有鱼，但这位性情急躁、暴戾的皇帝十分讨厌鱼刺，好几个厨师为此丧生。有一次轮到三楚名厨做菜，他洗好鱼后，想到自己的小命可能就要完了，就狠狠地用刀背向鱼砸去，鱼砸烂了，鱼刺露了出来。这时，太监来请膳，厨师急中生智，顺手将鱼肉在汤里氽成丸子。秦始皇吃了丸子后，十分高兴，便给它取了个美妙的名称："皇统无疆凤珠氽"，即现在所说的鱼丸。

北京烤鸭

北京烤鸭是一道风味独特的中国传统菜，其特点是外焦里嫩、肥而不腻，在国内享有盛名，现已被公认为国际名菜。关于烤鸭的由来有三种说法：

北京烤鸭的历史可以追溯到辽代。当时辽国贵族游猎时，常把捕获的白色鸭子带回放养，视为吉祥之物，这就是北京鸭的祖先。北京鸭喜冷怕热，北京地区春秋冬三季较冷，夏秋的溪流河渠中水食丰富。当地人民创造了人工填鸭法，终于培养出了肉质肥嫩的北京填鸭。北京烤鸭，就是以这种肉质肥嫩的北京填鸭烤制而成的。

烤鸭最早创始于南京。公元 1368 年，朱元璋称帝，建都南京。宫廷御厨用鸭烹制菜肴，采用炭火烘烤，使鸭子酥香味美、肥而不腻，被皇府取名为"烤鸭"。朱元璋死后，他的第四子燕王朱棣夺取了帝位，并迁都北京，烤鸭技术也被带到了北京。

北京烤鸭始于便宜坊。据清代《都门琐记》所述，当时北京城宴会"席中必以全鸭为主菜，著名为便宜坊"。便宜坊开业于清乾隆五十年（公元 1785 年），最初在宣武门外米市胡同。清末京城有七八家烤鸭店，都以便宜坊为名。最初的烤来自南方的江苏、浙江一带，那时称烤鸭或炙鸭，从业人员也是江南人。后来烤鸭传到北京后，才臻于完善。

南京板鸭

相传南北朝时期，梁武帝在位，建都城于建康（即今南京）。公元 548 年，大将侯景起兵叛乱，围困台城（今南京鸡鸣山南）。战斗十分激烈，梁朝士兵有时连饭都顾不上吃。当时，正值中秋，肥鸭上市，妇女们便将鸭子洗刷干净，加上佐料煮熟，用荷叶包好送上战场。有时干脆将几十只鸭子捆扎在一起，抬上阵地。士兵们打开成捆的干鸭，用水一煮，咸淡适宜、香气扑鼻，都夸奖板鸭好吃。

后来，台城百姓为了纪念那次战斗，便把挤压成板状的鸭子称为"板鸭"。制作的一套方法也沿袭了下来，而且越做越好。

烤羊肉串

烤羊肉串是一种美味，而能够做烤肉串的并不只限于牛肉与羊肉。汉代墓葬中出土的记载葬品的《遗策》上，就常常有牛炙、犬炙、豕炙、鹿炙和鸡炙等字样。山东诸诚凉台东汉孙琼墓曾出土一副画像，刻有杀牲、劈柴、烧火、汲水、酿造等图形。最引人注目的是，画面右上部还有一副生动的烤肉串图。画中刻有四个男子，一个串肉，一个烤肉，另二人在旁边等待取食肉串。烤肉者跪在炭槽前，左手翻动肉串，右手扇动扇子。现在我国新疆的烤羊肉串最为有名。

佛手点心

佛手点心是一种形状似手的糕点食品。据宋人野史记载，北宋太后被金兵放归南宋都城临安（今杭州）后，宋高宗赵构与秦桧来大内拜见。太后因在北方体察了民间疾苦，已能辨别忠奸，开口便问："如雷贯耳的'大小眼将军'怎么没有来？"大小眼将军即名将岳飞，是太后

对他的爱称。赵构一听，连忙遮掩："岳鹏举两眼大小不一，面目粗俗，不足以代表我大宋天朝之威仪！"话音未落，太后变色道："吾囚北国之时，常听北国将士称'撼山易，撼岳家军难'，鹏举乃国家之栋梁，岂能以相貌取舍？"赵构只好说："岳飞父子妄图谋反篡位，朕已令秦桧诛之矣。"太后勃然大怒："昏君！奸贼！你们杀害忠良、误国害民，将来以何面目见列祖列宗于九泉之下？"她越说越气，随手抓起碗中的豆沙包狠狠地砸了过去。秦桧眼尖，向旁边一闪，包子打在红漆柱子上，弹回来，又落在赵构的手背上。善于吹牛拍马的秦桧连忙打圆场："这是龙手得食，佛手！佛手！"恰于此刻，一位湖北武昌籍的宫廷厨师送菜入内闻之，后归故里在漕园光华堂附近开了一家"佛手馆"，将豆沙包改称"佛手"。后经演变，其便成了今天的"佛手"形糕点。

豆　腐

豆腐被誉为"国菜"。关于豆腐的起源，《天禄识余》及李诩《戒庵老人漫笔》中均有记载。相传为汉代淮南王刘安所造，名为"黎祁"，也称"犁祁"。宋代大诗人陆游在《山庖》中有诗句："诗压犁祁软胜酥。"苏东坡也曾有诗句："煮豆为乳脂为酥。"

淮南王刘安系汉高祖的孙子，所谓"一人得道，鸡犬升天"就是他的遗事。此人不问政事、信道教、好修炼，企求长生不老，召来一批术士，欲炼灵丹妙药，不料炼丹不成，反得豆腐。于是乎，后人就将豆腐的专利权挂到他的身上去了。

后来，"黎祁"改名为"豆腐"，与生活更贴近了。但明代文人孙大雅认为"豆腐"不雅太俗，曾改名为"菽乳"。他还为此赋诗一首，诗中关于豆腐制作的艰辛倒十分精采："戍菽来南山，清漪院浮埃。转身一旋磨，流膏入盆缶。"结果"菽乳"一名被人遗忘，诗句倒传了下来。

王致和臭豆腐

王致和是安徽仙源人。清康熙八年（公元1669年）进京赶考落第后，因手头拮据，在前门外延寿寺街羊肉胡同的安徽会馆寄居。为下次再考，他一边读书，一边拿出在乡里磨豆腐的小技维持生活。有一次，王致和做出的豆腐没卖完，时值盛夏，怕坏，便将豆腐切成四方小块，配上盐、花椒等佐料，放在缸里腌上。过后，他把这事丢在脑后，到秋天才想起来，打开缸盖，豆腐成了绿色，臭气扑鼻。他尝尝，别具风味，分送会馆的邻居，尝后无不称奇。

王致和屡试不中，便死了当官之心，尽心经营起臭豆腐来。康熙十七年（公元1678年），他在延寿寺街开办作坊，挂起"王致和酱园"的招牌，一时名扬京城。

臭豆腐起初只是贫苦劳动者的佐餐佳品，窝头、贴饼子就着臭豆腐吃，别有风味。到了光绪年间，臭豆腐不但入了大宅门，而且上了宫廷的菜谱。臭豆腐的"上用"，使其身价百倍。一些名流雅士也写诗称赞，清末状元孙家鼎就写对联称道："致君美味传千里，和我天机养寸心"；"酱配龙蟠调芍药，园开鸡跃钟芙蓉"。

今天，王致和的臭豆腐远销国外，外国人称之为中国的起司（乳酪）。

爆米花

爆米花是一种古已有之的膨化食品，起源可上溯到宋朝。当时的诗人范成大在他的《石湖集》中曾提到上元节吴中各地爆谷的风俗，并解释说：炒糯谷以卜，谷中李娄，北人号糯米花。为什么把爆米花叫作"李娄"呢？想是摹拟爆谷时的响声，因为当地的方言把打雷的声音叫作"勃辘"。清代学者赵翼在他著的《檐曝杂记》中记收有一首《爆勃娄诗》："东人吴门十万家，家家爆谷卜年华。就锅排下黄金粟，转手翻成白玉花。红粉美人占喜事，白头老叟问生涯，晓来妆饰诸儿子，数片梅花插鬓斜。"诗人笔下的爆米花不仅写得很美，而且洋溢着生活的情趣，令人回味。

第四节　菜肴命名趣谈

俗话常说：人如其名。其实很多美味佳肴的名字也是情趣颇多、来历颇丰，也可谓菜如其名。

以人定名：如麻婆豆腐、宫保鸡丁、东坡肉、府伊面、叫化鸡、童子鸡等。

以地定名：如闽生果、川北米粉、丹东子鸡、西湖醋鱼、北京烤鸭、兰州拉面、重庆火锅、涪陵榨菜等。

以花定名：如牡丹桂鱼、芙蓉鸡片、桂花肉、荷花包子等。

以药定名：如虫草金鸡、枸杞鸡丝、陈皮牛肉等。

以形定名：如绣球干贝、口袋豆腐、葵花肉、金鱼蒸饺、虎皮肉、出水芙蓉鸭等。

以色定名：如双黄鱼皮、红白豆腐、雪衣鱼条、翡翠烧梅等。

以味定名：如酸辣鱿鱼、麻辣肉片、双味全鱼、酸菜鱼火锅等。

以器定名：如瓦罐鸡汤、砂锅豆腐、铁板牛肉等。

以油定名：如奶油菜心、鸡油菜花、红油豆腐等。

以技法定名：如明炉乳猪、挂炉烤鸭、软炸鱼条、锅烧全鸭等。

以调料定名：如川菜肉丝、口蘑鸡片、冬菇菜心、叉烧包等。

还有一些与中国古代四大美女有关的美食。

西施舌

在西施故里有一种点心被称为"西施舌"。糕点师用吊浆技法先将糯米制成水磨粉，然后再以糯米粉为坯，包入用枣泥、核桃肉、桂花、青梅等十几种果料拌成的馅心，放在舌形模具中压制成型，汤煮或油煎均可。这种点心的特色是色如皓月、香甜爽口。

此外，还有一道以海鲜贝类牙蛤或沙蛤制成的汤类，也被赐以"西施舌"的美名。相传唐玄宗东游崂山时，厨师给他做了这道汤菜，他吃后连声叫绝，可见此菜之美味非同凡响。这道汤菜汤汁爽滑、味道鲜美，有"天下第一鲜"之称。

贵妃鸡

这是上海名厨独创的一道菜肴。它用肥嫩的母鸡作为主料。用葡萄酒作调料。成菜后酒香浓郁、美味醉人，有"贵妃酗酒"之意。

西安还有一种"贵妃鸡"。它是以鸡脯肉、葱末、蘑菇等为馅的饺子，形似饱满的麦穗，皮薄馅嫩、鲜美不腻。

昭君鸭

传说出生在楚地的王昭君出塞后吃不惯面食，厨师就将粉条和油面筋泡合在一起，用鸭汤煮，甚合昭君之意。后来人们便用粉条、面筋与肥鸭烹调成菜，有人称之为"昭君鸭"，一直流传至今。

在西北地区还流行一种以王昭君命名的"昭君皮子"，就是人们在夏日常吃的酿皮子。其做法是：将面粉分离成淀粉和面筋，并以淀粉制成面条，面筋切成薄片，搭配并食，并辅以麻辣调料，吃起来酸辣凉爽、柔韧可口。

貂蝉豆腐

此菜又名"泥鳅钻豆腐"。以泥鳅比喻奸滑的董卓，泥鳅在热汤中急得无处藏身，钻入冷豆腐中，结果还是逃脱不了被烹煮的命运，好似王允献貂蝉，巧使美人计一样。此菜豆腐洁白、味道鲜美带辣、汤汁腻香。

民间小吃中还有一种"貂蝉汤圆"。传说：王允请人在普通的汤圆中加了生姜和辣椒，董卓吃了这种洁白诱人、麻辣爽口、醇香宜人的汤圆后，头脑发胀、大汗淋漓、不觉自醉，结果被吕布乘机杀了。

第五节　饮食禁忌

汉族民间有句古话，叫作"民以食为天"，反映了汉族重视饮食的习尚。但饮食历来都不是单纯的生理需要，还与精神需要联系在一起。人们赋予饮食种种文化内涵，饮食禁忌即为其中的一部分。饮食禁忌主要表现在饮食方式和饮食对象两个方面。

在饮食方式上，古时汉族有不许用手抓着吃的忌讳。《礼记·曲礼上》云："共饭不泽手。"这就是说：与人同桌吃饭时，不能直接用手抓食物。有些禁忌由于符合饮食卫生与文明要求，至今仍为人们遵守着。

更多的饮食方式禁忌是出于迷信的影响。旧时汉族忌吃饭时抛撒米粒或吃完饭后碗底有残饭，如不慎掉落，要拾起放在自己近前的"饭布上"，否则要遭雷击；如果小孩吃不完饭，将来便会娶麻脸妻子或嫁给麻脸丈夫。忌吃饭时说"捧饭"，因为只有在死后做七祭灵请亡灵吃饭时才"捧饭"。平时说"捧饭来吃""来捧饭吃"，则与祭亡灵有联系，所以不吉利。忌用一支筷子扒饭，因只有丧俗中出棺时，棺上放五碗或七碗白饭，中央插一根筷子。即俗谓鬼用单筷吃饭，故忌。忌吃饭时看镜子，认为会口吃。在别人家吃饭，忌把碗转来转去，因为"转"与

"赚"音谐，主人家忌由此而"赚他人饭碗"。这些吃相禁忌已在民间得到广泛传播，家人共桌吃饭时，大人们便会向儿女们传播这些禁忌并督促他们履行。尽管这些禁忌表面被迷信化了，但一般说来都是出于卫生、节约、礼仪方面的考虑，值得遵守。

食具方面的禁忌也很多，如忌讳吃饭前用筷敲空碗，俗以为"穷气"，因为旧时乞丐要饭时才这样敲的。拿碗的手势一般是五指自然捧着碗，忌讳用手掌平托碗底，又忌用手攥着碗边，这也是"丐帮"之相。不许倒扣碗于桌上，不许把筷子一端搭在装着饭的碗上，以为不吉利，因为生病的人服汤药后才将碗扣于桌上，表示不再生病服药；叫亡人鬼魂来吃饭时，才把筷子一端搭在饭碗上。同时，也不能把筷子插在盛的饭上，这也是供鬼神时的做法。山东一带又忌把筷子横放在碗上，说这是供奉死人的放法。相传明代以前有把筷子放在碗上的习俗，后来明太祖斥为恶模样，因而后来遂成为一种禁忌。有些讲究的人家，酒杯碗筷的放置多有规矩，叫作"杯不出栏，筷不出缘"。若是杯子两边，一边放一支筷子，便以为不吉利，因为"快（筷）分开了"。另外，每双筷子应一般齐，不可一长一短，令人想起"三长两短"等不吉语，故以为不祥。这类禁忌不仅于人无损，反而会养成人们文明的饮食习俗，使人们在饭桌上礼貌、高雅。所以，这与现代精神文明建设的要求是大体一致的。

饮食对象的禁忌，即对食物的禁忌。相对其他民族而言，汉族在饮食上的自我限制或禁忌是很少的，在吃的方面称得上是彻底开放的样板。除了有毒的、食后要死人的外，天上飞的、水中游的、地上长的，"海陆空"能吃者尽吃，这也是汉族饮食习俗的一个特点。不过，尽管饮食对象禁忌不多，但并非没有，一些古老的信仰观念对饮食仍有着很大的影响力。

民间也有忌食不洁或神圣之物的禁忌。有的因恐惧心理而忌吃某一些动植物。动植物多有自己的属性，如熊、豹子的凶猛，老母鸡的皮肉粗糙，食之，俗信动植物的这一类属性会传染给食者。"吃了熊心豹子胆"，人就会变得同熊和豹子一样凶猛无情；而吃了老母鸡，人的皮肤也会变得疙里疙瘩的粗糙起来。尤其不能吃处于异常状态的动物，如瘟鸡、瘟鸭等，唯恐食之会导致某种不吉利的变异。

有些动植物会诱发人们恐惧的联想，亦忌食之。如福建某地的渔民以巨鱼为主食，但他们忌食掉在地上的巨鱼，以免上山有摔死的危险。山东人不让小孩子吃未成熟的枣子，怕生疖子，要吃则先掐去其头。这些所禁食物本身并非"邪物""污物"，只是它们引起了人们的某种联想，与一些不幸之事联系在了一起，因而成为人们的口忌之物。

有的食物禁忌是由对动物的喜好而引起的。譬如：汉族有些地区有禁食牛肉的习俗。对于农耕民族来说，牛是必不可少的劳动工具，有时显得比人本身还重要。因其有助于人，终年劳苦，又通人性，所以不忍杀食。食者，良心受谴责，便想到会遭鬼神的报应。过去，苏州人不食牛肉，牛死后常将其抛入苏州河里。《白蛇传》里有一情节，话说许仙被老师处罚，只好将白蛇送到学堂门口的苏州河里。白蛇在苏州河里天长日久，吃不上东西，饥饿难挨。正巧当时有头耕牛死了，而苏州有不食牛肉的习俗，就将死牛抛入河里。白蛇见了，拼命啃吃，最后还钻进牛头里，把河水搅得翻翻滚滚。人们还以为真龙出现，急忙摆案祈祷。宋代人洪迈在《夷坚志》中也多次记载了这种禁食牛肉的传闻。如"食牛梦戒"一篇，说泰州一人因酷嗜牛肉而梦见被拘斥，从此戒食。汉族民间至今还有不食马肉的习俗，认为马也与牛一样，有功于人，所以不忍心杀食之。南昌、瓯江一带百姓忌食鼋、鳖肉。据《清特等类钞》云："南昌人畏鼋与鳖，呼之为老爷。南康府近有老爷庙，所祖为鼋老爷，相传明太祖与陈友谅战时，曾救御舟出险。赣人祀之甚虔，且相戒不食鼋鳖，恐犯老爷之怒也。"赣人认为鼋是有功之物，是它在唐僧取经时帮助唐僧师徒渡过了八百里通天河，又驮回了经书。所以人们敬之如神，禁忌杀食。

有些食物禁忌只是针对一部分人的，如江南一带祭礼灶神的糖果，禁忌幼女吃食，大人则无忌。有的地区在一定时间里忌食某种食物，如南京一带过去以正月初二为米娘娘生日，河南泌阳以正月初三为谷子生日，各忌食米饭一天。

饮食禁忌远不止上述内容，在饮酒、饮茶及节日饮食等方面皆有不少禁忌。中国人历来注重饮食，并将饮食与人的身心健康联系起来。饮食禁忌习俗正是从主观愿望出发，对人自身的护卫和保养。当然，它们或多或少都含有迷信的成分。不管怎么说，饮食禁忌是我国丰富发达的饮食文化的一部分，反映了民族的、宗教的信仰及习惯，不能一概否定。

第六节　酒席盛器二三事

中国宴会之礼大约起源于三代，至于样式、盛器与菜色则古今有其流变，一朝一代各有其礼节。

譬如古时宴客有所谓"五簋"（即五个菜）之说，其实这五个菜不一定五簋皆全，鼎、镬、爵、觥并不一定齐备。至于整桌筵席，大约到明清才有。我们可以在故宫看到雍正时代的白底青花、康熙时代的五彩龙纹，这些瓷器都有成套的陈列，至于再早期的盛器，则只能凭出土的少数器皿来猜测了。

从前请客还有所谓的干鲜果碟子，通常是高脚的，现在大概是为了夹菜方便，已不流行高脚碟了。至于盛菜的碗，有所谓的海碗，又可分为大海、中海和初海，花样是很多的。

北京有家山东馆子叫"东兴楼"，它有一道菜叫炸肫去边，用的是极大的仿乾隆时代的瓷盘子，里头却只摆了一碟心炸肫。时常有顾客问堂倌："这么大一个盘子只装这么点儿菜不是很难看吗？"堂倌通常回答说：这是酒席，所有大菜都得用大盘子，肫之所以不多来几块，主要是吃它的脆劲儿，一个人嚼个一两块可以回味无穷，如果来得一大盘子都是肫，把大家的腮帮子给嚼酸了，不但吃不出味道来，恐怕下次再也不敢吃了。这样说来，这种盛菜法也是技巧。北京另有一家"丰泽园"，也是个山东馆子，有一道"醋蒸鸭肝"。鸭肝做好后切半，摆在盘里，端上桌来像一盘图章似的，一个个巍然而立，真是又香又好看。所以中国人讲美食，还要美器来配合才够得上完美。

按说酒席上的器具是不能有一点磕碰痕迹的，否则人家会觉得你不够隆重，缺乏气派。在内地的饭馆里，如果你或小孩不小心把碗碟给翻摔碎了，那茶房必一声不响地给您换上一副干净的，绝对不会有丝毫不愉快的表情或是要求赔偿的嘴脸。据说在北京某饭馆有一位颇有地位的老者带着小孙子来吃饭，那小孙子正值四五岁的淘气年龄，一下子把饭碗、调羹、碟子全给胡噜到地上摔碎了。饭馆算账的时候，就把碗、碟、调羹的钱都给算进账里去了。老头儿见状又拉着孙子回头坐下，点了个汤菜，对堂倌说："给我十把调羹。"老者拿了调羹，一把一把往地下拽，只听得啪啪几声，十把调羹应声而碎，堂倌当时就愣住了。老头说："反正你们有价钱，摔坏几把我赔几把的钱，有什么关系呢？"原本一套瓷器，经这一摔，都不能用了，真是得不偿失。所以北京各大饭馆，都没有让客人赔餐具的做法。

中国谈吃的书极少，较早的要算是元朝忽思慧的《饮膳正要》。这本书的编撰，一方面是配合蒙古人的饮食习惯，内容以牛羊肉为主；再则，它是太医院的太医所编，可以说是一本营养保健食谱，不是单单一般谈吃的专书。至于袁子才的《随园食谱》，亦不过是限于他个人喜好而已。所谓"饮食男女，人之大欲"，足以证明古人也是喜欢吃的，谈吃的书之所以唯独阙如，可能是一般人心目中认为饮食乃"徒醨醨也"，觉得吃是极不上品的事，故而谈吃的书少，进而谈关于吃的用具的书就更少了。

现代大家讲究饮食卫生、讲究美食，食谱俯拾皆是，盛器也是中西皆备，美不胜收。虽然过分讲究吃是一种奢靡现象，然而综观古今中外的历史，似乎可以寻出一个定律：哪个民族吃得最讲究，它的历史文化也越发达，像法国、意大利、中国，都是讲究吃的文化古国。

人类的进化是如此地神奇，自上古的茹毛饮血至今日的烹蒸炒作，自手抓食物至今日的筷子、调羹等美食、美器，我们似乎可从食物与食器中窥见人类由原始演变到现代的过程。

第七节　酒席的菜系

中国酒席的菜各式各样，均有它的用意。哪些是用来下酒的、哪些是用来下饭的，都是十分有讲究的。

四冷荤（冷盘）：从前叫"四酒菜"，是专门给客人下酒用的。如果主人请的一桌客人都是会喝酒的，这种宴席大多以喝酒为主体，那时为配合下酒，多半是四冷荤双拼，变成八冷荤。记得从前北京有家同和堂，它的厨子手艺精湛，可做出一百多样冷荤。

四热炒：四热炒的材料多半是时鲜，菜色是依春、夏、秋、冬的出产而定。四热炒可采用双拼方式，如炒虾仁、红白虾仁、高丽虾仁、青炒豆苗等，这些都是可下酒的菜。

四烩碗：像烩肚条、烩鸭肝等都属四烩碗。北方菜讲究勾芡，四烩碗多由太白粉汁勾芡而成，菜中有点儿汤汁。如此，在吃过四冷盘、四热炒之后，再来点儿带汤水的菜肴，既可保温，又能开胃。

主菜：吃完四冷荤、四热炒、四烩碗之后，接着就上大菜了。大菜的盛器多半用海碗，海碗依大小分为初海、中海、大海三种，主菜用的是大海碗。如果前头上的冷荤热炒量少的话，主人多半会接着上四海碗大菜；如果量多，则顶多来个大海碗主菜。一上完大海，大家酒也喝够了，便端来大碗甜菜，这是暗示大家："不能再喝酒了。"

甜菜：酒席常用的甜菜可分为七大类。

冷盘类：有山楂糕、汤豆花、木樨枣、蜜饯海棠、蜜饯红果、五香栗子、盐渍花生等。

盘菜类：有糖萝卜、拔丝山药、拔丝苹果、拔丝香蕉、高丽豆沙、炸元宵等。

碗菜类：有糖熘薄荷、糖熘白果、蜜汁山药、糖烧栗子、糖烧莲子等。

点心类：芸豆糕、芸豆卷、栗子糕、江米藕、枣糕、荸荠糕、油酥盒子、爱窝窝（北方甜菜，与台湾的麻薯类似）。

大菜类：八宝饭、炒山泥、蒸山药、糖莲子、糖薄荷、薏仁粥。

汤类：冰糖莲茸、冰糖燕窝、冰糖葛仙米、冰糖莲子、冰糖薄荷、杏仁豆腐、汤圆、各种果羹。

面食类：豆沙包、枣泥包、枣泥饼、千层糕、水晶饺等。

除此之外，中国还有一种介于甜咸之间的菜，如糖醋排骨、糖醋鱼、冰糖火腿（蜜汁火腿）、咕咾肉等，均为脍炙人口的佳肴。

汤菜：中国酒席的汤菜，普通一点儿的如酸辣汤、粉条熬白菜汤、熬冬瓜肉片汤、什锦肚片汤……名贵一点儿的有乌鱼蛋茹素、鱼盅蒸汤、清汤燕窝、清汤鱼翅等。

内肚与中国酒席：中国酒席的席面最平常的是猪肉席，再好一些的是鸡鱼席，再讲究一些就是海味鸡鸭席。在北京，教门馆除外，牛羊肉是不能上酒席的。中国人还喜欢吃动物的内脏，所以酒席上真正细致的菜都是内脏做的。譬如：猪肺本是极粗的东西，若拿来做个"清汤猪肺"或"杏仁白肺"，就称得上细菜了；"熘肥肠"是个粗菜，但做个"九转回肠"就是细菜了；"炒腰花儿"是粗菜，用来做"腰丁腐皮"

就是细菜了。

在清朝，羊肉不上酒席，只有一个"锅烧羊肉"可上酒席，但羊肚做的"爆肚"却是酒席中的上品；鸭的内脏更贵重，如烩鸭腰、醋蒸鸭肝、软炸鸭肫、烩鸭舌、烩鸭杂碎等，都是极细致的酒席菜。其他如：鱼肚、鱼子、鱼白（鱼鳔）、鱼肠等，也都是酒席中的上品。

第八节　中国饮食入座礼数趣谈

中国号称"礼义之邦"，所以不管是小酌还是大宴，吃饭时总免不了要互相让座。而所谓让座，让的当然是首座。

现在对于哪个位置是首座，有些人并不完全真正了解。经常是彼此让了半天，竟把主人的位置也让给客人了，而该坐首座的人反倒没坐上。

关于"上座"应是哪个位置，各省有各省的坐法。一般说来，在北方习惯或官场里，首座是坐北朝南的位子。但有些地方以正对着门的位置为上座，有的地方则以插花式的斜对坐法来分。这种入座规矩因各地习俗而异，客人最好是随着主人的意思而入座。但有些客人硬是不懂，主人分明请他坐第三座，他非谦让不可，结果让了半天，居然自己坐到人家的首座不肯起来，您说让主人尴尬不尴尬？

既然各省都有其入座规矩，客人也来自不同的地方，宴会入席时最好是尊重主人的安排入席，不必推推让让。因为主人今天请客，对于谁坐首席谁坐二席，心里自有安排，你最好别让，否则岂不弄得秩序大乱？有些主人倒也干脆，为了避免这种让座困扰，宴客前把座席、座次都用名条写好放在座位上，让大家"对名入座"，以免不必要的礼让。可还是有些不识相的朋友，把自己的名牌换来换去，甚煞风景。

一般人不愿意坐首座，大概是觉得一上首座，大家就会对你特别客气，容易受拘束吃着不自在，还不如大家随便坐坐算了。其实，座位的次序高低与吃饭并没多大关系，若非结婚、寿宴或正规的筵宴仪式，为避免让座的尴尬，可先在外头摆个放纸条的盘子，纸上写着各省省名，来客随手一抓，拿到浙江的人坐浙江的位子，拿到江苏条子的人坐江苏的位子。其用意是让所有的人都成为主人的贵客嘉宾，坐哪里都一样，既可省去揖让拉扯的麻烦，客人也能皆大欢喜，岂不妙哉。

中国人请客大多数用圆桌，但旧式比较隆重的喜庆宴用的是四方形的方桌子，而且每一桌只能坐四个人（两个客人两个陪客）。在北方正式而隆重的喜庆场合，例如迎亲，如果男方来了八个人，女方就要有八个人来作陪，这时候男方来的八个人分成四桌，每桌两人正面而坐，女方八位陪客也分成四组，每桌两人坐在旁边陪客。这种宴客并没什么菜，大多是些干鲜果品之类，摆摆样子以示礼仪隆重而已，客人也非真正动筷子，等新娘子上了轿，迎亲的客人便起身上路。不过，这样的宴客方式只见于极隆重的迎新场合，一般是不容易见到的。

第九节 饮食器具趣谈

一、锅碗小史

史前时期——石块烹

外加热法：将石块堆起来烧至炽热后扒开，将原料埋入，利用向内的热辐射使原料成熟。这种方法一直流传至今，如盐鸡、砂焐鸡等。

内加热法：用于带腔膛的原料，如宰后去内脏的羊、猪等。将石子烧至炽热，填入动物腔膛中，包严，利用向外的热辐射使之成熟。蒙古国民间仍用此法制熟羊。

散加热法：这是利用烧得炽热的砂石或砂子拌和小块形的原料，焐之使原料成熟的方法。这种方法可在地下挖坑，或者用某种容器来制作。此法很可能是受到晒热的砂子焐熟鸟卵的启发。

烧石煮法：取天然石坑或地面挖坑，也可用树筒之类的容器，内装水并下原料，然后投下烧得炽热的石块，使水沸腾煮熟原料。一次不熟，再二次、三次地投入石块，直到原料成熟为止。

石板烹：用火将天然石板加热，使板面的原料成熟的技法。有两种：一种是先将石板烧热，再放上原料，烹制动物性原料"捭豚"，就是将猪肉撕成小块，在烧热的石板上焐熟供食。此法至今也在沿用，如甘肃河西走廊一带的名菜"西夏名烤羊"。另一种是将原料置于石板上，然后加热。如云南怒族的"石片烤饼"。

以上两种技法，相当于现在的冷锅下料与热锅下料。

烹制的石板后来发展成石鏊。今天人们使用的平底锅、饼铛、锅帖锅、铁板烧等，都是从石板烹演化而来。

石锅烹：间接利用火的热能进行烹制的方法，它促进了人类制作炊具的愿望。人们凭借制作石器日渐精致的雕刻工艺，以较软而易于雕制的水成岩之类石料制成了石锅。

皮烹：与石锅烹同时出现，将整张动物皮以带毛的表面向下，四肢吊起或支起，形成锅状，内装水与原料，毛面涂稀泥，生火烧煮，至水沸使原料成熟。至今云南彝族中仍有"羊皮煮肉"，藏族也偶见应用，这些都属皮烹的遗风。

包烹：为防止原料被火烧焦和灰砂污染，将原料包起来烧、或包起来煨等，是为包烹。这可能是受了先将兽类连皮烧、煨，成熟后剥皮食肉的启示；或源于将一些壳果烧、煨后破壳取仁的方法。

如"炮豚"这道菜，技法中需特别指出的是：用苇将小猪包起来，外面涂裹上粘土泥，然后烧制。这种技法至今仍在应用，如江苏常熟的"叫化鸡"、浙江杭州的"叫化童鸡"，都属于此法的遗传。

"包"字的古字写法是叶子包着一条"虫"（也有种解释是蛇），而"虫"的古义是指包括人在内的一切动物。包裹以后再烹制，则有"炮"字。点心中的包子、元宵等，莫不都是包烹法的衍生物。

因此，包得好不好成为判断烹制食物者技能高低的重要标志之一。由此，便以"包"称呼烹制食物人。后来进入屋内烹制，又在"包"字上加个"广"字，成了"庖"，并相继出现了"庖人""庖正"这样一些词。最初对烹调师等的专门称谓，都源于包烹法。

关于包烹，还有一个合理的推论，即陶器的创制与之密切相关：原料包好后，无意中涂上陶土，又用了强力的火，烹成以后破其一头取出食物，却留下一个容器。尽管这个容器制法粗糙、形状丑陋、易于破碎，毕竟是意外收获。先人们在此基础上，反复摸索、改进，陶烹时代终于来到，陶瓷文化从此诞生。包烹孕育了陶烹，陶器也是烹饪的产物。

竹烹：在竹筒内装进原料，省却了包裹的麻烦，然后置于火中烧或火灰中煨，可以获得与包烹法同样的效果。这种方法当时很可能出现在多竹的温热地带。如今在南方和西南的少数民族中，此法仍经常在使用。竹烹是利用天然物体为炊具，并可加水烹制的方法，是烹饪方法的又一发展。

文明初创——陶釜——中国最早的锅

先民们制作的陶器除了少数是生产工具，如陶刀、陶纺轮等外，绝大部分是饮食用具和生活用具。罐和盆随着不同的用途而开始演变和专用化。专门用作炊具煮制食物的罐因此得到了"釜"的新名称。这就是我国历史上的第一种"锅"。

陶灶：釜发明后，如何把陶釜放在火上去烧的问题也就出现了。最初可能是把釜放置在篝火旁或火堆中煨煮食物的。

双连灶较单一的火坑显然是前进了一步，可它毕竟是不能移动的。为易地而炊，仰韶人和河姆渡人分别制作了陶灶（炉）。

鼎、鬲：鼎是一种"象腿"形陶柱，有鼓腹、三足、两耳。鼓腹能盛较多的烹饪原料；三足则把鼎身撑起，以便鼎下燃火；两耳便于手抓。以鼎炊煮，起到了釜、灶相结合的作用。在炉灶未能广泛使用之前，这种造形颇为实用而科学。

鬲是一种煮食饮具，是在圆形或椭圆形的肚子下面连着三只中空的足，内部容量增加，与火的接触面积扩大，能更快地把火烧沸和把食物煮熟。鼎主要用来煮肉，鬲则用以炊煮物。这些都反映了原始社会时期我们祖先的聪明才智。

陶甑：中国最早的"蒸屉"和"蒸锅"。它的发明是中国烹饪史上又一重大突破。陶甑的形制有的像盆、有的像罐、有的两侧有耳，上面都要加盖，底部有许多小孔。孔眼的作用，相当于现在的笼屉。

商周时期———铜烹时期的炊餐具

这一时期，尤其是商周时期，出现了烹饪史上具有划时代意义的青铜炊餐具。所谓青铜，就是铜和锡的合金。自然界出产的自然铜，虽然可制成器物，但质地太软。青铜器具出现初期，青铜炊具主要有鼎、鬲、镬釜等。

铜鼎：在陶鼎基础上发展而成。殷墟出土的"司母戊"大方鼎重达875公斤，是迄今所知的古代第一大鼎。

铜鬲：早期青铜鬲模仿陶鬲制成，形状是大口，袋形腹，其下有3只不长的中空锥形足。

铜镬：无足之鼎，类似后代的大锅。

铜釜：大口、深腹、圆底或有耳，近似现代的锅。

铜炒盘：煎烤食物的炊具，可暂名为炙炉或炒盘，为战国初年所制。

青铜餐具及其代用具：这时，青铜器虽盛极一时，但陶器仍在继续发展。

商代早期陶制炊具：商代早期陶制炊具有鼎、罐、甑、鬲；饮器有觚、爵；食器有豆、簋、三足盘；盛器有盆、瓮。

商代中后期陶器品种又有所变化，炊具中鼎已不多见；食器中出现了鼎；饮器中出现了壶、觯等。西周陶制炊具有鬲，鬲使用量最多；春秋时期的陶制炊具也主要有鬲。

玉、漆、象牙等餐具：这一时期的食器，还有以玉石、漆、象牙等为材料制作的。大抵为贵族所享用。

玉制餐具：在原始社会末期已经出现玉制饰物或礼器。

漆制餐具：在河姆渡文化时期，已有木胎漆碗出现。商代及战国时期，漆制食器明显增多。

象牙餐具：这可追溯到新石器时期。纣王亦用过象牙箸。

箸：即筷子。早期的箸可能用竹、木制作，不易长时间保存，商代出现铜箸、象牙箸。

炊具：春秋之前有用土石叠成的土灶。

大发展时期

秦、汉、魏、晋、南北朝时期，为铁制炊具创制伊始，故这段时间被列为铁烹早期。这时期铁制炊具已开始用于烹饪，对烹饪技艺的发展起了极大的促进和推动作用。

陶铜炊具：可同时煮五种食品，类似"共和锅"。

蒸笼：蒸笼和烤炉的出现，推动了面点制作的发展。

炉灶：秦汉时灶的形状与今日农村的柴灶相似。炉子在汉代较多，有陶炉、铜炉、铁炉。

漆瓷餐具：先秦时期已有原始瓷器。汉代，进入陶器、原始瓷器向瓷器的过渡时期。魏晋时，已有质量较好的青瓷。

石磨：中国的石磨起源于先秦。战国时期已有旋转石磨，但制造粗糙，数量不多。到了汉代，旋转石磨迅速发展，并已逐渐在民间普及。至西晋以后，磨齿大都凿成八区斜纹形。中国的石磨由此进入成熟阶段，为小麦面粉的大量生产和利用提供了方便。

缣筛、罗：米粉舂出后，仍有粗粒；麦面磨出后，面粉与麦麸混杂，因此必须要有工具对其进一步加工。罗，可以筛出细米粉和无麸的细面粉。

隋唐以来

瓷器与漆：此时瓷已正式占领餐桌，可以说饮食所用瓷制器皿基本上都具备了。由于中国制瓷技术领先于世界其他国家1000多年之久，且质量精美和大量生产，使我国人民能够最早享用物美价廉又卫生清洁的装盛食品的器皿。

金、银、玉、水晶、玛瑙等餐具：纵观餐具发展历史，大致上可以说隋唐两宋不仅是美食辈出的时代，也是美器争奇的时代。

金属炊餐具：铁烹近期，制作金属器具的行业繁荣兴盛，所制炊餐具的品种和数量显著增加，涉及饮食生活的各方面。特别是在清代，金银器制作工艺发展到历代高峰，如孔府现存的一套银制餐具是乾隆皇帝作为其女的陪嫁送到孔府的。

铜、铁制作的炊餐具在元明清时也有很大的发展，数量增多、品种扩大，上至达官显贵，下至平民百姓，都不同程度地将之作为日常饮食烹调器具。

锡器的制作始于明代永乐年间。

陶瓷餐具：铁烹近期是中国陶瓷发展的鼎盛期，从制作工艺、釉色到造型、装饰等方面都有巨大的发展与创新。由陶瓷制成的餐具也有很大发展。

元代的瓷器在中国陶瓷史上占有重要的地位。

明代的瓷器以景德镇的产品为最精。景德镇在元代取得突出成就的基础上继续发展，逐渐成为代表时代水平的全国制瓷中心，有瓷都之称。

清代尤其是康熙、雍正、乾隆三朝，随着社会的繁荣及帝王对瓷器的奢求，瓷器的生产几乎到了登峰造极的地步，进入了瓷器生产的黄金时代。此时，景德镇仍然是制瓷中心，青花瓷器依旧是产品的主流，但色泽更加鲜艳、层次更加分明。

铁烹近期，以景德镇为代表的瓷器享誉中外，产品遍及亚、非、欧、美。明清御器厂还按订货合同，专门制作西方国家所需的餐具和咖啡具。至此，中国用陶瓷制作的餐具不仅包括中式餐具，还包括部分西式餐具。

其他餐具：玉器经过数千年的发展，铁烹近期制作进入极为繁荣的时期。明代的玉器主要以精细见长，清代中叶，玉器制作达到鼎盛时期。

用植物制作的炊餐器具，最主要的是木器与竹器。铁烹近期，仍然大量制作并使用竹木炊餐具。

用动物的骨角与皮壳制作餐具，也是铁烹近期人们的爱好，所制之品有虎顶杯、螺杯、蚶杯等。旧金山顶杯也称虎脑杯，是用老虎头骨制作的酒杯。

由于与国外的交往日益频繁，人们不再满足于传统器具，还引入了一些新型的原料与工艺，开始制作金属珐琅制品、景泰蓝和玻璃制品。玻璃在中国的西周时期就已开始制作，并发展至今，其餐具主要有碗、盘、杯等。

二、中国饮食器具小话

中国有一句话叫作"民以食为天"。这话不假，有孔圣人的话作证。早在 2000 多年前，他就曾说：食不厌精，脍不厌细。何止食物、菜肴要精细，在一个具有悠久饮食文化的国家看来，便是连食用的器具都不能马虎——美食需得配美器。

伴随着社会生产和饮食的发展，饮食文化逐渐丰富起来，餐具也日趋多样化和精美化。辽代的莲瓣形单柄金杯，便是一件做工精美的酒具。杯呈六瓣莲花形，柄由数朵云头纹组成。杯外壁有六组花卉、飞禽、瑞兽的图案，杯心又有一凸起雄狮滚绣球图像，连口沿与底部都饰有联珠纹，让人不得不叹服古代工匠的心灵手巧。汉代乐舞百戏表演的多是筵席的场合。东汉出土的宴饮杂技画像砖生动再现了墓主人的宴乐生涯。

这些都从另一个侧面反映出了中国饮食文化的丰富多彩。饮食在中国人心目中的重要性，于此又可窥见一斑。

一碗一筷，看出生活的智能

中国以农立国，早在新石器时代，人类已开始懂得使用碗来进食。而中国人所使用的碗以骨瓷为多，其中红色（万寿无疆）及蓝白米通花纹瓷碗更是家喻户晓、你我皆可能拥有一只的传统款式。日本人以前把碗称为球，可能与碗的外形像球一般呈圆形有关。碗的口径（以单手可轻易拿着碗为标准），男性用的是 10 厘米，女性的是 9.5 厘米。这些数字是以姆指及中指构成的圆环平均大小做标准，配合容易使用的程度及手形不同，故日本人会把男性和女性所用的碗设计成不同大小。

筷子就如手指，一切挑、扒、拨、撕的技能，一双筷子均能办到。竹筷更是中国人一向喜欢使用的，让人们吃饭吃得更加得心应手。

东方国家的人常使用筷子进餐，中国人喜欢使用方头圆身的筷子，寓意天圆地方、天长地久；而日本筷子则是尖头方尾，使用时更轻巧灵活，亦方便刺食。日本人更会以（一咫半）作为筷子的长度标准，一咫是指姆指与食指张开时两指之间的长度。恰巧这个长度正是人体身高的十分之一，计算起来相当有趣，日本人亦因此把易用筷子的长度定为一咫半。

韩国人很喜欢使用不锈钢的筷子，这可能与其国家法律有关。韩国一律严禁餐厅、食品生产工厂及百货公司等供应或使用一次性的即弃餐具。而韩国人一般使用的金属筷子皆为扁形，与中国的方头筷子略有不同。

古人称筷子为箸，据说是因为以前中国南方的水上人家众多，他们对一切妨碍行船的字眼显得特别忌讳。因箸音同住，水上人为免因一日三餐箸不离口，又怕船因此而停住，便把住称为快，而古代的筷子又多为竹或木制，故筷子因此得名。

现今的筷子种类五花八门，除竹筷及木筷，还有象牙筷、胶筷或用金属所做成的金筷、铜筷、银筷。而要数中国当今最矜贵兼具历史价值的筷子，便是慈禧太后曾使用过的御箸——翡翠镶金箸、金镶汉玉箸。现在不少外国人为品尝中国菜而专门学习用筷子，可见这件有 3000 年历史、由人手概念延伸出来的餐具，在国际舞台中所占的地位。

美食与美器

在饮食文化所讲究的"色、香、味、皿、形、温"六要素中，皿是绝对不能忽略的。

清代著名诗人袁枚是当时广集众美的烹调爱好者。他纵观自古以来美食与美器的发展史后，叹道："古诗云：'美食不如美器'，斯语是也。"并说：菜肴出锅后，该用碗的就要用碗，该用盘的就要用盘，"煎炒宜盘，汤羹宜碗，参错其间，方觉生色"。这无疑是对美食与美器关系的一个精炼总结。

总之，美食与美器的搭配有以下规律：菜肴与器皿在色彩纹饰上要和谐。在色彩上，没有对比会使人感到单调，对比过分强烈也会使人感到不和谐。所以，重要的前提是要对各种颜色之间的关系有一定的认识。美术家将红、黄、蓝称为原色；红与绿、黄与紫、橙与蓝称为对比色；红、橙、黄、棕是暖色；蓝、绿、紫是冷色。因此，一般来说，冷菜和夏令菜宜用冷色食器；热菜、冬令菜和喜庆菜宜用暖色食器。但是要切忌"靠色"。例如：将绿色炒青蔬盛在绿色盘中，既显不出青蔬的仙绿，又埋没了盘上的纹饰美。如果改盛在白花盘中，便会产生清爽悦目的艺术效果。再如：将嫩黄色的蛋羹盛在绿色的莲瓣碗中，色彩就格外清丽；盛在水晶碗里的八珍汤，汤色清澈见底，透过碗腹，各色八珍清晰可辨。

在纹饰上，食的料形与器的图案要显得相得益彰。如果将炒肉丝放在纹理细密的花盘中，既给人以散乱之感，又显不出肉丝的自身美；反之，将肉丝盛在绿叶盘中，立时会使人感到清心悦目。菜肴与器皿在形态上也要和谐。

中国菜品种繁多、形态各异，食器的形状也是千姿百态。可以说在中国，有什么样的肴馔就有什么样的食器相配。例如：平底盘是为爆炒菜而来、汤盘是为熘汁菜而来、椭圆盘是为整鱼菜而来、深斗池是为整只鸡鸭菜而来、莲花瓣海碗是为汤菜而来等。如果用盛汤菜的盘盛爆炒菜，便收不到美食与美器搭配和谐的效果。菜肴与器皿在空间上同样要和谐。

人们常说"量体裁衣"，因为用这样的方法做出来的衣服才合体。食与器的搭配也是这个道理，菜肴的数量要和器皿的大小相称，这样才能给人美的感官效果。汤汁漫至器缘的肴馔，不可能使人感到"秀色可餐"，只能给人以粗糙的感觉；肴馔量小，又会使人感到食缩于器心，干瘪乏色。一般来说，平底盘、汤盘（包括鱼盘）中的凹凸线是食与器结合的"最佳线"。用盘盛菜时，以菜不漫过此线为佳。用碗盛汤，则以八成满为宜。菜肴掌故与器皿图案也要和谐。

中国名菜"贵妃鸡"盛在饰有仙女拂袖而舞图案的莲花碗中，会使人很自然地联想到善舞的杨贵妃酒醉百花亭的故事。"糖醋鱼"盛在饰有鲤鱼跳龙门图案的鱼盘中，会使人情趣盎然、食欲大增。因此要根据菜肴掌故选用图案与其内容相称的器皿。一席菜食器上的搭配要和谐。

在大多数情况下，一席菜的食器如果不是清一色的青花瓷，便是一色白的白花瓷，这样做无疑失去了中国菜丰富多彩的特色。因此，一席菜不但品种要多样，食器也要色彩缤纷。这样，佳肴耀目、美器生辉、蔚为壮观的席面美景便会呈现在眼前。

曾在广州西汉南越王博物馆隆重开展的《美食配美器——中国历代饮食器具展》，便以中国历代饮食器具为实证，生动地揭示了"美食不如美器"，美食佳肴要精致的餐具烘托，才能达到完美效果美食精要。

中国饮食器具之美，美在质、美在形、美在装饰、美在与馔品的谐和。从最早的陶钵、陶盆、陶豆、陶碗，到商周时期专门盛饭用的簋，盛肉用的豆，盛放整羊、整牛用的俎，吃肉挟菜用的匕、箸，均用金属、玉石、牙骨、漆木等制成。可见，中国古代食具之美，主要包括陶器、瓷器、铜器、金银器、玉器、漆器、玻璃器几个大的类别。中国最早出现的彩陶是在红色器皿的口沿处绘一周带状红彩，或是在敞口器物的内表点缀一些简单的几何纹饰。这些彩绘均标志着人类追求美器的传统，首先表现在饮食上。它同时标志着人类的饮食早在远古时代就不仅仅是解渴充饥的方式，同时又是愉悦精神的重要仪式。生活在江汉地区的屈家岭文化居民更以高超的陶艺创造了薄胎彩绘食具，称为旦壳彩陶。看到这类精巧的饮食器具，可以想像史前先民的饮食活动就已进入到相对高雅的艺术境界。制器不俗，用器一定文雅。彩陶的粗犷之美、瓷器的清雅之美、铜器的庄重之美、漆器的秀逸之美、金银器的辉煌之美、玻璃器的亮丽之美，是配合美食的美的享受。美器与美食的和谐，是饮食美食的最高境界。

而综观今日饮食之器皿，一是不讲究艺术之精美，要么追求质地的昂贵，如用器皿材质命名的"金银厅""玉瓷阁"。要么追求时尚的返璞归真，如大盘（大盘菜）、大桶（农家鸡）、大锅（百鸟归巢）均作为器皿。大而不雅、精而不美，不但不美观，也很不实用。三文鱼刺身用大木盘上，除了造噱头之外，有多少西餐文化的优雅可言？其实一般规律应为：大抵物贵者器宜大，物贱者器宜小；煎炒宜盘，汤羹宜碗；煎炒宜铁铜，煨煮宜砂罐。也就是说，美器之美不仅限于器物本身的质、形、饰，而且还表现在它的组合之美，即它与菜肴的匹配之美上。所以，餐饮器皿不管以古朴为美、新奇为美，还是以珍贵为美、简素为美，都不应该陷入"唯美"的怪圈，一定要信守"美器配美食，美食不如美器"的原则，立足美食"选"美器，美器一定要"配"美食。

三、 中国筷子的十二种忌讳

中国人使用筷子用餐是从远古流传下来的，古时又称其为"箸"，日常生活中对筷子的运用是非常有讲究的。一般我们在使用筷子时，正确的使用方法讲究的是用右手执筷，大拇指和食指捏住筷子的上端，另外三个手指自然弯曲扶住筷子，并且筷子的两端一定要对齐。在使用过程中，用餐前筷子一定要整齐码放在饭碗的右侧，用餐后则一定要整齐地竖向码放在饭碗的正中。但是，绝对禁忌以下 12 种使用筷子的方法。

1. 三长两短

这意思就是说在用餐前或用餐过程当中，将筷子长短不齐地放在桌子上。这种做法是极不吉利的，通常我们管它叫"三长两短"，其意思是代表"死亡"。因为中国人过去认为人死以后是要装进棺材的，在人装进去，还没有盖棺材盖的时候，棺材的组成部分是前后两块短木板，两旁加底部共三块长木板，五块木板合在一起做成的棺材正好是三长两短，所以说这是极为不吉利的事情。

2. 仙人指路

这种做法也是极为不能被人接受的，这种拿筷子的方法是用大拇指、中指、无名指和小指捏住筷子，而食指伸出。这在北京人眼里叫"骂大街"。因为在吃饭时若食指伸出，就会总在不停地指别人。北京人一般伸出食指去指对方时，大都带有指责的意思。所以说，吃饭用筷子时用手指人，无异于指责别人，这同骂人是一样的，是不被允许的。还有一种情况也是这种意思，那就是吃饭时同别人交谈并用筷子指人。

3. 品箸留声

这种做法也是不行的，其做法是把筷子的一端含在嘴里，用嘴来回去嘬，并不时地发出咝咝的声响。这种行为被视为一种不雅的做法。因为在吃饭时用嘴嘬筷子本身就是一种无礼的行为，再加上配以声音，更是令人生厌。所以一般出现这种做法都会被认为是缺少家教，同样不被允许。

4. 击盏敲盅

这种行为被看作乞丐要饭，其做法是在用餐时用筷子敲击盘碗。因为过去只有要饭的才用筷子击打要饭盆，用发出的声响配上嘴里的哀告，引起行人注意并给予施舍。这种做法被视为极其不雅的行为，被他人所不齿。

5. 执箸巡城

这种做法是手里拿着筷子，做旁若无人状，用筷子来回在桌子上的菜盘里回巡，不知从哪里下筷为好。此种行为是典型的缺乏修养的表现，且目中无人，极其令人反感。

6. 迷箸刨坟

这是指手里拿着筷子在菜盘里不住地扒拉，以求寻找"猎物"，就像盗墓刨坟一般。这种做法同"执箸巡城"相近，都属于缺乏教养的做法，令人生厌。

7. 泪箸遗珠

实际上这是指用筷子往自己盘子里夹菜时，手里不利落，将菜汤流到其他菜里或桌子上。这种做法被视为严重失礼，同样是不可取的。

8. 颠倒乾坤

这就是说用餐时将筷子颠倒使用，这种做法是非常被人看不起的，正所谓饥不择食，以至于都不顾脸面了，将筷子倒使，这是绝对不可以的。

9. 定海神针

在用餐时用一只筷子去插盘子里的菜品，这也是不行的，这被认为是对同桌用餐人的一种羞辱。在吃饭时做出这种举动，无异于当众对人伸出中指，也是不行的。

10. 当众上香

是指出于好心帮别人盛饭时，为了方便省事把一副筷子插在饭中递给对方。这会被人视为大不敬，因为按照中国的传统是为死人上香时才这样做，如果把一副筷子插入饭中，就如同给死人上香一样，所以说把筷子插在碗里是决不能被接受的。

11. 交叉十字

这一点往往不被人们所注意，在用餐时将筷子随便交叉放在桌上也是不对的。因为中国人认为在饭桌上打叉子，是对同桌其他人的全部否定，就如同学生写错作业，被老师在本上打叉子的性质一样，不能被他人接受。除此以外，这种做法也是对自己的不尊敬，因为过去吃官司画供时才打叉子，这无疑也是在否定自己。

12. 落地惊神

所谓"落地惊神"的意思是指失手将筷子掉落在地上，这是严重失礼的一种表现。因为中国人认为，祖先们全部长眠在地下，不应当受到打搅，筷子落地就等于惊动了地下的祖先，这是大不敬，所以这种行为也是不被允许的。

参考文献

1. 刘常明主编：《中华美食传说与烹饪》，农村读物出版社 2003 年版。

2. 唐鲁孙：《中国吃的故事》，百花文艺出版社 2003 年版。

3. 三叶编著：《中国美食地图》，新疆人民出版社 2003 年版。

4. 谢定源主编：《新概念中华名菜谱·浙江名菜》，上海辞书出版社 2004 年版。

5. 杨雨：《百姓民俗礼仪大全》，中州古籍出版社 2005 年版。

6. 唐鲁孙、梁实秋、董桥等：《饮食美文精选》，广西师范大学出版社 2004 年版。

7. 林乃燊：《中国古代饮食文化》，商务印书馆 2004 年版。

8. 张征雁、王仁湘：《昨日盛宴》，四川人民出版社 2004 年版。

9. 王学泰：《华夏饮食文化》，中华书局 1997 年版。

10. 徐文苑：《中国饮食文化概论》，北京交通大学出版社 2005 年版。

11. 石文年：《厦门饮食》，鹭江出版社 2002 年版。

12. 醉翁亭文化有限公司：《吃遍中国》，中国民族摄影出版社 2004 年版。

13. 逯耀东：《肚大能容：中国饮食文化散记》，生活·读书·新知三联书店 2002 年版。

14. 朱伟：《考吃》，中国人民大学出版社 2005 年版。

15. 北京城市指南文化传播公司编：《吃在北京》，中国商业出版社 2004 年版。

16. 永乐编：《食为天》，五洲传播公司出版社 2004 年版。

17. 范用编：《文人饮食谭》，生活·读书·新知三联书店 2004 年版。

18. 沈宏非：《饮食男女》，江苏文艺出版社 2004 年版。

19. 汪曾祺、汪朗：《四方食事》，广西人民出版社 2003 年版。

20. 刘军茹：《中国饮食》，五洲传播出版社 2004 年版。